县(配)调调控及抢修指挥人员培训教材

国网浙江省电力有限公司　组编

中国电力出版社
CHINA ELECTRIC POWER PRESS

内 容 提 要

为适应国家电网有限公司启动电网调度业务模式变革和新技术应用的新形势，提高县（配）调调控人员业务能力，国网浙江省电力有限公司以新业务、新流程、新标准为培训重点，编写了《县（配）调调控及抢修指挥人员培训教材》。本书分为七章，包括配电网基础知识、配电网设备、配电网调控技术支持系统、地方电源调度、配电网运行操作和事故处理、配电网调控管理、配电网发展趋势与展望。

本书可供县（配）调调控人员及配电抢修指挥人员培训使用，也可以作为职业院校及新入职员工的参考资料。

图书在版编目（CIP）数据

县（配）调调控及抢修指挥人员培训教材/国网浙江省电力有限公司组编．—北京：中国电力出版社，2020.6

ISBN 978-7-5198-4500-1

Ⅰ.①县… Ⅱ.①国… Ⅲ.①电力系统调度—技术培训—教材 Ⅳ.①TM73

中国版本图书馆 CIP 数据核字（2020）第 048590 号

出版发行：中国电力出版社

地　　址：北京市东城区北京站西街 19 号（邮政编码 100005）

网　　址：http：//www.cepp.sgcc.com.cn

责任编辑：穆智勇（zhiyong-mu@sgcc.com.cn）

责任校对：黄　蓓　马　宁

装帧设计：张俊霞

责任印制：石　雷

印　　刷：三河市万龙印装有限公司

版　　次：2020 年 6 月第一版

印　　次：2020 年 6 月北京第一次印刷

开　　本：787 毫米×1092 毫米　16 开本

印　　张：15.25

字　　数：317 千字

印　　张：0001—2000 册

定　　价：62.00 元

编　委　会

主　编　张文杰

副主编　朱炳铨　项中明

委　员　徐奇锋　吴华华　陆春良　孙维真　蒋正威　谷　炜

编　写　组

组　长　倪秋龙

副组长　余剑锋　马　翔　俞　凯　饶明军　叶　雷

成　员　楼　挺　朱启伟　朱新弟　黄剑锋　戴月明　刘　裕　王京生　卢福康　李　达　应晓娟　吕默影　晏　伟　郭　嘉　黄毅之　蒋一傲　滕家扬　王淅蓉　严　昱　金　京　单玉涵　王绍强　谢　军　钱　江　翁方华　胡　君　王云飞　胡真瑜　吴利锋　黄立超　吴　烨　李　洋　张小聪　周　豪

前言

配电网是电力网中起电能分配作用的网络，担负着向用户直接供应和分配电能的任务。配电网作为电力“发—输—配”系统的末端环节，其可靠、稳定、持续运行直接影响社会居民可靠供电，是社会经济 GDP 发展的基础，也是保障社会安定、服务党、服务国家的重要因素。

为进一步优化营商环境，国家电网有限公司启动电网调度业务模式变革和新技术应用，提升公司供电服务能力和优质服务水平。国网浙江省电力有限公司依据《国家电网公司关于全面推进供电服务指挥中心（配网调控中心）建设工作的通知》（国家电网办〔2018〕493 号文件）开展供电服务指挥中心优化建设，在县级供电企业层面组建供电服务指挥分中心，负责配电运营管控、客户服务指挥、服务质量监督、营配调技术支持等工作，与电力调度控制分中心合署，县公司电力调度控制分中心名称变更为电力调度控制分中心（供电服务指挥分中心）。县级电力调度控制分中心处于发展和转型的关键时期，必须紧密结合配电网发展技术和管理要求，不断提高自身规范化作业能力，切实提高县级供电企业配电网精益化管理水平。

为此，浙江电力调度控制中心组织各市县调的专业人员编制了《县（配）调调控及抢修指挥人员培训教材》。本书从配电网基础知识、配电网设备、配电网调控技术支持系统、地方电源调度、配电网运行操作和事故处理、配电网调控管理、配电网发展趋势与展望等方面入手，梳理现有配电网调度运行管理环节，通过县级供电企业配电网调控与营配专业协同、业务融合和营配调信息共享，实现对配电网调度各项业务的有效管控。通过推进专业系统信息共享、流程贯通，压缩管理链条，提升配电网调度管理能力，提升公司供电服务能力和优质服务水平，构建配电网调控抢修指挥一体化管理体系。

本书在编写上突出实用性，图文并茂，力求通俗易懂。不仅可供配电网调度专业人员日常业务使用，还可作为岗位专业技能培训教学参考。

本书编写过程中得到了国网浙江省电力有限公司有关部室、兄弟单位的支持和帮助，书中还引用了有关文献和技术资料，在此谨向各位作者表示衷心的感谢。

由于时间和水平所限，书中难免出现疏漏之处，恳请各位专家和读者批评指正。

编　者

2020 年 1 月

前言

目录

前言

第 1 章　配电网基础知识 …… 1

1.1　配电网概述 …… 1

1.2　变电站电气主接线方式 …… 3

1.3　配电网典型架构 …… 6

1.4　配电网负荷的分类和特点 …… 12

第 2 章　配电网设备 …… 14

2.1　配电线路 …… 14

2.2　开关站设备 …… 31

2.3　配电自动化终端设备 …… 39

2.4　变电站设备 …… 40

第 3 章　配电网调控技术支持系统 …… 64

3.1　配电网调度控制系统 …… 64

3.2　配电网自动化系统 …… 79

3.3　配电网抢修指挥系统 …… 97

3.4　其他支持系统 …… 105

第 4 章　地方电源调度 …… 124

4.1　地方电源概述 …… 124

4.2　地方电源接入电网的技术原则 …… 131

4.3　地方电源的接入与调度 …… 142

第 5 章　配电网运行操作和事故处理 …… 147

5.1　配电网运行操作的基本原则 …… 147

5.2　配电网故障处理的基本原则 …… 159

第 6 章　配电网调控管理 ………………………………………………… 179

6.1　配电网调控运行管理 ………………………………………………… 179
6.2　方式计划管理 ………………………………………………………… 182
6.3　继电保护管理 ………………………………………………………… 190
6.4　自动化管理 …………………………………………………………… 195
6.5　配电网抢修指挥管理 ………………………………………………… 199
6.6　应急保障管理 ………………………………………………………… 215

第 7 章　配电网发展趋势与展望 ………………………………………… 225

7.1　智能配电网的发展趋势 ……………………………………………… 225
7.2　微电网与储能技术 …………………………………………………… 227
7.3　智能调度系统 ………………………………………………………… 230

参考文献 …………………………………………………………………… 233

第 1 章　配电网基础知识

本章主要介绍配电网的基础知识，包括配电网按电压等级、线路形式与供电区域的分类，配电网变电站的主要电气主接线、国内外常见的典型架构以及配电网负荷的种类与特点。

1.1　配电网概述

1.1.1　配电网概念

连接并从输电网（或本地区发电厂）接收电力，就地或逐级向各类用户供给和配送电能的电力网称为配电网。配电网主要起分配电能的作用。配电网设施主要包括配电变电站、配电线路、断路器、负荷开关、配电（杆上）变压器等。配电网及其二次保护、监视、控制、测量设备组成的整体称为配电系统。

1.1.2　配电网的分类及特点

对配电网的分类有多种方式，按照电压等级可分为高压配电网、中压配电网和低压配电网；依据配电线路的形式不同，可分为架空配电网、电缆配电网以及架空电缆混合配电网；依据供电区域或服务对象的不同，可分为城市配电网与农村配电网。

1.1.2.1　按电压等级分类

根据配电网电压等级的不同，可分为高压配电网、中压配电网和低压配电网，如图 1-1 所示。

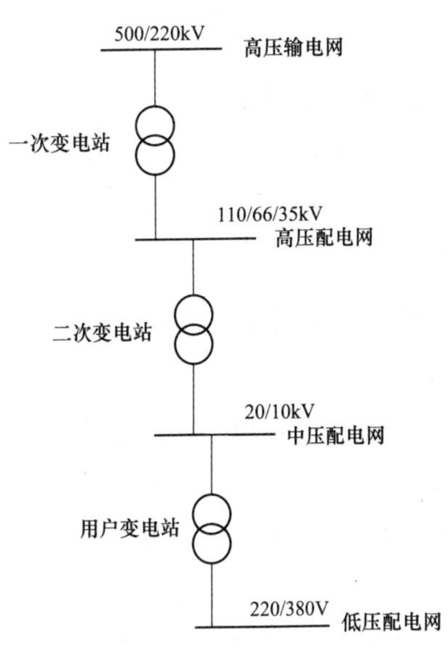

图 1-1　电网结构示意图

1. 高压配电网

高压配电网指由高压配电线路和相应电压等级的配电变电站组成的向用户提供电能的配电网，其功能是从上一级电源接收电能，直接向高压用户供电，或通过变压器为下一级中压配电网提供电源。高压配电网分为 110、66、35kV

三个电压等级，城市配电网一般采用110kV作为高压配电电压。高压配电网具有容量大、负荷重、负荷节点少、供电可靠性要求高等特点。

2. 中压配电网

中压配电网指由中压配电线路和配电变电站组成向用户提供电能的配电网，其电压等级包括20、10kV，其功能是从输电网或高压配电网接收电能，向中压用户供电，或向用户用电小区负荷中心的配电变电站供电，再经过降压后向下一级低压配电网提供电源。中压配电网具有供电面广、容量大、配电点多等特点。目前我国绝大多数地区的中压配电网电压等级是10kV。有些新开发的工业园区，如苏州新加坡工业园区的中压配电网采用20kV供电。

3. 低压配电网

低压配电网是指由低压配电线路及其附属电气设备组成的向用户提供电能的配电网，其电压等级为0.38、0.22kV。低压配电网以中压配电网的配电变压器为电源，将电能通过低压配电线路直接送给用户。低压配电网的供电距离较近，低压电源点较多，一台配电变压器就可以作为一个低压配电网的电源，两个电源点之间的距离通常不超过几百米。低压配电线路供电容量不大，但分布面广，除一些集中用电的用户外，大量是供给城乡居民生活用电及分散的街道照明用电等。低压配电网主要采用三相四线制、单相和三相三线制组成的混合系统。我国规定低压配电网采用单相220V、三相380V的低压额定电压。

1.1.2.2 按配电线路的形式分类

按配电线路的形式不同，配电网可分为架空配电网、电缆配电网和混合配电网。

1. 架空配电网

架空配电网主要由架空配电线路、柱上开关、配电变压器、防雷保护、接地装置等构成，其配电线路是用电杆（铁塔）将导线悬空架设，直接向用户供电。其主要由杆塔、导线、横担、绝缘子、金具等组成。

架空配电网设备材料简单，成本低，发现故障容易，维修方便，因而在郊区、农村等使用最为广泛。但架空配电网容易受到外界因素影响，因而供电可靠性差，并且需要占用地表面积，影响市容。

2. 电缆配电网

电缆配电网是指以地下配电电缆和配电变电站组成的向用户供电的配电网，其电缆配电线路一般直接埋设在地下，也有架空铺设、沿墙铺设或水下铺设。其主要由电缆本体、电缆中间接头、电缆终端头等组成，还包括相应的土建设施，如电缆沟、排管、隧道等。与架空配电网相比，电缆配电网受外界的因素影响较小，但建设投资费用大，运行（运维）成本高，故障地点较难确定，有时造成检修复电时间长，因此只有在不准架设架空线和架空走廊有困难的地方，以及负荷密度高、采用架空线不能满足要求时，才采用电缆线路，原来采用架空配电网的城市，在发展过程中，随着负荷密度的增高会逐步增加电缆线路比重，并趋向将架空线入地，成为电缆配电网。

3. 混合配电网

混合配电网是指其配电线路由架空配电线路和电缆配电线路共同组成。以下情况多采用混合配电网：

（1）城市中受街道、树林、建筑限制，使架空线路无法架设，而城市周边的线路仍然以架空线路为主时。

（2）随着变电站（主变压器）容量（及出线间隔）的增加，出线增多，如果全部采用架空形式将无法出线时。

1.1.2.3　按供电区域分类

供电区域划分主要依据行政级别或区域的负荷密度、用户重要程度、经济发达程度等因素，具体划分如表 1-1 所示。

表 1-1　　供电区域划分表

供电区域		A+	A	B	C	D	E
行政级别	直辖市	市中心区 或 $\sigma\geqslant30$	市区 或 $15\leqslant\sigma<30$	市区 或 $6\leqslant\sigma<15$	城镇 或 $1\leqslant\sigma<6$	农村 或 $0.1\leqslant\sigma<1$	—
	省会城市、 计划单列市	$\sigma\geqslant30$	市中心区 或 $15\leqslant\sigma<30$	市区 或 $6\leqslant\sigma<15$	城镇 或 $1\leqslant\sigma<6$	农村 或 $0.1\leqslant\sigma<1$	—
	地级市 （自治州、盟）	—	$\sigma\geqslant15$	市中心区 或 $6\leqslant\sigma<15$	市区、城镇 或 $1\leqslant\sigma<6$	农村 或 $0.1\leqslant\sigma<1$	农牧区
	县（县级市、旗）	—	—	$\sigma\geqslant6$	城镇 或 $1\leqslant\sigma<6$	农村 或 $0.1\leqslant\sigma<1$	农牧区

注　1. σ 为供电区域的负荷密度（MW/km^2）。

2. 供电区域面积一般不小于 $5km^2$。

3. 计算负荷密度时，应扣除 110(66)kV 专线负荷，以及高山、戈壁、荒漠、水域、森林等无效供电面积。

各类供电区域应满足如表 1-2 所示的规划目标。

表 1-2　　供电区域的规划目标

供电区域	供电可靠率（RS-1）	综合电压合格率
A+	用户年平均停电时间不高于 5min（≥99.999%）	≥99.99%
A	用户年平均停电时间不高于 52min（≥99.990%）	≥99.97%
B	用户年平均停电时间不高于 3h（≥99.965%）	≥99.95%
C	用户年平均停电时间不高于 12h（≥99.863%）	≥98.79%
D	用户年平均停电时间不高于 24h（≥99.726%）	≥97.00%
E	不低于向社会承诺的指标	不低于向社会承诺的指标

1.2　变电站电气主接线方式

本节主要介绍县级变电站内两种常见接线方式，即单母线接线与桥形接线。

1.2.1 单母线接线方式

1.2.1.1 单母线不分段接线

单母线不分段接线如图 1-2 所示。

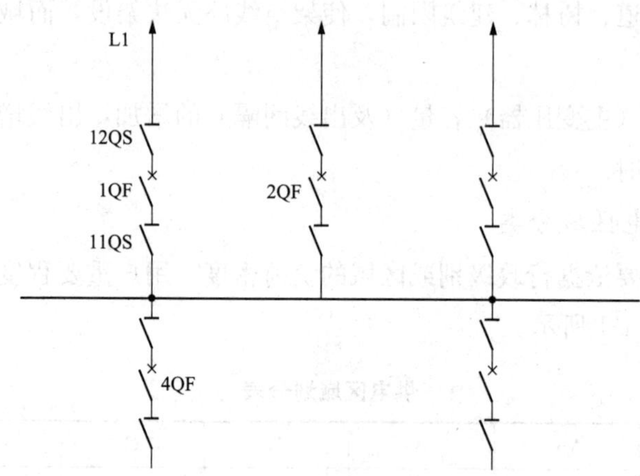

图 1-2 单母线不分段接线

单母线不分段接线的特点是每一回路均经过一台断路器 QF 和隔离开关 QS 接于一组母线上。断路器用于在正常或故障情况下接通与断开电路。断路器两侧装有隔离开关，用于停电检修断路器时作为明显断开点以隔离电压，靠近母线侧的隔离开关称母线侧隔离开关（如 11QS），靠近出线侧的称为线路侧隔离开关（如 12QS）。在主接线设备编号中隔离开关编号前几位与该支路断路器编号相同，线路侧隔离开关编号尾数为 2，母线侧隔离开关编号尾数为 1（双母线时是 1 和 2）。在电源回路中，若断路器断开之后，电源不可能向外送电能时，断路器与电源之间可以不装隔离开关，如发电机出口。若线路对侧无电源，则线路侧可不装隔离开关。

1.2.1.2 单母线分段接线

单母线分段接线如图 1-3 所示。

正常运行时，单母线分段接线有两种运行方式：

（1）分段断路器闭合运行。正常运行时分段断路器 0QF 闭合，两个电源分别接在两段母线上；两段母线上的负荷应均匀分配，以使两段母线上的电压均衡。在运行中，当任一段母线发生故障时，继电保护装置动作跳开分段断路器和接至该母线段上的电源断路器，另一段则继续供电。单母线分段接线在有一个电源故障时，仍可以使两段母线都有电，可靠性比较好；但是线路故障时短路电流较大。

（2）分段断路器 0QF 断开运行。正常运行时分段断路器 0QF 断开，两段母线上的电压可不相同。每个电源只向接至本段母线上的引出线供电。当任一电源出现故障，接该电源的母线停电，导致部分用户停电，为了解决这个问题，可以在 0QF 处装设备自动投入装置或者重要用户可以从两段母线引接采用双回路供电。分段断路器断开运行的优点是可

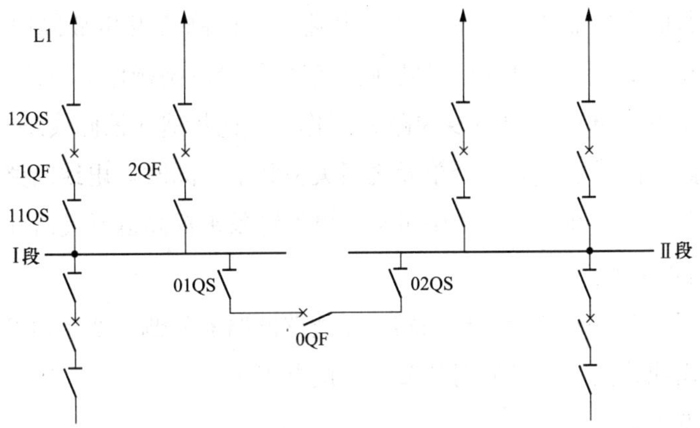

图 1-3　单分母分段接线

以限制短路电流。

1.2.2　桥形接线

桥形接线适用于仅有两台变压器和两回出线的装置中，接线如图 1-4 所示。桥形接线仅用三台断路器，根据桥回路（3QF）的位置不同，可分为内桥和外桥两种接线。桥形接线正常运行时，三台断路器均闭合工作。

1.2.2.1　内桥接线

内桥接线如图 1-4（a）所示，桥回路置于线路断路器内侧（靠变压器侧），此时线路经断路器和隔离开关接至桥接点，构成独立单元；而变压器支路只经隔离开关与桥接点相连，是非独立单元。

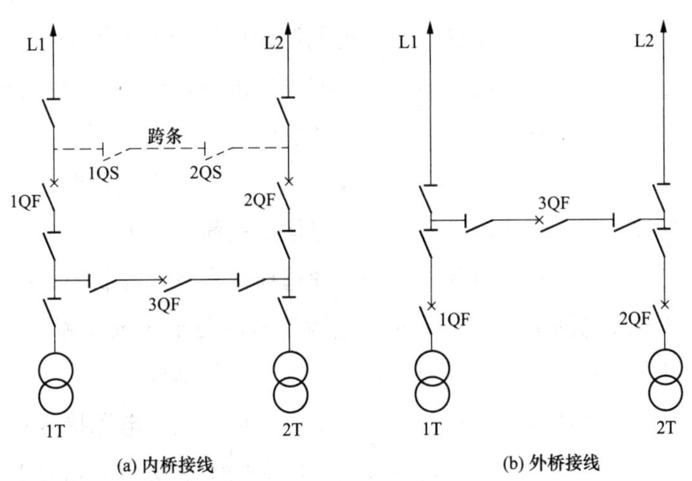

图 1-4　桥形接线

内桥接线的特点如下：

（1）线路操作方便。如线路发生故障，仅故障线路的断路器跳闸，其余三回路可继续工作，并保持相互联系。

（2）正常运行时变压器操作复杂。如变压器 1T 检修或发生故障时，需断开断路器 1QF、3QF，使未故障线路 L1 供电受到影响，然后需经倒闸操作，拉开变压器 1T 的隔离开关后，再合上 1QF、3QF 才能恢复线路 L 工作。因此将造成该侧线路的短时停电。

（3）内桥回路故障或检修时两个单元之间失去联系；同时，出线断路器故障或检修时造成该回路停电。为此，在实际接线中可采用设外跨条来提高运行灵活性。

1.2.2.2　外桥接线

外桥接线如图 1-4（b）所示，桥回路置于线路断路器外侧，变压器经断路器和隔离开关接至桥接点，而线路支路只经隔离开关与桥接点相连。

外桥接线的特点如下：

（1）变压器操作方便。如变压器发生故障时，仅故障变压器回路的断路器自动跳闸，其余三回路可继续工作，并保持相互联系。

（2）线路投入与切除时，操作复杂。如线路检修或故障时，需断开两台断路器，并使该侧变压器停止运行，再经倒闸操作恢复变压器工作，造成变压器短时停电。

（3）桥回路故障或检修时两个单元之间失去联系，出线侧断路器故障或检修时，造成该侧变压器停电，在实际接线中可采用设内跨条来解决这个问题。

1.3　配电网典型架构

1.3.1　国内配电网典型架构

合理的电网结构是满足供电可靠性、提高运行灵活性、降低网络损耗的基础。高压、中压和低压配电网三个层级应相互匹配、强简有序、相互支援，以实现配电网技术经济的整体最优。A＋、A、B、C 类供电区域的配电网结构应符合下列规定：

（1）正常运行时，各变电站应有相互独立的供电区域，供电区域不交叉、不重叠；故障或检修时，变电站之间应有一定比例的负荷转供能力。

（2）在同一供电区域内，变电站中压出线长度及所带负荷宜均衡，应有合理的分段和联络；故障或检修时，中压线路应具有转供非停运段负荷的能力。

（3）接入一定容量的分布式电源时，应合理选择接入点，控制短路电流及电压水平。

（4）高可靠性的配电网结构应具备网络重构能力，便于实现故障自动隔离；D、E 类供电区的配电网以满足基本用电需求为主，可采用辐射状结构。

配电网规划时应合理配置电网常开点、常闭点、负荷点、电源接入点等拓扑结构，以保证运行的灵活性。在电网建设初期及过渡期，可根据供电安全准则要求与目标电网结构选择合适的过渡电网结构，分阶段逐步建成目标网架。

1.3.1.1　高压配电网

同一地区同类供电区域的电网结构应尽量统一，各类供电区域高压配电网宜采用如下电网结构：

(1) A+、A、B 类供电区域高压配电网宜采用链式结构，上级电源点不足时可采用双环网结构，在上级电网较为坚强且中压配电网具有较强的站间转供能力时，也可采用双辐射结构。

(2) C 类供电区域高压配电网宜采用链式、环网结构，也可采用双辐射结构。

(3) D 类供电区域高压配电网可采用单辐射结构，有条件的地区也可采用双辐射或环网结构。

(4) E 类供电区域高压配电网可采用单辐射结构。

(5) 变电站接入方式可采用 T 接或 π 接方式。

A+、A、B 类供电区域的 110/35kV 变电站宜采用双侧电源供电，条件不具备或电网发展的过渡阶段，也可同杆架设双电源供电，但应加强中压配电网的联络。变电站电气主接线应根据变电站在电网中的地位、出线回路数、设备特点、负荷性质及电源与用户接入等条件确定，并满足供电可靠，运行灵活，操作检修方便、节约投资和便于扩建等要求。变电站的高压侧以桥式、环入环出、单母线分段接线为主；中、低压侧以单母线分段接线为主，变电站的 10kV 侧也可用环形接线。高压配电网典型架构如图 1-5 所示。

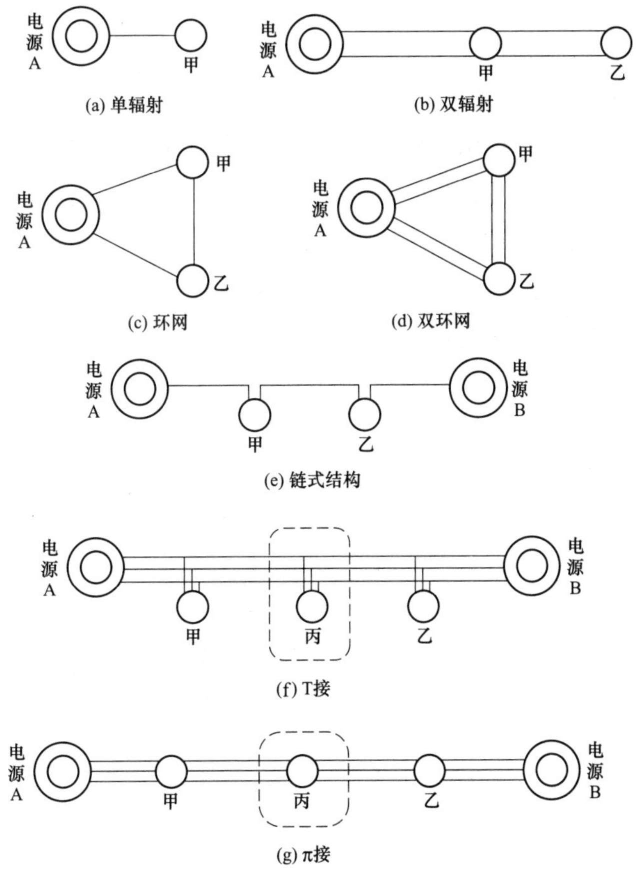

图 1-5 高压配电网典型架构

1.3.1.2 中压配电网

中压配电网中各个供电区域的电网架构如表 1-3 所示。

表 1-3 中压配电网各个供电区域的电网架构

供电区域类型	推荐电网结构
A+、A类	电缆网：双环式、单环式、N 供一备（$2\leqslant N\leqslant 4$）
	架空网：多分段适度联络
B类	架空网：多分段适度联络
	电缆网：单环式、N 供一备（$2\leqslant N\leqslant 4$）
C类	架空网：多分段适度联络
	电缆网：单环式
D类	架空网：多分段适度联络、辐射状
E类	架空网：辐射状

中压配电网应根据变电站位置、负荷密度和运行管理的需要，分成若干个相对独立的供电区。分区应有大致明确的供电范围，正常运行时不交叉、不重叠。分区的供电范围应随新增加的变电站及负荷的增长而进行调整。对于供电可靠性要求较高的区域，应加强中压主干线路之间的联络，在分区之间构建负荷转移通道。

10kV 架空线路主干线应根据线路长度和负荷分布情况进行分段（不宜超过 5 段），并装设分段开关，重要分支线路首端也可安装分段开关；10kV 电缆线路可采用环网结构，环网单元通过环进环出方式接入主干网；双射式、对射式可作为辐射状向单环式、双环式过渡的电网结构；应根据城乡规划和电网规划，预留目标网架的廊道，以满足配电网发展的需要。中压架空及电缆配电网的典型架构如图 1-6、图 1-7 所示。

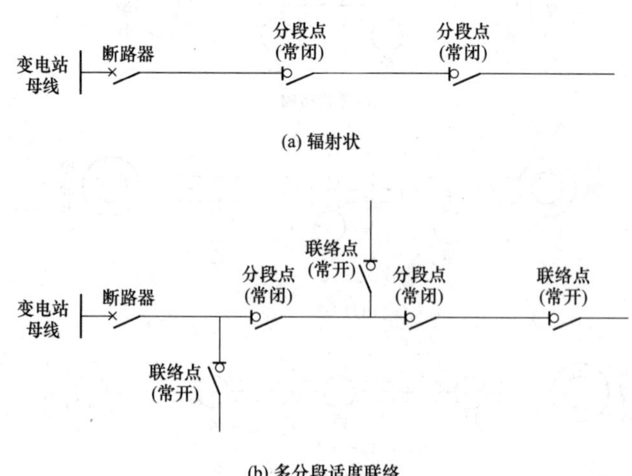

图 1-6 中压架空配电网典型架构（一）

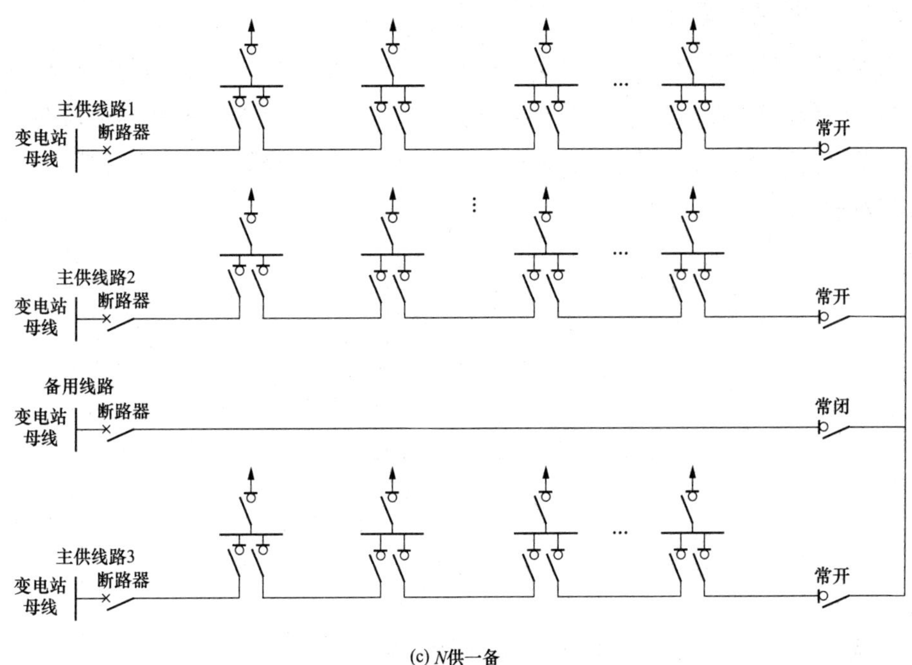

(c) N供一备

图 1-6　中压架空配电网典型架构（二）

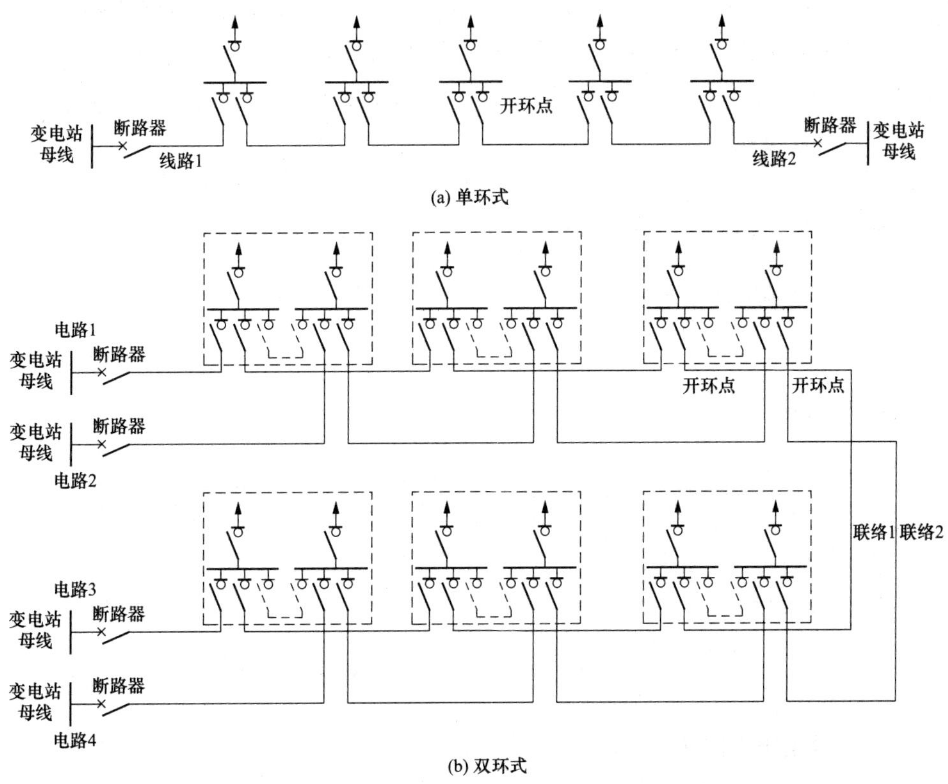

(a) 单环式

(b) 双环式

图 1-7　中压电缆配电网典型架构

1.3.1.3　低压配电网

低压配电网结构应简单安全，宜采用辐射式结构。低压配电网应以配电站供电范围实行分区供电，低压架空线路可与中压架空线路同杆架设，但不应跨越中压分段开关区域。可采用双配电变压器配置的配电站，两台配电变压器的低压母线之间可装设联络开关。低压配电网典型架构如图 1-8 所示。

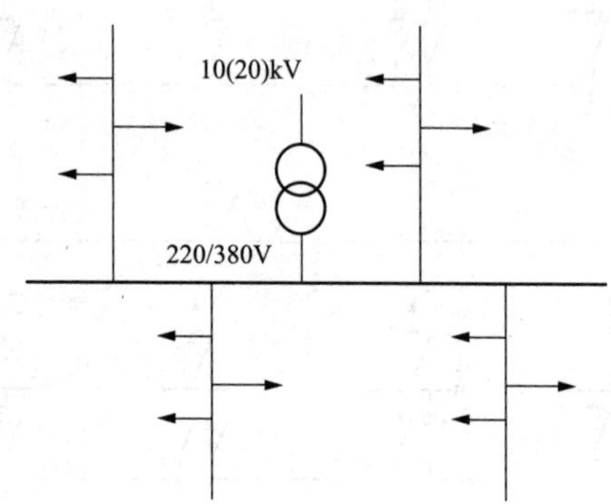

图 1-8　低压配电网典型架构

此外，为进一步提高供电可靠性以及电能质量，国网浙江省电力有限公司正大力推广“三双”（双电源、双线路、双接入）的模式。其中，双电源指两个上级高压变电站；双线路指连接双电源的两条中压电缆或架空线路；双接入指公用配电变压器通过自动投切的开关接入双线路。“三双”接线供区内的任一用户，都可以拥有双电源、双线路、双接入。典型的“三双”接线架构如图 1-9 所示。

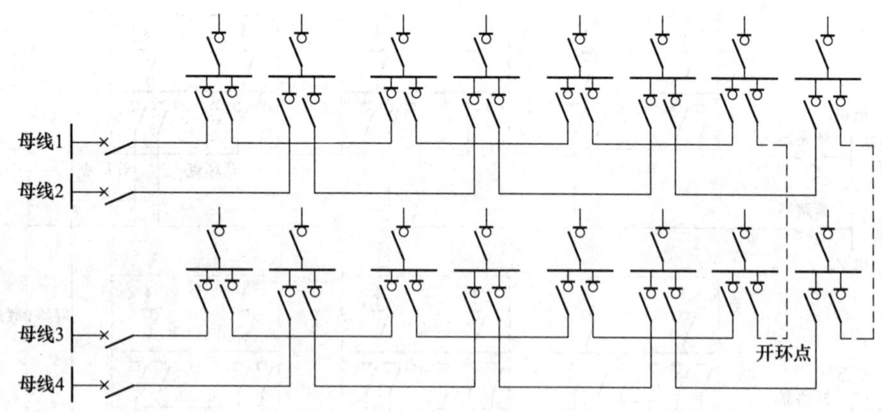

图 1-9　典型“三双”接线架构

1.3.2　国外配电网典型架构

1.3.2.1　新加坡配电网典型架构

新加坡电网采用以变电站为中心的花瓣形接线，每个“花瓣”为同一变电站不同变压

器之间的环网线路。正常运行时采用两台变压器提供的两个电源为并列运行。环网不同电源变电站的“花瓣”间设置1～3个备用联络，开环运行。每个环网所带的总负荷最多为其能力的50%，这样就有足够的负荷能力。其典型架构如图1-10所示。

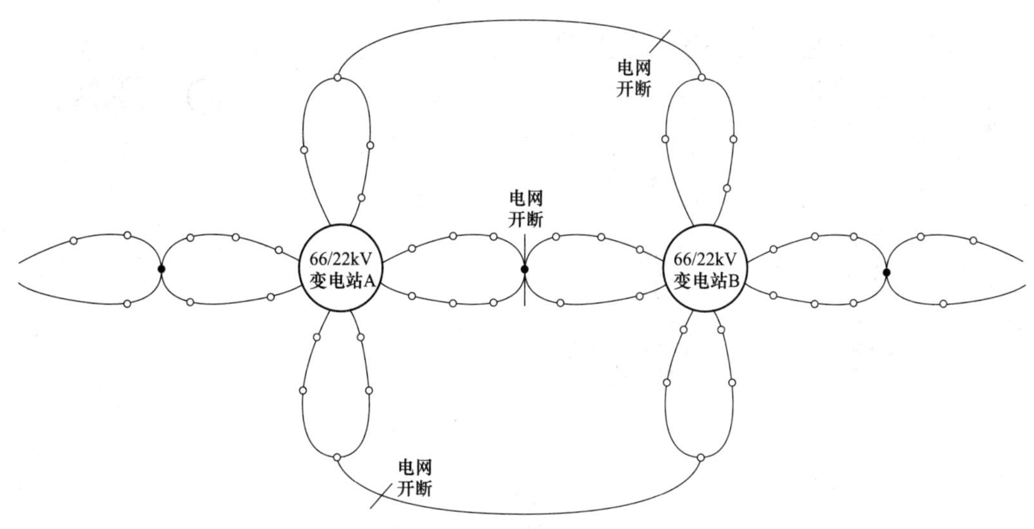

图1-10 新加坡配电网典型架构

1.3.2.2 东京配电网典型架构

东京配电网主环采用多分段小联络，用户采用双接入，分别如图1-11、图1-12所示。

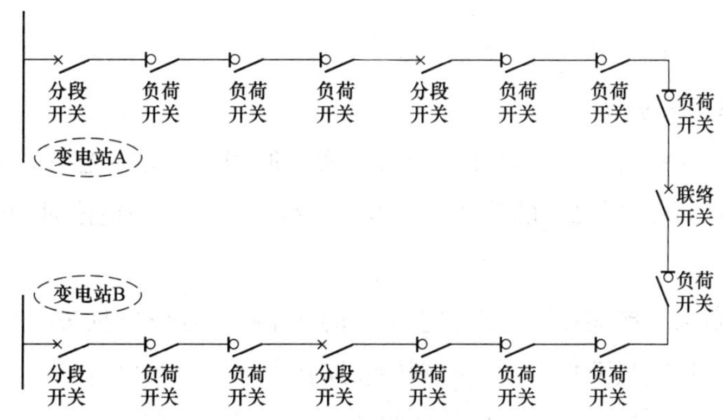

图1-11 多分段小联络接线

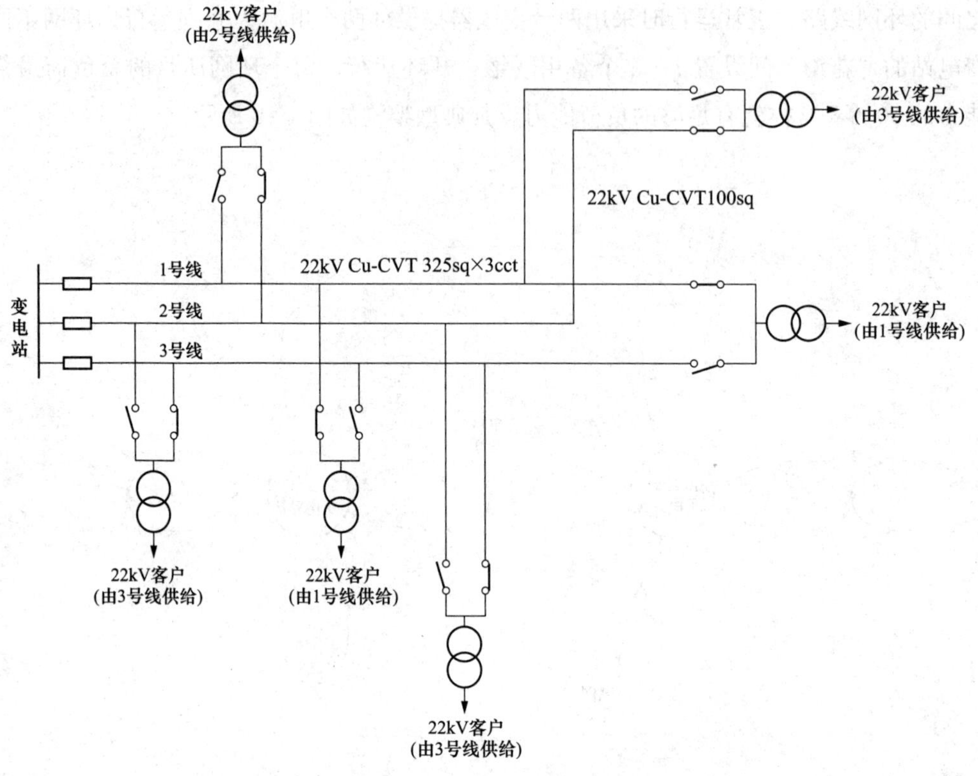

图 1-12　双接入方式

1.4　配电网负荷的分类和特点

电力负荷是指发电厂或电力系统中，在某一时刻所承担的各类用电设备消费电功率的总和，单位为千瓦，单位符号为 kW。虽然电力负荷的标准单位为千瓦，但在实际运行工作中经常用电流来表征负荷。

目前，对配电网负荷的分类主要分为以下几种：

（1）按发、供用关系分类。

1）用电负荷：用户的用电设备在某一时刻实际取用的功率的总和。通俗来讲就是用户在某一时刻对电力系统所要求的功率。从电力系统来讲，则是指该时刻为了满足用户用电所需具备的发电出力。

2）线路损失负荷：电能在输送过程中发生的功率损失叫线路损失负荷。

3）供电负荷：用电负荷加上同一时刻的线路损失负荷称为供电负荷。

4）厂用负荷：发电厂厂用设备所消耗的功率称为厂用负荷。

5）发电负荷：供电负荷加同时刻各发电厂的厂用负荷，构成电网的全部生产，称为电网发电负荷。

（2）按用电部门分类。

1）工业用电。其特点是用电量大，用电比较稳定，一般冶炼工业的用电量大，而且负荷稳定，负荷率高，一般在0.95以上；而机械制造行业和食品加工业的用电量就小些，且负荷率也较低，一般在0.70以下。但是，无论是重工业还是轻工业，或者是冶炼业、加工业，电力负荷在月内、季度内和年度内的变化不大，是比较均衡的。

2）农业用电。农业用电在全部电力消耗中的比重较小，即使像我国这样的农业大国，其农业用电量在全国电力消耗中的比重仍然很低。农业用电季节性很强，从负荷特性上看农业用电在日内的变化相对较小，但在月内，特别是在季度内和年度内负荷变化很大，呈现出不平衡的特点。

3）交通运输用电。目前我国的交通运输用电比重较小，除电气化铁路的负荷比较稳定，今后随着电气化铁路运输及其他运输事业的发展，交通运输用电量会有较大的增长，但交通运输用电比重不会有太大变化。

4）市政生活用电。目前我国的市政生活用电还不太高，远小于工业化国家，但今后随着社会的日益发展，生活设施的日益现代化及居民生活水平的提高，市政生活用电的比重会有所上升。

（3）按突然中断供电引起的损失程度分类。

1）一级负荷：指突然中断供电将会造成人身伤亡或会引起周围环境严重污染的；将会造成经济上的巨大损失的；将会造成社会秩序严重混乱或在政治上产生严重影响的负荷。

2）二级负荷：指突然中断供电会造成经济上较大损失的；将会造成社会秩序混乱或政治上产生较大影响的负荷。

3）三级负荷：不属于一级负荷及二级负荷的所有负荷。

不同级负荷对供电可靠性提出了不同的要求：

1）一级负荷：要求采用两个独立的电源供电。所谓两个独立电源，是指其中一个电源发生事故或因检修而停电，不至于影响另一个电源继续供电，以保证供电的连续性。

2）二级负荷：要求采用双回路供电，即两条线路供电（包括工作线路、备用和联络线路）。当采用两回线路有困难时，允许用一回专用线路供电。

3）三级负荷：供电无特殊要求，这类用户供电中断时影响较小，但在不增加投资情况下也应尽力提高供电的可靠性。

用电负荷的这种分类方法，其主要目的是为确定供电工程设计和建设标准，保证使建成投入运行的供电工程的供电可靠性能满足生产或安全、社会安定的需要。

第2章 配电网设备

本章主要介绍配电网的一、二次设备，包括配电网架空线路和电缆线路的主要设备及保护配置、开关站设备、配电自动化终端设备、变电站设备及常用保护和安全自动装置，使读者对配电网一、二次设备有系统的认识，并为进一步了解配电网的操作与管理做铺垫。

2.1 配电线路

2.1.1 配电网架空线路

2.1.1.1 配电网架空线路优缺点

配电网架空线路主要指架空明线，即架设在地面之上，用绝缘子将输电导线固定在直立于地面的杆塔上以传输电能的输电线路。与电缆线路相比，架空线路的优点是造价低、投资少、施工周期短、机动性强、易维护与检修、容易查找故障。但是架空线路妨碍交通和建设，占用空中走廊、影响城市美观，易受空气中杂物的污染，易受自然灾害（风、雨、雪、冰、树、鸟）和人为因素（外力撞杆、风筝、抛物等）破坏导致电击、短路等事故。目前我国10kV配电网较多采用架空线路方式，如图2-1所示。

图2-1 配电网架空线路

2.1.1.2 配电网架空线路的构成

配电网架空线路的构成元件主要有导线、基础、杆塔、横担、拉线、绝缘子、金具等，还包括在架空线路上安装的附属电气设备，如配电变压器、柱上断路器、跌落式熔断器、隔离开关、线路故障指示器等。

1. 导线

导线是架空线路的主要组成部分，它担负着传递电能的作用。导线通过绝缘子架设在

杆塔上。由于架空线路经常受到风、雨、雪、冰等各种载荷及气候的影响，以及空气中各种化学杂质的侵蚀，因此，导线必须具备良好的导电性能和足够的机械强度，以及耐腐蚀性能，并应尽可能质量轻、价格低。导线主要可分为裸导线和绝缘导线。

架空线路导线的常用材料有铜、铝、钢、铝合金等。

铜是导电性能很好的金属，能抗腐蚀，但比重大，价格高，且机械强度不能满足大档距的强度要求，现在的架空输电线路一般都不采用。

铝的导电率比铜低，质量轻，价格低，在电阻值相等的条件下，铝线的质量只有铜线的一半左右，但缺点是机械强度较低，运行中表面形成氧化铝薄膜后，导电性能降低，抗腐蚀性差。

钢的机械强度虽高，但导电性能差，抗腐蚀性也差，易生锈，一般都只用作地线或拉线，不用作导线。

(1) 裸导线。架空线路常用的裸导线主要有裸铜绞线（TJ）、裸铝绞线（LJ）、钢芯铝绞线（LGJ）、防腐钢芯铝绞线（LGJF）。

1) 裸铜绞线（TJ）。具有良好的导电性能和足够的机械强度，对风雨和化学腐蚀作用的抵抗力都较强。新架设的铜导线架空线路运行一段时间，在表面上形成很薄的氧化层，可防止导线进一步被腐蚀，但价格较高，是否选用根据实际需要而定。

2) 裸铝绞线（LJ）。其导电性能及机械强度仅次于铜导线。铝的导电率为铜的 60%左右。铝导线要得到与铜导线相同的导电能力，其截面约为铜导线的 1.6 倍。但铝的质量轻，在同一电阻值下，约为铜质量的 50%。铝导线极易氧化，氧化后的薄膜能防止进一步的腐蚀。铝的抗腐蚀能力较差，而且机械强度小，但导线价廉、资源丰富，多用于 6～10kV 线路，其受力不大，杆距不超过 100～125m。

3) 钢芯铝绞线（LGJ）。它是一种复合导线，如图 2-2 所示。它利用机械强度高的钢线和导电性能好的铝线组合而成，其外部为铝线，导线的电流几乎全部由铝线传输；内部是钢线，导线上所承受的力主要由钢线承担。钢芯解决了铝绞线机械强度差的问题。而交流电具有趋肤效应，所以导体中通过电流时，电流实际只从铝线经过，这样确定钢芯铝绞线的截面时只需考虑铝线部分的面积。复合导线集这两种导线所长满足了架空线路的要求，广泛用于高压输电线路中。

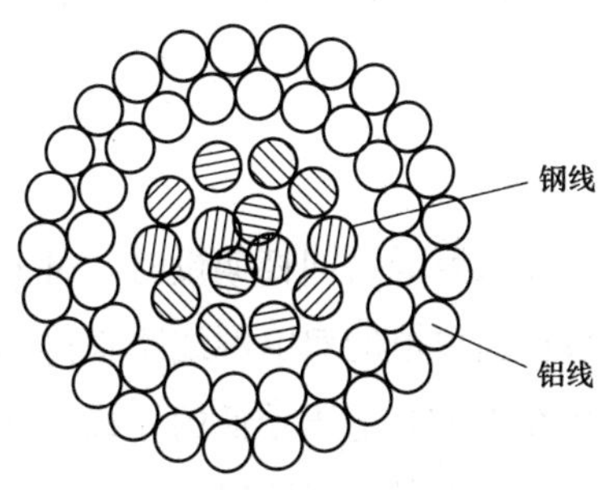

图 2-2　钢芯铝绞线示意图

4) 防腐钢芯铝绞线（LGJF）。具有钢芯铝绞线的特点，同时防腐性好，一般用在沿海地区、咸水湖及化工工业地区等周围有腐蚀性物质的高压和超高压架空线路上。

(2) 架空绝缘导线。其是近年来城市电网建设中应用比较广泛的一种新型线材，与普通的架空裸导线相比，具有绝缘性能好、安全可靠等优点。架空绝缘导线适用于人口密集的繁华街道、线路走廊狭窄与建筑物间距不能满足安全要求的地区、树木生长较快的地方以及污秽严重的地区等。

架空绝缘导线按电压等级可分为中压绝缘导线、低压绝缘导线；按架设方式可分为分相架设、集束架设。绝缘导线的类型有中、低压单芯绝缘导线、低压集束型绝缘导线、中压集束型半导体屏蔽绝缘导线、中压集束型金属屏蔽绝缘导线等。架空绝缘导线采用的绝缘材料主要有交联聚乙烯绝缘材料（XLPE）、聚乙烯绝缘材料（PE）、高密度聚乙烯绝缘材料（HDPE）、聚氯乙烯绝缘材料（PVC）等。10kV 架空绝缘导线的绝缘保护层有厚绝缘（3.4mm）和薄绝缘（2.5mm）两种，厚绝缘的运行时允许与树木频繁接触，薄绝缘的只允许与树木短时接触。

（3）架空导线的排列原则。三相四线制低压架空线路的导线一般采用水平排列，如图 2-3（a）所示。其中，因中性线的截面较小，机械强度较差，一般架设在中间靠近电杆的位置。如线路沿建筑物架设，应靠近建筑物。中性线的位置不应高于同一回路的相线，同一地区内中性线的排列应统一。三相三线制架空线可采用三角形排列，如图 2-3（b）、（c）所示，也有水平排列如图 2-3（f）所示。

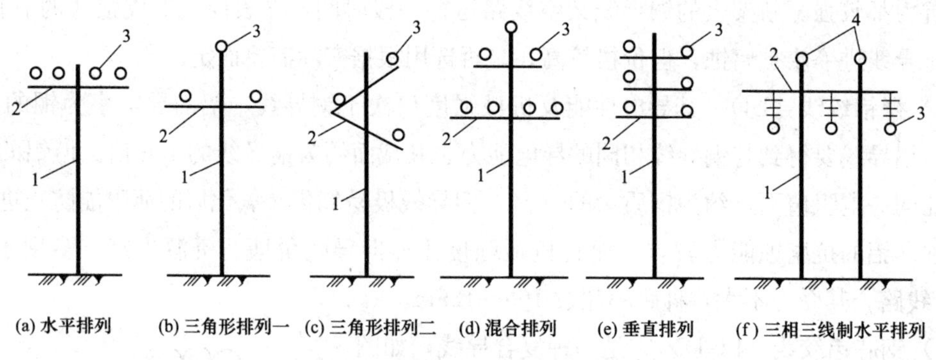

图 2-3　导线在电杆上的排列方式

1—电杆；2—横担；3—导线；4—避雷线

多回路导线同杆架设时，可混合排列或垂直排列，如图 2-3（d）、（e）所示。但对同一级负荷供电的双电源线路不得同杆架设。而且不同电压的线路同杆架设时，电压较高的导线在上方，电压较低的导线在下方。动力线与照明线同杆架设时，动力线在上，照明线在下。仅有低压线路时，广播通信线在最下方。

2. 基础

架空配电线路杆塔基础是对杆塔地下除接地装置外设备的总称，其作用主要是防止架空配电线路杆塔因承受垂直荷重、水平荷重及事故荷重等而发生上拔、下压甚至倾倒等。

杆塔基础主要分为电杆基础、钢管杆基础、窄基角钢塔基础。电杆基础主要由底盘、卡盘和拉线盘等组成；钢管杆基础主要采用台阶基础、孔桩基础及钢管桩等；窄基角钢塔

基础主要采用有台阶窄基塔深基础或浅基础、无台阶窄基塔深基础或浅基础。

3. 杆塔

杆塔的用途是支持导线、地线和其他附件，以使导线之间、导线与避雷线、导线与地面及交叉跨越物之间保持一定的安全距离。一般情况下 10kV 配电线路无架空地线，所以杆塔主要用来安装横担、绝缘子和架设导线。配电用的杆塔按受力分悬垂型与耐张型杆塔；按材质不同可分为木杆、水泥杆（钢筋混凝土杆）、钢管杆及（窄基）铁塔等。

（1）钢筋混凝土杆。按其制造工艺可分为普通型钢筋混凝土杆和预应力钢筋混凝土杆两种；按照杆的形状又可分为等径杆和锥形杆。

（2）钢管杆。钢管杆由于具有杆型美观、能承受较大应力等优点，特别适用于狭窄道路、城市景观道路和无法安装拉线的地方。

在实际工作中，习惯按用途将杆塔分为直线杆塔、耐张杆塔、转角杆塔、终端杆塔、跨越杆塔、分支杆塔 6 种基本形式。

（1）直线杆塔。直线杆塔又叫过线杆塔、中间杆塔，用字母 Z 表示。直线杆塔用于耐张段的中间，是线路中使用最多的一种杆塔。（在平坦地区，这种杆塔占总数的 80%左右。正常情况下，承受导线的垂直荷载（包括导线的自重、覆冰重和绝缘子重量）和垂直于线路方向的水平风力。当两侧档距相差过大或一侧发生断线时，承受由此产生的导线、避雷器的不平衡张力。

（2）耐张杆塔。耐张杆塔又叫承力杆塔，用字母 N 表示。与直线杆塔相比较，其强度较大，用于线路的分段承力处。正常情况下，除承受与直线杆塔相同的荷载外，还承受导线的不平衡（张力。在断线故障情况下，承受断线张力，防止整个线路杆塔顺线路方向倾倒，将线路故障（如倒杆、断线）限制在一个耐张段（两基耐张杆之间的距离）内。10kV 线路的耐张段长度一般为 1～2km。根据具体情况，也可以适当增加或缩短耐张段的长度。

（3）转角杆塔。用于线路的转角处，用字母 J 表示，有直线和耐张两种。该类型杆塔既承受导线的垂直荷载及内角平分线方向的水平分力荷载，又承受导线张力的合力。转角杆的角度是指转角前原有线路方向的延长线与转角后线路方向之间的夹角。转角杆的位置根据现场具体情况确定，一般选择在便于检修作业的地方。

（4）终端杆塔。它是耐张杆塔的一种，用于线路的首端和终端，用字母 D 表示。终端杆塔能承受单侧导线等的垂直荷载和风压力，机械强度要求较大。

（5）跨越杆塔。用于线路与铁路、道路、桥梁、河流、湖泊、山谷及其他交叉跨越之处，要求有较大的高度和机械强度。

（6）分支杆塔。设在分支线路连接处，在分支杆上应装拉线，用来平衡分支线拉力。分支杆结构可分为丁字分支和十字分支两种。丁字分支是在横担下方增设一层双横担，以耐张方式引出分支线；十字分支是在原横担下方设两根互成 90°的横担，然后引出分支线。

4. 横担

架空配电线路的横担较为简单，它装设在电杆的上端，用来安装绝缘子、固定开关设备、电抗器及避雷器等，因此要求有足够的机械强度和长度。

架空配电线路的横担按材质可分为木横担、铁（角钢或槽钢）横担和瓷横担等。

（1）木横担。易加工，价格低廉，具有良好的防雷性能。但易腐蚀，维修费用较高，近年来逐渐被铁横担和瓷横担取代。

（2）铁横担。采用角钢制成，因其坚固耐用而被广泛使用。

（3）瓷横担。具有良好的电气性能，同时起到绝缘子的作用，能节省大量木材和钢材，降低线路造价。这种横担在导线断线时能够转动，避免扩大事故。瓷横担表面经雨水冲洗后，污垢减少，可以减少线路维护工作量，故在中、高压配电线路中广为使用。缺点是易折断。

5. 拉线

架空配电线路特别是农村低压配电线路为了平衡导线或风压对电杆的作用，通常采用拉线来加固电杆。拉线多采用多股铁拉线绞成或由钢绞线制成，埋入地下，其作用是平衡电杆各方向的拉力并抵抗风力，防止电杆弯曲或倾倒。根据不同作用，分为张力拉线和防风拉线两种。因此，在承力杆（如终端杆、转角杆、分支杆等）上均需装设拉线。为了防止电杆被强大的风力刮倒或冰凌荷载的破坏影响，或在土质松软的地区为增强线路电杆的稳定性，有时也在直线杆上每隔一定距离装设防风拉线（两侧拉线）或四方拉线（十字拉线）。

6. 绝缘子

绝缘子（俗称瓷瓶）用来固定导线，并使导线与导线、导线与横担、导线与电杆间保持绝缘。绝缘子应具有良好的电气性能和机械性能，还要对雨、雪、雾、风、冰、气温骤变以及大气中有害物质的侵蚀也具有较强的抗御能力。绝缘子按材料一般分为瓷绝缘子、玻璃绝缘子和复合绝缘子（也称合成绝缘子）。架空配电线路常用的绝缘子类型有针式绝缘子、碟式绝缘子、悬式绝缘子、柱式绝缘子和陶瓷横担绝缘子等。

（1）针式绝缘子。针式绝缘子主要用于直线杆塔或角度较小的转角杆塔上，也有在耐张杆塔上用以固定导线跳线。导线采用扎线绑扎，使其固定在针式绝缘子项部的槽中。按使用电压，针式绝缘子可分为高压和低压两种；按针脚的长度，可分为长脚和短脚两种。

（2）蝶式绝缘子。常用于低压配电线路上，作为直线或耐张绝缘子，也可同悬式绝缘子配套，用于 10kV 配电线路耐张杆塔、终端杆塔或分支杆塔上。可分为高压蝶式绝缘子和低压蝶式绝缘子两种。

（3）悬式绝缘子。主要用于架空配电线路耐张杆，如图 2-4 所示。一般低压线路采用一片悬式绝缘子悬挂导线，10kV 线路采用两片组成绝缘子串悬挂导线。悬式绝缘子分为

悬式钢化玻璃绝缘子和悬式瓷绝缘子，其中，悬式瓷绝缘子金属附件连接方式分球窝型和槽型两种。

（4）柱式绝缘子。用途与针式绝缘子大致相同，并且浅槽裙边使其自洁性能良好，抗污闪能力比针式绝缘子强。柱式绝缘子为外胶装结构，如图 2-5 所示。温度聚变等原因不会使绝缘子内部击穿、爆裂，因此在配电线路上应用非常广泛。

图 2-4　悬式绝缘子示意图

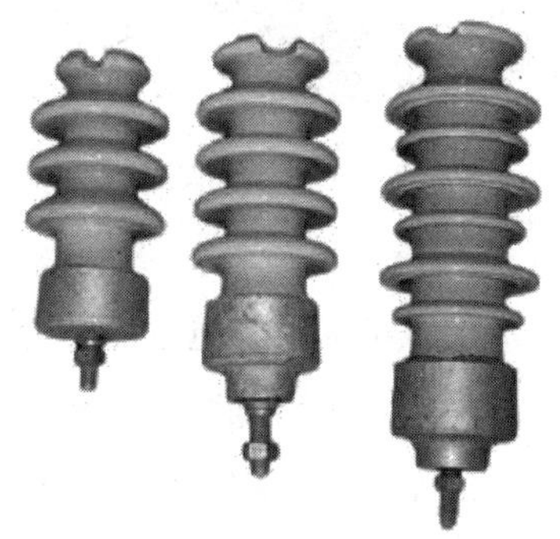

图 2-5　柱式绝缘子示意图

（5）陶瓷横担绝缘子。按使用位置可分为顶相用和边相用两种。线路瓷横担绝缘子用于高压架空输配电线路中绝缘和支撑导线，一般用于 10kV 线路直线杆，它可以代替针式、悬式绝缘子及铁木横担，具有安全可靠、维护简单、线路造价低、材料省等优点。瓷横担绝缘子是一端外浇装金属附件的实心瓷件。

7. 金具

架空配电线路中，绝缘子连接成串、横担在电杆上的固定、绝缘子与导线的连接、导线与导线的连接、拉线与杆桩的固定等都需要一些金属附件，这些金属附件称为金具。配电网金具按性能和用途分为悬垂线夹、耐张线夹、连接金具、接续金具、保护金具、拉线金具。

2.1.2　配电网电缆线路

2.1.2.1　配电网电缆线路特点

电力电缆是构成电力系统网络的重要组成部分之一，由于电力电缆对于架空线路的优越性，不易发生因雷击、风害、冰雪等自然灾害造成的故障。电力电缆在城市中的应用必将进一步增加。并且容易与城市的周边环境相协调，适应城市美化的要求，是城市电力线路改造和发展的重要方向。

2.1.2.2　配电网电缆线路的构成

电力电缆的结构大体上由导体（线芯）、绝缘层、屏蔽层、护层这四个部分构成，具体结构如图 2-6 所示。

1. 导体

导体（线芯）是电力电缆的主要组成部分，用来传输电能。导体常使用材料包括银、

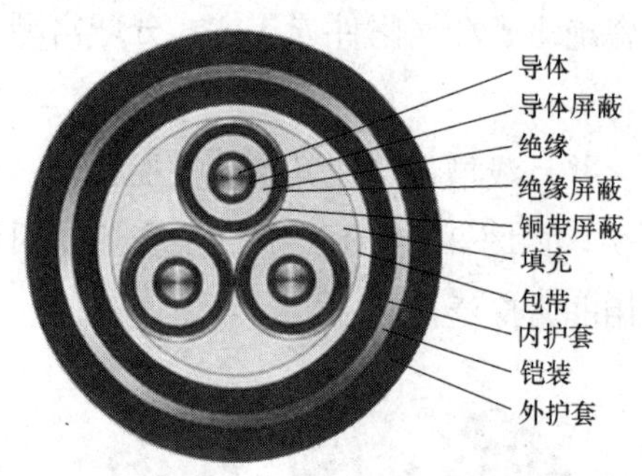

图 2-6　电缆的结构组成示意图

铜、铝及各种金属合金等。导体可分为单根导体与绞合导体两种结构类型。

2. 绝缘层

绝缘层是电力电缆结构中不可缺少的组成部分，其主要作用是将导体（线芯）与大地以及不同相的导体（线芯）间在电气上彼此隔离，保证电能输送。按绝缘材料可分为油浸纸绝缘电力电缆、塑料绝缘电力电缆、橡皮绝缘电力电缆。

（1）油浸纸绝缘电力电缆：以油浸纸作绝缘的电力电缆。其应用历史最长，安全可靠，使用寿命长，价格低廉。主要缺点是敷设受落差限制。自从开发出不滴流浸纸绝缘后，解决了落差限制问题，使油浸纸绝缘电缆得以继续广泛应用。

（2）塑料绝缘电力电缆：绝缘层为挤压塑料的电力电缆。常用的塑料有聚氯乙烯、聚乙烯、交联聚乙烯。塑料绝缘电缆结构简单，制造加工方便，质量轻，敷设安装方便，不受敷设落差限制，因此广泛用作中低压电缆，并有取代黏性浸渍油纸电缆的趋势。其最大缺点是存在树枝化击穿现象，这限制了其在更高电压的使用。

（3）橡皮绝缘电力电缆：绝缘层为橡胶加上各种配合剂，经过充分混炼后挤包在导电线心上，经过加温硫化而成。它柔软，富有弹性，适合于移动频繁、敷设弯曲半径小的场合。常用作绝缘的胶料有天然胶-丁苯胶混合物、乙丙胶、丁基胶等。

3. 屏蔽层

屏蔽层的主要作用是将电场或磁场控制在电缆内部，防止其对外部设备产生干扰，也防止外部电场或磁场进入电缆内部。对于不同类型的电缆，屏蔽材料也不一样，主要有铜丝编织、铜丝缠绕、铝丝（铝合金丝）编织、铜带、铝箔、铝（钢）塑带、钢带等绕包或纵包等。

4. 护层

护层是对电力电缆整体起保护作用的构件。由于绝缘材料要求优良的电绝缘性能，所用材料纯度很高、杂质含量极微，往往无法兼顾其对外界的保护能力。因此，护层结构需要承受外界（即安装、使用场合）各种机械力、耐大气环境、耐化学药品、防止生物破坏，以及减少火灾危害。所以说，护层是电线电缆能在各种外部环境条件下长期正常工作的保证性构件。

电缆外护层包括内衬层（内护套）、铠装层、外护套三部分。内衬层（内护套）位于铠装下面，是起铠装衬垫作用并兼具金属护套防蚀保护作用的同心层；铠装层在内衬层上面，是起机械保护作用的金属带或金属丝构成的同心层；外护套在铠装层外面，是对金属铠装起防蚀保护作用的同心层。

2.1.2.3　电缆的敷设方式

1. 直接敷设

直接敷设是电缆线路直接埋设在地面下0.7～1.5m深的壕沟中的敷设方式。它适用于市区人行道、公园绿地及公共建筑间的边缘地带，是最经济、简便的敷设方式，应优先采用。

电缆线路直接敷设的主要优点包括：①电缆散热良好；②转弯敷设方便；③施工简便，施工工期短，便于维修，造价低，工程材料最省，线路输送容量大。不足之处在于：①容易遭受外力破坏；②巡视、寻找漏油故障点不方便；③增设、拆除、故障修理都要开挖路面，影响市容和交通；④不能可靠地防止外部机械损伤；⑤易受土壤的化学作用。

2. 排管敷设

排管敷设是电缆敷设在预先埋设于地下管子中的一种电缆敷设方式。适用于地下电缆与公路、铁路交叉，地下电缆通过房屋、广场等区段，城市道路狭窄，而且交通繁忙和道路挖掘困难的通道，电缆条数较多（一般10～20根间）的情况与道路少弯曲的地方。

电缆线路排管埋设的主要优点包括：①外力破坏很少；②寻找漏油点方便；③增设、拆除和更换方便；④占地小，能承受大的荷重；⑤电缆之间无相互影响。不足之处：①管道建设费用大，管道弯曲半径大；②电缆热伸缩容易引起金属护套疲劳；③管道有斜坡时，要采取防止斜坡滑落措施；④散热条件差，使载流量受限制；⑤更换电缆困难。

3. 电缆沟敷设

电缆沟敷设是电缆敷设在预先砌好的电缆沟中的敷设方式，一般采用混凝土和砖砌结构，其顶部可用盖板覆盖，且与地坪相平齐，或稍有上下。电缆沟敷设适用于变电站出线及重要街道，电缆的条数多或多种电压等级线路平行的地段，穿越公路铁路等地段。

电缆沟敷设的优点：①造价低，占地较小；②检修更换电缆较方便；③走线容易且灵活方便，适用于不能直埋地下且无机动车负载的通道，如人行道，变电站内，工厂厂区内等场所。缺点：①施工检查及更换电缆时，须搬动大量笨重的盖板；②施工时，如外物不慎落入沟中，容易将电缆碰伤。

2.1.3　配电线路设备

配电线路设备主要包括配电变压器、柱上断路器、隔离开关、负荷开关、跌落式熔断器、线路故障指示器、避雷器等。

2.1.3.1　配电变压器

1. 配电变压器概述

配电变压器简称配变，用于配电系统将中压配电电压的功率变换成低压配电电压功率，以供各种低压电气设备用电。配电变压器容量小，一般在2500kVA及以下，一次电压也较低，都在20kV及以下。

按照应用场合来分，配变分成公用变压器（简称公变）和专用变压器（简称专变）。公变由电力部门投资、管理，如安装在居民小区的变压器、市政工程用变压器等；专变一般是业主投资，电力部门代管，只给投资的业主自己使用，如安装在大中型企业的变压器等。

配电变压器台区（简称配变台区）位置选择：①应尽量靠近负荷中心、尽量靠近电源侧，进出线方便；②尽量避开污秽源或设在污秽源的上风侧；③尽量避开振动、潮湿、高温及有易燃易爆危险的场所；④设备运输方便；⑤具有扩建和发展的余地。总之，配变安装位置的选择，关系到保证低压电压质量、减少线损、安全运行、降低工程投资、施工方便及不影响市容等，应从实际出发，全面考虑。

农村配变台区必须依据小容量、密布点、短半径的原则，合理选择配变的位置。对于村庄相对较小、用电户数少、负荷又比较集中、需一台配变供电的，应根据现有负荷及发展规划，尽量将配变安装在负荷中心，从配变的低压出线口到每个负荷点，尽量呈辐射状向四周延伸，供电半径以不超过500m为宜。对于村庄较大、用电户数多、负荷分布不均等情况，应根据负荷分布及村庄规划，采用短距离、小容量、多台变压器供电，同时还应尽量避开车辆、行人较多的场所，且选择便于更换和检修设备的地方。

2. 配电变压器基本结构

(1) 铁芯。铁芯是变压器的基本部件之一，既是变压器的主磁通通路，又是变压器器身的机械骨架。

铁芯按结构可分为芯式和壳式；按装配工艺分为叠积式和卷绕式；按材料可分为硅钢片、非晶合金。

非晶合金采用现代快速凝固冶金技术而成，兼有一般金属和玻璃优异的力学、物理和化学性能的新型非晶金属玻璃材料，没有晶态合金的晶粒、晶界存在。非晶合金铁芯变压器是用非晶合金制作铁芯而成的变压器，它比用硅钢片制作铁芯变压器的空载损耗（指变压器二次侧开路时，在一次侧测得的功率损耗）下降75%左右，空载电流（变压器二次侧开路时，一次侧仍有一定的电流，这部分电流称为空载电流）下降约80%，是目前节能效果较理想的配电变压器。

(2) 绕组。变压器的绕组是变压器的电路部分，由铜或铝的绝缘导线绕成。按其高压绕组和低压绕组在铁芯上相互间的布置，有交叠式和同心式两种基本形式。

1) 交叠式又称为饼式绕组，其高压绕组和低压绕组各分为若干线饼，沿着铁芯柱的高度交错地排列。交叠绕组多用于壳式变压器。

2) 同心式绕组根据绕制特点又可分为圆筒式、螺旋式、连接式和纠结式等形式。

a. 圆筒式绕组是最简单的一种绕组，它是用绝缘导线沿铁芯高度方向连续绕制，绕制完第一层后，垫上层间绝缘纸再绕第二层。这种绕组一般用于小容量变压器的低压绕组。

b. 螺旋式绕组每匝并联的导线数较多，是由多根绝缘扁导线沿着径向并联排列（一

根压一根），然后沿铁芯柱轴向高度像螺纹一样一匝跟着一匝地绕制而成。一匝就像一个线盘。

c. 连接式绕组是用扁导线连续绕制成若干线盘构成，相邻线盘间的连接是交替地在绕组的内侧和外侧，都用绕制绕组的导线自然连接，没有接头。

d. 纠结式绕组外形与连接式相似，主要不同是纠结式绕组电气上相邻的线匝之间插入了绕组中的另一线匝。

（3）套管。套管是变压器引出线的绝缘支架。它不仅作为引出线对地的绝缘，还起着固定引出线的作用，所以，套管必须具有较高的电气强度和机械强度，以及良好的热稳定性。

（4）调压装置。配电变压器的调压装置是控制变压器输出电压在指定范围内变动的调节组件，又称分接开关。工作原理是通过改变一次和二次绕组的匝数比来改变变压器的电压变比，从而达到调压的目的。

3. 杆上变压器

杆上变压器是指将变压器安装在杆上的构架上，分为单杆式和双杆式，如图 2-7 所示。其优点是占地少，四周不需围墙或遮栏，带电部分距地面高，不易发生事故；缺点是台架用钢材较多，造价较高。

(a) 单杆式

(b) 双杆式

图 2-7 单杆式与双杆式示意图

当配电变压器容量在 30kVA 及以下时（含 30kVA），一般采用单杆配电变压器台架。将配电变压器、高压跌落式熔断器和高压避雷器装在一根水泥杆上，杆身应向组装配电变压器的反方向倾斜 13°～15°。

当配电变压器容量在 50～315kVA 时，一般采用双杆式配电变压器台。配电变压器台由一主杆水泥杆和另一根辅助杆组成，主杆上装有高压跌落式熔断器及高压引下线，副杆上有二次反引线。双杆配电变压器台比单杆配电变压器坚固。

4. 箱式变电站

箱式变电站（简称箱变）又叫预装式变电所或预装式变电站，是一种将高压开关设备、配电变压器和低压配电装置，按一定接线方案排成一体的工厂预制户内、户外紧凑式配电设备，即将变压器降压、低压配电等功能有机地组合在一起，安装在一个防潮、防锈、防尘、防鼠、防火、防盗、隔热、全封闭、可移动的钢结构箱内。其特别适用于城网建设与改造，是继土建变电站之后崛起的一种崭新的变电站。箱式变电站适用于矿山、工厂企业、油气田和风力发电站，它替代了原有的土建配电房，配电站，成为新型的成套变配电装置。

箱式变电站适用于住宅小区、城市公用变、繁华闹市、施工电源等，用户可根据不同的使用条件、负荷等级选择。箱式变电站自问世以来，发展极为迅速，在欧洲发达国家已占配电变压器的70%，美国已占90%。目前常见的箱式变电站有欧式和美式两种。

图 2-8 欧式箱变示意图

（1）欧式箱变。

1）结构。欧式箱变又称户外成套变电站，也称组合式变电站，如图2-8所示。欧式箱变高压室一般由高压负荷开关、高压熔断器和避雷器等组成，可以进行停送电操作，并且有过负荷和短路保护。低压室由低压空气开关、电流互感器、电流表、电压表等组成。变压器一般采用S9型或干式的。欧式箱变高压配电装置，从进线方式上分为终端型、环网型两种；从进线方位上分为从箱体顶部架空进线（传统箱变用此法较多）和利用高压电缆沟从地下进出线两种，现代设计普遍采用方法电缆沟进出线法。

2）优点：①欧式箱变的变压器是放在金属的箱体内起到屏蔽的作用，辐射较美式箱变要低；②全站智能化设计，可以设置配电自动化，保护系统采用变电站微机综合自动化装置，分散安装，可实现“四遥”，即遥测、遥信、遥控、遥调；③每个单元均具有独立运行功能，继电保护功能齐全，可对运行参数进行远方设置，对箱体内湿度、温度进行控制，满足无人值班的要求。

3）缺点：体积较大，不利于安装，对小区的环境布置有一定的影响。

4）应用：欧式箱变适用于多层住宅、小高层、高层和其他较重要的建筑物。欧式箱变在农网建设（改造）中被广泛应用于城区、农村10～110kV中小型变（配）电站、厂矿及流动作业用变电站的建设与改造。因其易于深入负荷中心，减少供电半径，提高末端电压质量，特别适用于农村电网改造，被誉为21世纪变电站建设的目标模式。

(2) 美式箱变。

图 2-9　美式箱变示意图

1) 结构。美式箱变的结构分为前后两部分，如图 2-9 所示。前部为接线柜，接线柜内包括高低压端子、高压负荷开关、插入式熔断器、高压分接开关操作手柄、油位表、油温计等；后部是油箱体及散热片，变压器绕组、铁芯、高压负荷开关、插入式熔断器都在油箱体内。箱体采用全密封结构。由于美式箱变的负荷开关是放入到变压器油箱内，其关合位置只能根据外部操作面板的指示来判断，而且其操作要通过专用的绝缘操作杆来进行，所以其操作比较复杂，其负荷开关一旦发生故障，更换、维修都将十分困难。此外，由于看不见负荷开关的开断触头（即明显断开点），所以在开断后给人们一种不放心的感觉。

2) 优点：①结构紧凑，体积小占地面积小，安装方便、灵活；②全绝缘、全密封结构，安全可靠，免维护，可靠保护人身安全；③高压侧采用双熔断器保护，其中插入式熔断器熔丝为双敏熔丝（温度、电流）、后备熔断器为限流熔断器，降低了运行成本；④箱体可根据运行环境的要求采用防腐设计和特殊喷漆处理，具有“三防”功能，即防凝露、防盐雾、防霉菌功能，并能满足高温、高湿环境下的防腐要求；⑤过载能力强，允许过载 2 倍 2h、过载 1.6 倍 7h 而不影响箱变寿命。

3) 缺点：①供电可靠性低；②无电动机构，无法增设配电自动化装置；③无电容器装置，对降低线损不利；④由于不同容量箱变的土建基础不同，使箱变的增容不便；⑤当箱变过载后或用户增容时，土建要重建，会有一个较长的停电时间，增加工程的难度。

4) 应用：美式箱变适用于对供电要求相对较低的多层住宅和其他不重要的建筑物的用电。根据实际使用情况看，美式箱变配上小型环网开关站后，完全适用多层住宅的供电需求。因为此时箱变发生故障对居民的影响不大，但不适应于小高层和高层。

5. 非晶合金变压器

非晶合金变压器是一种低损耗、高能效的电力变压器。此类变压器以铁基非晶态金属作为铁芯，由于该材料不具长程有序结构，其磁化及消磁均较一般磁性材料容易。因此，非晶合金变压器的铁损（即空载损耗）要比一般采用硅钢作为铁芯的传统变压器低 70%～80%。由于损耗降低，发电需求亦随之下降，二氧化碳等温室气体排放亦相应减少。基于能源供应和环保的因素，非晶合金变压器在中国和印度等大型发展中国家得到大量采用。

非晶合金变压器一般为三相四框五柱式结构，联结组通常采用 Dyn11，可以减少谐波对电网的影响，改善供电质量。特殊需求时，也可采用三相三柱式结构和 Yyn0 联结组别。三相四框五柱式结构不适于采用 Yyn0 联结方式，原因是三相负荷不平衡时会引起严重的三相电压失衡。

非晶合金变压器具有许多特性，在设计和制造中是必须保证和考虑的。主要体现在以下方面：

（1）非晶合金片材料的硬度很高，用常规工具难以剪切，所以设计时应考虑减少剪切量。

（2）非晶合金单片厚度极薄，材料表面也不是很平坦，因此铁芯填充系数较低。

（3）非晶合金对机械应力非常敏感，因此在结构设计时，必须避免采用以铁芯作为主承重结构件的传统设计方案。

（4）为了获得优良的低损耗特性，非晶合金铁芯片必须进行退火处理。

（5）从电气性能上，为了减少铁芯片的剪切量，整台产品的铁芯由四个单独的铁芯框并列组成，并且每相绕组是套在磁路独立的两框上。每个框内的磁通除基波磁通外，还有三次谐波磁通的存在，一个绕组中的两个卷铁芯框内，其三次谐波磁通正好在相位上相反，数值上相等，因此每一组绕组内的三次谐波磁通相量和为零。如一次侧是 D 接法，有三次谐波电流的回路，则在感应出的二次侧电压波形上就不会有三次谐波电压的分量。

6. 干式变压器

干式变压器就是铁芯和绕组不浸渍在绝缘油中的变压器，广泛用于局部照明、高层建筑、机场、码头 CNC 机械设备等场所。其冷却方式分为自然空气冷却（AN）和强迫空气冷却（AF）。自然空冷时，变压器可在额定容量下长期连续运行。强迫风冷时，变压器输出容量可提高 50%，适用于断续过负荷运行，或应急事故过负荷运行。由于变压器过负荷时负载损耗和阻抗电压增幅较大，处于非经济运行状态，故不应使其处于长时间连续过负荷运行。

干式变压器具有承受热冲击能力强，过负荷能力大，难燃，防火性能高，对湿度、灰尘不敏感等优势，有广泛的适应性。最适宜用于防火要求高、负荷波动大以及污秽潮湿的恶劣环境中。

2.1.3.2　柱上断路器

柱上断路器是指在电杆上安装和操作的断路器，它是一种可以在正常情况下切断或接通线路，并在线路发生短路故障时，通过操作或继电保护装置的作用将故障线路手动或自动切断的开关设备。断路器与负荷开关的主要区别在于断路器可用来开断短路电流。

断路器主要由开断元件、支撑绝缘件、传动元件、基座和操动机构五个基本部分组成。按其所采用的灭弧介质，断路器可分为油断路器、六氟化硫（SF_6）断路器、真空断路器。

目前配电线路中已广泛采用户外交流一体化高压智能柱上断路器，如图 2-10 所示。智能柱上断路器一般安装在 10kV 架空线路分段、联络、分支、责任分界点等场所，通过

对过流保护、速断保护、涌流保护、过压保护、单相接地保护定值的合理整定，可实现自动切除单相接地和自动隔离短路故障，是配电线路改造和配电网自动化建设的理想产品。

2.1.3.3　柱上隔离开关

柱上隔离开关如图 2-11 所示，是一种没有灭弧装置的控制电器。其主要功能是隔离电源，以保证其他电气设备的安全检修，因此不允许带负荷操作。但在一定条件下，允许接通或断开小功率电路。柱上隔离开关是高压开关当中使用最多最频繁的一个电器装置。

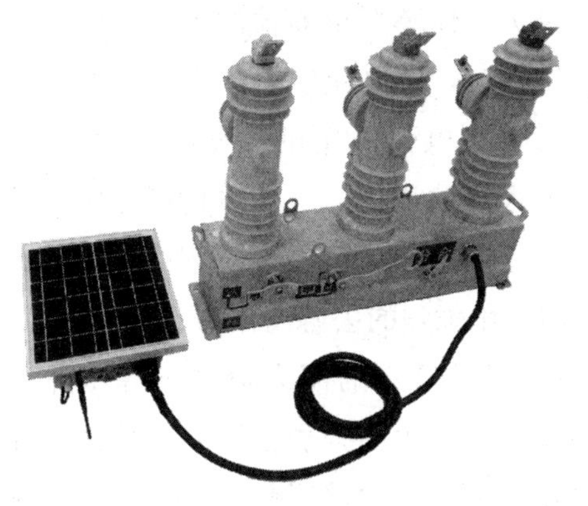

图 2-10　户外交流一体化智能柱上断路器示意图

图 2-11　柱上隔离开关示意图

柱上隔离开关可用于线路设备的停电检修、故障查找、电缆试验、重构运行方式等。拉开柱上隔离开关可使需要检修的设备与其他正在运行的线路隔离，建立可靠的绝缘间隙，给予工作人员可以看见的明显的断开标志，保证检修或试验工作的安全。柱上隔离开关的优点是造价低、简单耐用。一般作为架空线路与用户的产权分界开关，以及作为电缆线路与架空线路的分界开关，还可安装在线路联络负荷开关一侧或两侧，以方便故障查找、电缆试验和检修更换联络负荷开关等。

隔离开关不能带额定负荷或大负荷操作，不能分合负荷电流和短路电流。一般送电操作时，先合隔离开关，后合断路器或负荷开关；断电操作时，先断开断路器或负荷开关，再断开隔离开关。

隔离开关能可靠地承载工作电流和短路电流，但不能分断负荷电流，可开合励磁电流不超 2A 的空载变压器、电容电流不超 5A 的空载线路。隔离开关一般动稳定电流不超 40kA，选用时应注意校验。隔离开关操作寿命在 2000 次左右。

2.1.3.4　柱上负荷开关

柱上负荷开关是一种功能介于断路器和隔离开关之间的电器，具有简单的灭弧装置，因此能通断一定的负荷电流和过负荷电流。但是负荷开关不能断开短路电流，所以它一般与高压熔断器串联使用，借助熔断器来进行短路保护，在一些不重要的场所代替断路器使用。由于负荷开关使用方便，价格合理，因此负荷开关在 10kV 配电网系统中得到广泛的使用。在设计中合理选用负荷开关，对保障电网的安全、可靠运行有着重要意义。

2.1.3.5　跌落式熔断器

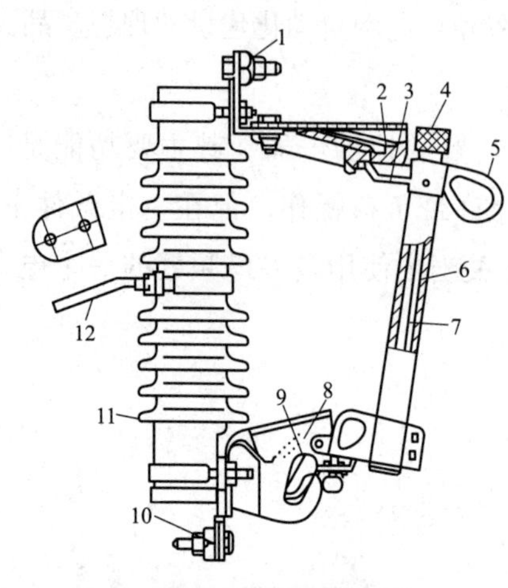

图 2-12　跌落式熔断器示意图

1—接线端子；2—上静触头；3—上动触头；4—管帽（带薄膜）；5—操作环；6—熔管（外层为酚醛纸管或环氧玻璃布管，内衬纤维质消弧管）；7—熔丝；8—下动触头；9—下静触头；10—下接线端子；11—绝缘子；12—固定安装板

跌落式熔断器组成主要有接线端子绝缘体、下支撑座、下动触头、下静触头、安装板、上静触头、上动触头、熔丝管、操作环等，如图 2-12 所示。跌落式熔断器在正常运行时，熔丝管借助熔丝张力形成合闸位置，由于上静触头向下和弹片的向外推力，使整个熔断器的动、静触头可靠接触。当故障时，过电流使熔丝迅速熔断并形成电弧，消弧管在电弧的作用下分解出大量气体，使管内形成很高的压力。当气体超过给定的压力值时，释压片打开，减轻了熔丝管内的压力，在电流过零时产生强烈的去游离作用，使电弧熄灭。而当气体未超过给定的压力值时，释压片不动作，电流过零时产生的强烈去游离气体从下喷口喷出，弹出板迅速将熔丝尾线拉出，使电弧熄灭。熔丝熔断后，活动关节释放，熔丝管在上静触头、下弹片的压力下，加上本身自重的作用迅速跌落，将电路切断，形成明显的分断间隙。

跌落式熔断器是10kV配电线路分支线和配电变压器最常用的一种短路保护开关，它具有经济、操作方便、户外环境适应性强等特点，被广泛应用于10kV配电线路和配电变压器一次侧作为保护和进行设备投、切操作之用。

跌落式熔断器安装在10kV配电线路分支线上，可缩小停电范围，因其有一个高压跌落式熔断器明显的断开点，具备了隔离开关的功能，给检修段线路和设备创造了一个安全作业环境，增加了检修人员的安全感。安装在配电变压器上，可以作为配电变压器的主保护，在10kV配电线路和配电变压器中得到了普及。

2.1.3.6　避雷器

避雷器是用来限制雷电过电压的主要保护电器。架空配电线路多采用避雷器来进行防雷保护，避雷器接地也叫过电压保护接地。

雷电过电压和内部过电压对运行中配电线路及设备所造成的危害，单纯依靠提高设备绝缘水平来承受这两种过电压，不但在经济上是不合理的，而且在技术上往往是不可能的。积极的办法是采用专门限制过电压的电器，设备电压等级越高，降低绝缘水平所带来的经济效益越显著。将过电压限制在一个合理的水平上，然后按此选用相应的设备绝缘水平，使电力系统的过电压与绝缘合理配合。

避雷器应装在被保护设备近旁，跨接于其端子之间。过电压由线路传到避雷器，当其值达到避雷器动作电压时避雷器动作释放过电压能量，将过电压限制到某一定水平（称为保护水平）。之后，避雷器又迅速恢复截止状态，电力系统恢复正常状态。

避雷器的保护特性是被保护设备绝缘配合的基础，改善避雷器的保护特性，可以提高被保护设备的运行安全可靠性，也可以降低设备的绝缘水平，从而降低造价。

2.1.3.7 故障指示器

故障指示器安装在架空线、电力电缆、箱变、环网柜、电缆分支箱，用于指示故障电流，如图 2-13 所示。故障指示器通常包括电流和电压检测、故障判别、故障指示器驱动、故障状态指示及信号输出和自动延时复位控制等部分。线路发生故障后，巡线人员可借助指示器的报警显示，迅速确定故障区段，并找出故障点。同时，故障指示器能够做到实时检测线路的运行状态和故障发生的地点，诸如送电、停电、接地、短路、过流等。在线路运行状态发生变化时迅速告知值班人员以及管理人员，快速做出处理决定，彻底改变过去盲目巡线，分段合闸送电查找故障的落后做法，能极大地提高供电可靠性、提高用户的满意度。

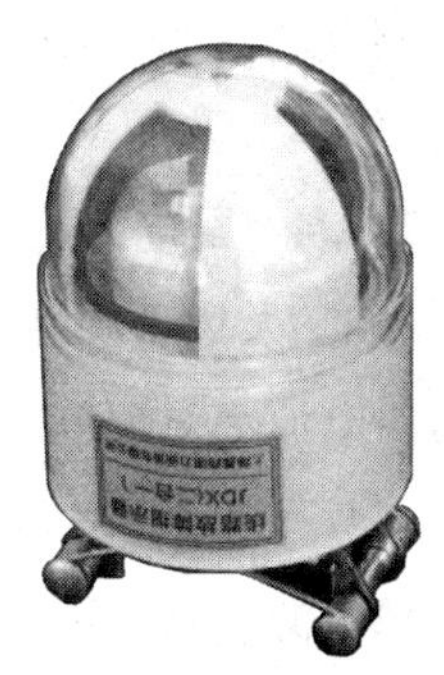

图 2-13 架空型故障指示器

故障指示器按应用对象，可分为架空型、电缆型和面板型三种类型；根据是否具备通信功能，分为就地型故障指示器和带通信故障指示器；根据故障指示器实现的功能，可分为短路故障指示器、单相接地故障指示器和接地及短路故障指示器。

2.1.3.8 配电网无功补偿装置

变压器和电动机等电气设备运行时需从系统中吸收大量的无功功率，系统无功电源严重不足或配置不当会引起电压降低，设备损耗增加，利用率低等问题。在配电网上进行无功补偿可以改善配电网的无功分布，提高电网的功率因数，改善电压质量，避免长距离输送无功功率，降低配电网线损，增大配电网供电能力。

配电网无功补偿一般采用并联补偿，按就地平衡的原则，选择采用分散补偿或集中补偿方式。集中补偿是在高低压配电线路中安装并联电容器组。分散补偿是在配电变压器低压侧和用户车间配电屏安装并联补偿电容器。

配电网加装无功补偿设备，不仅可使功率消耗小、功率因数提高，还可以充分挖掘设备输送功率的潜力。确定无功补偿容量时，应注意以下两点：

（1）在轻负荷时要避免过补偿，否则倒送无功造成功率损耗增加，是不经济的。

（2）功率因数越高，每千伏补偿容量减少损耗的作用将变小，通常情况下，将功率因数提高到 0.95 就是合理补偿。

2.1.3.9 线路自动分段器

线路自动分段器（简称分段器）是配电网提高可靠性和自动化程度的一个重要设备，

广泛应用于配电线路的分支线或区段线路上用来隔离永久故障。分段器不具备开断短路故障电流的能力，不能单独作为主保护开关设备，只能与电源侧前级开关设备相配合，在无电流的情况下自动分闸。

分段器是一种与电源侧前级开关配合，在失压或无电流的情况下自动分闸的开关设备。当发生永久性故障时，分段器在预定次数的分合操作后闭锁于分闸状态，从而达到隔离故障线路区段的目的。若分段器未完成预定次数的分合操作，故障被其他设备切除了，则其将保持合闸状态，并经一段延时后恢复到预先的整定状态，为下一次故障做好准备。

2.1.4 配电线路保护

35kV 及以下中性点非直接接地配电网，线路保护一般只作用于相间短路。单相接地的短路电流为对地电容电流，一般很小，对设备影响较小，一般不作用于跳闸。

2.1.4.1 线路保护配置原则

单电源线路，可装设一段或两段式电流速段和过电流保护，必要时可增设复合电压闭锁元件。由几段线路串联的电源线路及分支线路，如上述保护不能满足选择性、灵敏性和速动性的要求时，速断保护可无选择地动作，但应以自动重合闸来补救。复杂网络的单回线路，可装设一段或两段式电流速断和过电流保护，必要时可增设复合电压闭锁元件。如不满足选择性、灵敏性和速动性的要求或保护构成过于复杂时，宜采用距离保护。

电缆及架空短线路，如采用电流、电压保护不能满足选择性、灵敏性和速动性的要求时，宜采用光纤电流差动保护作为主保护，以带方向或不带方向的电流电压保护作为后备保护。

配电网宜开环运行，并辅以重合闸和备用电源自动投入装置来增加供电可靠性。

2.1.4.2 过电流保护

变电站线路过电流保护为阶段式电流保护，包括瞬时电流速断保护（Ⅰ段）、限时电流速断保护（Ⅱ段）、定时限过电流保护（Ⅲ段），通过三段电流保护组合实现迅速、可靠地切除被保护线路的故障。其特点是结构简单、经济，缺点是保护范围受运行方式和故障类型影响大。

1. 瞬时电流速断保护

瞬时电流速断保护简称电流速断保护，是反应电流增大且瞬时动作的保护。其整定原则如下：

(1) 按线路出口（或 10kV 母线）处系统最小运行方式下两相或三相短路故障有灵敏度≥1.5，不大于变电站变压器 5 倍额定电流。

(2) 躲过本保护线路末端（或 T 接线末端）最大三相短路故障电流整定。

(3) 若上述整定原则有冲突时，优先选 (1)。

(4) 若过流Ⅰ段定值同时满足整定原则 (1) 和 (2)，且过流Ⅰ段定值范围内无接入配电变压器，时间可取 0s；否则可取 0.2～0.3s，与下一级保护过流Ⅰ段或配电变压器速断保护配合。

2. 限时电流速断保护

限时电流速断保护是带延时的电流速断保护，能保护线路全长，并延伸至下一级线路的首端。为保证选择性，其动作值和动作时限应与下一级线路的速断或限时速断保护定值配合，具体按以下原则整定：

（1）按躲过单台最大配电变压器低压侧最大三相短路电流整定。根据网内短路电流水平简化整定，推荐取一次值 1500～3000A，对于大容量的配电变压器需要另行计算。

（2）校核本保护线路末端故障时灵敏系数不小于 1.5。

（3）时间整定：配电网主干线路上有 1 级及以上开关保护配合投入时，时间可整定为 0.6～0.8s；配电网主干线路上无配合开关保护投入时，时间可整定为 0.3～0.5s。

3. 定时限过电流保护

定时限过电流保护一般动作电流按躲过线路最大负荷电流整定，保护灵敏度较高，可作为本线路的近后备，还可作为相邻线路的远后备。具体整定原则如下：

（1）按躲最大负荷电流整定。与变电站上一级主变压器 10kV 后备保护、10kV 母线分段开关保护配合。

（2）动作时限与上、下级保护配合；校核全线线路末端故障时灵敏系数不小于 1.5。

2.2 开关站设备

2.2.1 开关站概述

2.2.1.1 开关站分类

开关站是配电网的重要组成部分，随着我国配电网的快速发展，各地的 10kV 开关站大量增加。10kV 开关站位于电力系统中变电站的下一级，是将高压电力分别向周围的用电单位供电的电力设施。它不仅是配电网底层最基本的单元，更是电力由高压向低压输送的关键环节之一。

开关站按照接线方式的不同可分为环网型开关站和终端型开关站。

（1）环网型开关站。环网开关站主要解决线路的分段和用户接入问题，开关站存在功率交换。环网开关站用于线路主干网，原则上采用双电源进线，两路分别取自不同变电站或同一变电站不同母线。现场条件不具备时，至少保证一路采用独立电源，另一路采用开关站间联络线。开关站进线采用两路独立电源时，所带装接总容量控制在 12 000kVA 以内；采用一路独立电源时，装接总容量控制在 8000kVA 以内。高压出线回路数宜采用8～12 路，出线条数根据负荷密度确定。

（2）终端型开关站。终端开关站用于小区或支线以及末端客户，起到带居民负荷和小型企业以及线路末端负荷的作用。一般采用双电源进线，一路取自变电站，另一路可取自公用配电线路。终端开关站所带装接容量不宜超过8000KVA，高压出线回路数宜采用8～10路。站内设置配电变压器2～4台，单台容量不应超过800kVA。

2.2.1.2 10kV开关站的接线方式及适用范围

开关站电源进线侧和出线侧电压相等，其主要电气设备为10kV开关柜，可以解决高压变电站中出线配电柜的数量不足和减少相同路径的线路条数等问题。开关站一般两进多出（常用4～6出）。建设开关站需考虑传输容量、损耗等问题。

10kV开关站电气主接线方式可以分为单母线接线、单母线分段联络接线和单母线分段不联络接线三种，但按其在电网中的功能，又可分为环网型开闭所和终端型开闭所两种。

1. 单母线接线

单母线接线方式一般设1～2路10kV电源进线间隔，若干路出线间隔，个别也有三路及以上电源进线间隔的接线方式。单母线接线方式按照功能不同可分为环网型单母线接线方式和终端型单母线接线方式。典型接线如图2-14所示，环网型单母线接线有两路10kV电源进线间隔，一进一出构成环网；终端型单母线接线只有一路10kV电源进线间隔。

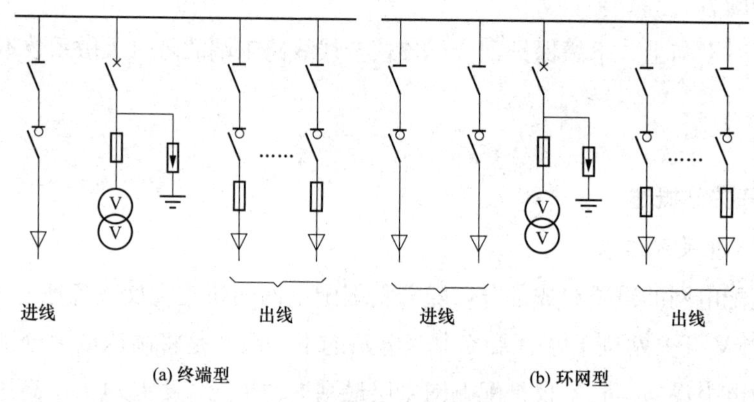

图2-14　单母线接线

单母线接线一般只适用于容量小、线路少和对二、三级负荷供电的开关站。其优点是接线简单清晰、设备少、操作方便、占地少、便于扩建和采用成套配电装置；缺点是不够灵活可靠，任意元件故障或检修时均需整个配电装置停电。

2. 单母线分段联络接线

单母线分段联络接线方式一般有2～4路10kV电源进线间隔，若干路出线间隔，两段母线之间设有联络开关。单母线分段联络接线方式按照功能不同可分为环网型单母线分段联络接线和终端型单母线分段联络接线，如图2-15所示。环网型单母线分段联络接线有四路10kV电源进线间隔，即每段母线有一进一出两路10kV电源进线间隔；终端型单母线分段联络接线一般每段母线只有一路 10kV 电源进线间隔，也有多路电源进线间隔的。

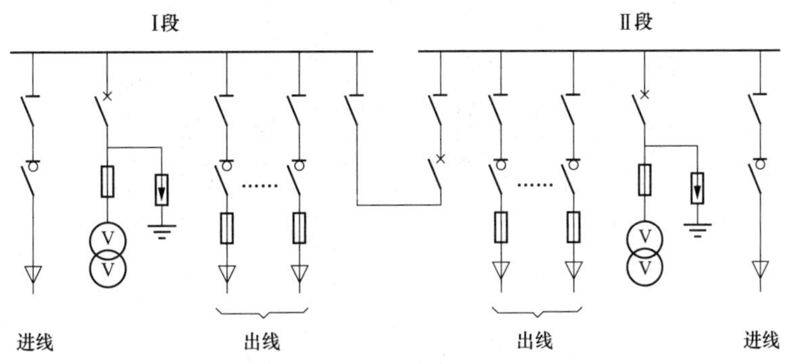

(a) 终端型

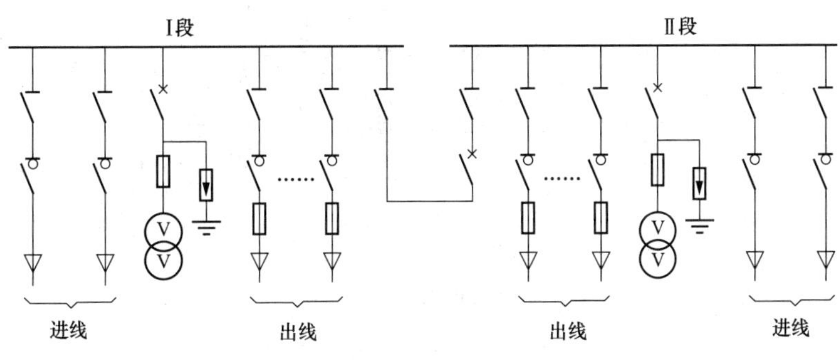

(b) 环网型

图 2-15　单母线分段联络接线

单母线分段联络接线适用于为重要用户提供双电源、供电可靠性要求比较高的开关站。其优点是接线简单清晰、设备少、操作方便、占地少、便于扩建和采用成套配电装置。用开关把母线分段后，对重要用户可以从不同母线段引出两个回路，提供两个供电电源；当一段母线发生故障，可保证正常母线不间断供电，不致使重要负荷停电。其缺点是当一段母线隔离开关发生永久性故障或检修时，则连接在该段母线上的回路在检修期间须停电。

3. 单母线分段不联络接线

单母线分段不联络接线一般有 2～4 路 10kV 电源进线间隔，若干路出线间隔，两端母线之间没有联系。单母线分段不联络接线方式按照功能不同可分为环网型和终端型，如图 2-16 所示。环网型单母线分段不联络接线每段母线上有一进一出两路 10kV 电源进线间隔；终端型单母线分段不联络接线的每段母线上只有一路 10kV 电源进线间隔。

单母线分段不联络接供电可靠性较高，在一个开闭所内可为重要用户提供双电源；其缺点是系统运行方式的灵活性不够，供电可靠性不如单母线分段联络接线高。

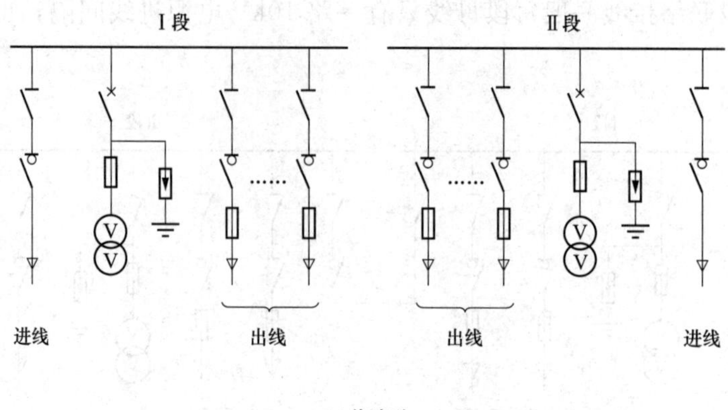

(a) 终端型

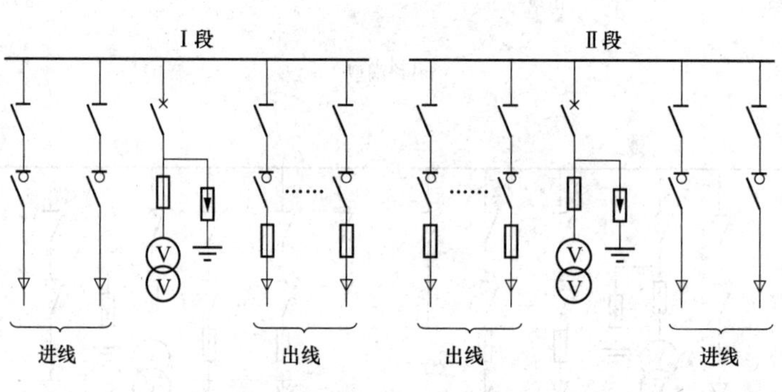

(b) 环网型

图 2-16　单母线分段不联络接线

2.2.1.3　开关站保护配置

1. 电源进线间隔的保护配置

开关站分为环网型和终端型，其保护配置是有区别的。

环网型开关站的环进环出柜内一般不配置任何保护，主要原因是：环网型开关站之间是以手拉手的方式开环运行的，它常应用于市区，而市区内线路的供电半径一般都会在5km以内，线路很短。一条10kV主干线一般会连接2～4个开关站，每个开关站按装设最少的两个断路器计，则一条10kV主干线相当于装设了4～8台断路器，由于线路很短，各个断路器之间的时间无法进行配合。一旦发生短路故障，短路点之前的断路器和变电站的出线断路器都可能跳闸，起不到隔离故障点的作用。环网型开关站的馈线柜一般配置熔断器保护或负荷开关加熔断器保护，起到过负荷和过电流保护的作用。

终端型开关站进线柜一般会配置熔断器保护或断路器保护，馈线柜也宜配置断路器进行保护。

2. 出线间隔的保护配置

对于10kV开关站的出线间隔，一般配置伏安特性比较好、灵敏度比较高的熔断器，作为出线柜的过负荷及过电流保护。

对于负荷开关—熔断器组合电器，应有脱扣联跳装置，当一相或多相熔丝熔断后，熔管上端的撞击器弹出，撞击负荷开关联跳装置，使负荷开关跳闸，避免出现断相运行情况，从而隔离故障点。

目前国内厂家生产的熔丝最大额定电流为 125A（国外进口的熔丝最大额定电流为 200A），即所供的最大负荷不超过 2000kW。由此可见，当所供负荷电流大于 125A 或所供变压器容量大于 2000kVA 时，国产熔丝保护将无法满足要求，对于这种情况可采用断路器柜或其他方式。

2.2.2　环网柜概述

2.2.2.1　环网柜介绍

环形配电网即供电干线形成一个闭合的环形，供电电源向这个环形干线供电，从干线上再一路一路地通过高压开关向外配电。这样的好处是，每一个配电支路既可以由它的左侧干线取电源，又可以由它右侧干线取电源。当左侧干线出了故障，它就从右侧干线继续得到供电，而当右侧干线出了故障，它就从左侧干线继续得到供电，这样配电支线的供电可靠性得到提高。用于这种环形配电网的开关柜简称环网柜。

环网柜是一组电气设备（高压开关设备）装在金属或非金属绝缘柜体内或做成拼装间隔式环网供电单元的电气设备，其核心部分采用负荷开关和熔断器（部分采用断路器）。环网柜电寿命长，开断能力强，小电流（电感、电容）开断，抗严酷环境条件能力强，此外还具有一个突出的优点，即容易实现三工作位（简称三工位，包括接通、隔离和接地）。环网柜具有结构简单、体积小、价格低、可提高供电参数和性能以及供电安全等特点，一般应用于城市配电系统的电缆线路、住宅小区、中小型企业、大型公共建筑、开关站、箱式变电站。环网柜是配电系统中的终端电气设备，具有量大面广、安装地点及安装方式多样的特点。环网柜是一个俗称，它可以是断路器柜，也可以是负荷开关柜，或负荷开关加熔断器柜，不仅仅用于环网线路。

2.2.2.2　环网柜的分类

目前常用的 10kV 环网柜主要有 SF_6 负荷开关环网柜、真空负荷开关环网柜、真空断路器环网柜，其他还有空气负荷开关环网柜等。开关柜的运行可靠与否直接关系到开关站的正常运行。

1. SF_6 负荷开关环网柜

SF_6 环网柜是一种以 SF_6 负荷开关作为核心部件的气体绝缘中压电气组合设备，如图 2-17 所示。SF_6 环网柜按组合方式可分为可扩展型及不可扩展型；按生产制造工艺的不同可分为共气室式（又名充气柜或 SF_6 全绝缘柜）及单独间隔式。

SF_6 全绝缘开关柜具有全封闭、免维护、尺寸小、性能优异、安全可靠的特点，深受用户的欢迎。环网柜由最初的空气绝缘环网配电单元发展到紧凑型 SF_6 环网配电单元，再发展到可扩展的 SF_6 全绝缘环网柜或多回路配电柜，使 SF_6 全绝缘开关技术获得了长足的

图 2-17　SF_6 负荷开关环网柜示意图

进步和发展。特别是计算机技术、电子技术、传感技术、光纤通信技术等多项技术应用于环网柜或多回路配电柜中，使产品更加小型化、智能化。

2. 真空负荷开关环网柜

真空负荷开关环网柜是在 20 世纪 90 年代中后期发展起来的。真空负荷开关是在真空断路器基础上开发的开关设备，也是目前 10kV 配电网中常用的设备。该种开关柜的特点是开关无油化、使用寿命长、开关触头免维护、操作安全方便等。

环网柜内负荷开关、隔离开关、接地开关、柜门、隔板之间装有联锁装置，具有防误闭锁功能。具体闭锁功能如下：

（1）负荷开关合闸时，隔离开关无法分闸，接地开关无法合闸，柜门无法打开；负荷开关分闸时，隔离开关、接地开关在其中一方分闸时，另一方可进行分、合闸操作，当接地开关合闸时，插入隔板后柜门可以打开。

（2）隔离开关合闸时，负荷开关可以分、合闸，接地开关无法合闸，柜门无法打开；隔离开关分闸时，负荷开关无法合闸，接地开关可以分、合闸，当接地开关合闸时，插入隔板后柜门可以打开。

（3）接地开关合闸时，负荷开关、隔离开关无法合闸，此时柜门可以打开；接地开关分闸时，隔离开关可以分、合闸，柜门无法打开。

（4）在电缆线路进线柜中，当进线电缆带电时，无论负荷开关、隔离开关处于何种状态，接地开关都会受到电磁锁的限制而无法合闸，柜门无法打开，除非用解锁工具解锁操作。

3. 空气负荷开关环网柜

空气负荷开关环网柜在 20 世纪 80 年代末、90 年代初广泛使用，是国内最早应用的环网柜。空气负荷开关环网柜的特点是在一定范围内分合闸电流越大，电弧越强，灭弧效果越好。空气负荷开关环网柜技术性能较低，可靠性较差。根据灭弧方式的不同，空气负荷开关环网柜分为产气式负荷开关环网柜和压气式负荷开关环网柜。

（1）产气式负荷开关。其利用固体产气材料在电弧的作用下产生大量的气体，气体从由固体产气材料组成的狭缝中喷出，形成气吹弧和冷却作用，产生去游离使电弧熄灭。因其结构简单、成本低廉，且运行操作简单、维护方便，这种环网柜曾一度被广泛使用。

（2）压气式负荷开关。其利用外力熄灭电弧，在切断负荷时，使用机械运动使其绝缘气体的气压升高，形成高速气流将电弧熄灭，从而达到开断负荷电流的目的。该类负荷开

关的灭弧室由导电筒（气压缸）、触头、喷嘴组成。当开关断开时，通过气压缸与固定活塞的相对运动来产生压缩气体，并通过喷嘴形成高速气流将电弧熄灭。

4. 断路器环网柜

断路器环网柜的开关采用的是断路器，利用断路器开断正常负荷电流和短路电流。目前使用较多的断路器环网柜有整体式真空断路器柜和永磁机构真空断路器柜两类。

（1）整体式真空断路器柜。其真空断路器和操动机构是一个整体，因而体积较小，其大小与真空负荷开关环网柜相当。

（2）永磁机构真空断路器。永磁机构是在弹簧机构和电磁机构的基础上，克服其不足，将永久磁铁应用于操动机构中，使真空断路器分合闸位置的保持通过永久磁铁实现，取代了传统的锁扣装置。这种磁力机构具有永久磁铁和分闸、合闸控制线圈，当合闸控制线圈通电后，使动铁心向下运动，并由永久磁铁保持在合闸位置；当分闸控制线圈通电，动铁心向反方向运动，同样由永久磁铁将它保持在另一个工作位置即分闸位置上。也就是说，该机构在控制线圈不通电流时其动铁心有两个稳定工作状态（合闸和分闸），因此也称双稳态电磁机构。与使用传统弹簧机构和电磁机构断路器相比，永磁机构真空断路器工作时主要运动部件极少，无需机构脱、锁扣装置，故障源少，具有体积小、可靠性高、机械寿命长、维护少的特点。

2.2.2.3　环网柜的组成部分

环网柜的基本组成部分包括柜体、母线、断路器、熔断器、负荷开关、隔离开关、互感器、电缆插接件、接闪器、高压带电显示装置、二次控制部件等。

1. 柜体及绝缘

根据柜内的主绝缘介质，环网柜一般可分为空气绝缘环网柜和 SF_6 气体绝缘环网柜两种。

空气绝缘环网柜柜体与常规的交流金属封闭开关设备在工艺和选材上类似，只是结构更简化，柜体体积更小。

SF_6 气体绝缘环网柜的柜体是一种密封柜，柜内充有 0.03～0.05MPa 的干燥 SF_6 气体，作为主绝缘介质；壳体由 2.5～3mm 的钢板或不锈钢焊成，在寿命期内一次密封。为了防止内部电弧故障引起爆炸，在壳体上装有压力释放室、防爆膜盒，当发生重大事故且保护装置失灵时，气箱内产生的高压气体通过压力释放室或防爆膜盒释放压力，从而保证操作人员和相邻设备的安全。

2. 母线

主母线一般根据柜体的额定电流选取，采用电场分布较好的圆形和倒圆角母线。

3. 断路器

一般多回配电单元进线柜采用断路器，开断电流不大，也不需要重合闸功能。

断路器一般采用 SF_6 断路器或真空断路器，变压器回路也可配用真空断路器。

4. 熔断器

一般使用全范围限流型熔断器，并在熔断器两侧设置接地刀开关。当高压熔断器的任一相熔断时，熔断器顶端撞针触发机构的脱扣装置，使联动的负荷开关跳闸。

5. 负荷开关

负荷开关的灭弧方式主要有产气式、压气式、真空式、SF_6 绝缘等。

环网柜中的负荷开关，一般要求三工位。产气式、压气式和 SF_6 式负荷开关易实现三工位，特别是 SF_6 负荷开关现在多为三工位，大大简化了负荷开关柜的结构。真空灭弧室只能开断，不能隔离，所以一般真空负荷环网开关柜在负荷开关前再加一个隔离开关，以形成隔离断口。

6. 电缆插接件

电缆插接件用来连接环缆，它是负荷开关的延伸部分，一般做成封闭的。电缆插头有内锥式和外锥式两张，其形状有直式、弯角式和 T 形。额定电压一般在 35kV 以下，额定电流在 200～630A。

7. 二次控制回路

二次控制回路采用集控制、保护、计量、监视、通信为一体的微机控制管理模块，具有就地和远程操作开关能力。

2.2.3 电缆分接箱

电缆分接箱是一种用来对电缆线路实施分接、分支、接续及转换电路的设备，多数用于户外。

电缆分接箱按其电气构成分为两大类：一类是不含任何开关设备的，箱体内仅有对电缆端头进行处理和连接的附件，结构比较简单，体积较小，功能较单一，可称为普通分接箱；另一类是箱内不但有普通分接箱的附件，还含有一台或多台开关设备，其结构较为复杂，体积较大，连接器件多，制造技术难度大，造价高，可称为高级分接箱。

1. 普通分接箱

普通分接箱内没有开关设备，进线与出线在电气上连接在一起，电位相同，适宜用于分接或分支接线。通常习惯将进线回数加上出线回数称为分支数。例如三分支电缆分接箱，它的每一相上都有三个等电位连接点，可以用作一进二出或二进一出。电缆分接箱内含 U、V、W 三相，三相电路结构相同，顺排在一起。

2. 高级分接箱

高级分接箱内含有开关设备，既可起到普通分接箱的分接、分支作用，又可起到供电电路的控制、转换以及改变运行方式的作用。开关断口大致将电缆回路分隔为进线侧和出线侧，两侧电位可以不一样。开关设备本身有较大的体积，因此高级分接箱的外形尺寸比较大，高度一般为 1.4～1.8m，深度约为 0.9～1.0m，长度则依所含开关设备数目而定，多在 1.0～2.4m 之间。箱体的外形类似于户外箱式变压器，箱壳上有若干个活动

的门，有的是为开关设备的操作而设，有的是为电缆连接器件的安装施工或维护检修而设。

2.3 配电自动化终端设备

2.3.1 配电自动化终端功能

配电网自动化系统的终端装置一般称为配电自动化终端或配电网自动化终端，简称配电终端，用于中压配电网中的开关站、重合器、柱上分段开关、环网柜、配电变压器、线路调压器、无功补偿电容器的监视与控制；与配电网自动化主站通信，提供配电网运行控制及管理所需的数据；执行主站给出的对配电网设备进行调节控制的指令。

2.3.2 配电自动化终端分类

配电终端是配电网自动化系统的基本组成单元，其性能与可靠性直接影响到整个系统能否有效地发挥作用。配电终端可分为馈线终端、配变终端和站所终端三大类。

1. 馈线终端设备（Feeder Terminal Unit，FTU）

FTU具有遥控、遥信及故障检测功能；并与配电自动化主站通信，提供配电系统运行情况和各种参数即监测控制所需信息，包括开关状态、电能参数、相间故障、接地故障以及故障时的参数；并执行配电主站下发的命令，对配电设备进行调节和控制，实现故障定位、故障隔离和非故障区域快速恢复供电等功能。

FTU是安装在配电室或馈线上的智能终端设备。它可以与远方的配电子站通信，将配电设备的运行数据发送到配电子站，还可以接受配电子站的控制命令，对配电设备进行控制和调节。FTU与传统远方终端（Remote Terminal Unit，RTU）有以下区别：FTU体积小、数量多，可安置在户外馈线上，设有变送器，直接交流采样，抗高温，耐严寒，适应户外恶劣的环境，而RTU安装在户内，对环境要求高；FTU采集的数据量小，通信速率要求较低，可靠性要求较高，而RTU采集的数据量大，通信速率较高，可靠性要求高，有专用通道。

FTU可采用高性能单片机制造，为了适应恶劣的环境，应选择能工作在－40～70℃的工业级芯片，并通过适当的结构设计使之防雷、防雨、防潮。

FTU采用先进的DSP数字信号处理技术、多CPU集成技术、高速工业网络通信技术、隔离技术嵌入式实时多任务操作系统，稳定性强、可靠性高、实时性好、适应环境广、功能强大，是一种集遥测、遥信、遥控、保护和通信等功能于一体的新一代馈线自动化远方终端装置。适用于城市、农村、企业配电网的自动化工程，完成环网柜、柱上开关的监视、控制和保护以及通信等自动化功能；配合配电子站、主站实现配电线路的正常监控和故障识别、隔离和非故障区段恢复供电。

2. 配变终端设备（Transformer Terminal Unit，TTU）

TTU监测并记录配电变压器运行工况，根据低压侧三相电压、电流采样值，每隔

5min 计算一次电压有效值、电流有效值、有功功率、无功功率、功率因数、有功电能、无功电能等运行参数，记录并保存一段时间和典型日上述数组的整点值，电压、电流的最大值、最小值及其出现时间，供电中断时间及恢复时间。记录数据保存在装置的不挥发内存中，在装置断电时记录内容不丢失。配电网主站通过通信系统定时读取 TTU 测量值及历史记录，及时发现变压器过负荷及停电等运行问题，根据记录数据统计分析电压合格率、供电可靠性以及负荷特性，并为负荷预测、配电网规划及事故分析提供基础数据。如不具备通信条件，使用掌上电脑每隔一周或一个月到现场读取记录，事后转存到配电网主站或其他分析系统。

TTU 构成与 FTU 类似，由于只有数据采集、记录与通信功能，而无控制功能，结构要简单得多。为简化设计及减少成本，TTU 由配变低压侧直接变压整流供电，不配备蓄电池。在就地有无功补偿电容器组时，为避免重复投资，TTU 要增加电容器投切控制功能。

3. 站所终端设备（Distribution Terminal Unit，DTU）

DTU 一般安装在常规的开关站、户外小型开关站、环网柜、小型变电站、箱式变电站等处，完成对开关设备的位置信号、电压、电流、有功功率、无功功率、功率因数、电能量等数据的采集与计算，对开关进行分合闸操作，实现对馈线开关的故障识别、隔离和对非故障区间的恢复供电。部分 DTU 还具备保护和备用电源自动投入功能。

2.4 变电站设备

变电站设备分为一次设备和二次设备，本书主要介绍 110kV 及以下变电站设备。一次设备是指直接生产、输送和分配电能的高压电气设备。变电站一次设备主要包括变压器、母线、高压断路器、隔离开关、电流互感器、电压互感器、电抗器、电容器、防雷设备、消弧线圈等。对一次设备进行控制、保护、调节、测量的辅助设备称为二次设备。变电站二次设备及系统主要包括变电站监控系统、微机保护系统、安全及自动装置、操作电源系统等。

2.4.1 变压器

2.4.1.1 变压器的工作原理

变压器是一种静止的电气设备，利用电磁感应原理将电力系统中的电能电压升高或降低，以利于电能的合理输送、分配，是变电站的主要设备。

变压器工作原理如图 2-18 所示：变压器一次侧（初级）绕组加交流电压后，流过一次侧绕组的电流在铁芯中会产生交变磁通，使一次侧和二次侧（次级）绕组发生电磁联系；根据电磁感应原理，交变磁通穿过这两个绕组就会感应出电动势，其大小与绕组匝数成正比，绕组匝数多的一侧电压高，绕组匝数少的一侧电压低。

2.4.1.2　变压器分类

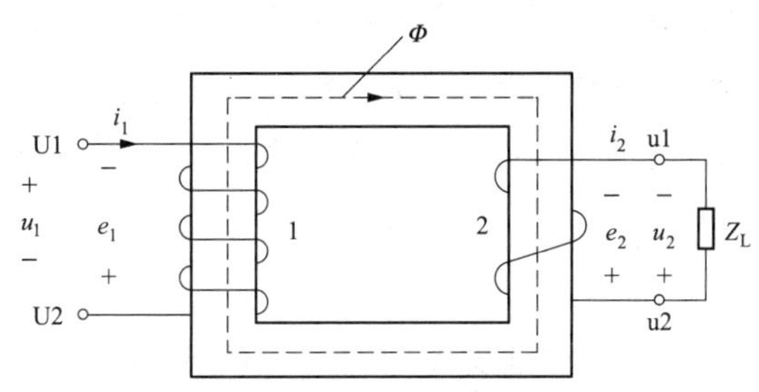

图 2-18　变压器工作原理示意图

（1）按用途分为升压变压器和降压变压器。升压变压器使电力从低压升为高压，然后经输电线路向远方输送；降压变压器则使电力从高压降为低压，再由配电线路对近处或较近处线路供电。

（2）按相数分为单相变压器和三相变压器。

（3）按绕组分为单绕组变压器（为两级电压的自耦变压器）、双绕组变压器、三绕组变压器。

（4）按调压方式分为无载调压变压器和有载调压变压器。

（5）按冷却介质和冷却方式分为油浸式和干式。油浸式变压器以油为变压器绕组的绝缘和冷却方式，散热较好，冷却方式一般为自然冷却、风冷却、强迫风冷却等，图 2-19 所示为三相油浸式变压器；干式变压器的绕组置于气体中（空气或六氟化硫气体）绝缘，或采用浇注环氧树脂绝缘，散热性稍差，但防火、防爆性能好。

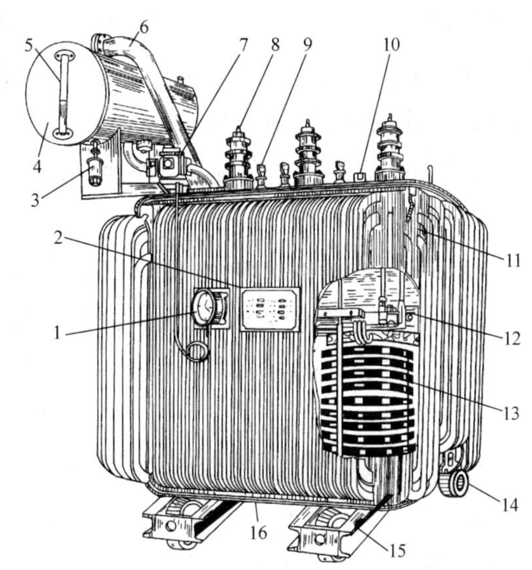

图 2-19　三相油浸式变压器示意图

1—信号温度计；2—铭牌；3—呼吸器；4—储油柜（油枕）；5—油位指示器；6—防爆管；7—气体继电器；8—高压套管；9—低压套管；10—分接开关；11—油箱；12—铁芯；13—绕组及绝缘；14—放油阀；15—小车；16—接地端子

2.4.1.3　变压器的组成部分

1. 铁芯

铁芯是电力变压器的重要组成部件之一，由高导磁的硅钢片叠积和钢夹件夹紧而成。

铁芯具有两方面的功能：在原理上，铁芯是构成变压器的磁路，把一次绕组的电能转化为磁能，又把该磁能转化为二次绕组的电能，因此铁芯是能量传递的媒介体；在结构上，它是构成变压器的骨架，在铁芯柱周围套上带有绝缘的绕组线圈，并且牢固地对铁芯柱进行支撑和压紧。

2. 绕组

绕组是变压器最基本的组成部分，它与铁芯一起构成了电力变压器的本体，是建立磁场和传输电能的电路部分。不同容量、不同电压等级的变压器，绕组形式也不一样。根据高、低压绕组在铁芯柱上排列方式的不同，变压器绕组可分为同心式和交叠式两种。

同心式绕组是把高压绕组与低压绕组套在同一个铁芯上，一般是将低压绕组放在里边，高压绕组套在外边，以便绝缘处理。同心式绕组结构简单、绕制方便，故被广泛采用。

交叠式绕组又叫交错式绕组，在同一铁芯上，高压绕组、低压绕组交替排列，绝缘较复杂，包扎工作量较大。它的优点是力学性能较好，引出线的布置和焊接比较方便，漏电抗较小，一般用于电压35kV及以下的电炉变压器中。

3. 分接开关

变压器的分接开关是起调压作用的。当电网电压高于或低于额定电压时，通过调节分接开关，可以使变压器的输出电压达到额定值。变压器分接开关的调压原理是通过改变一、二次绕组的匝数比来改变电压的变比，从而达到改变输出电压的目的。

变压器通常在高压侧绕组中引出分接头与分接开关相连接。分接头之所以常设置在高压侧，是因为高压绕组一般都装在低压绕组的外侧，容易抽头和引出线，且高压绕组较低压绕组电流小、导线细，分接头截面可做得小一些。

变压器的调压方式有无载调压和有载调压两种。无载调压是指变压器在停电、检修情况进行调节分接开关位置，从而改变变压器变比，以实现调压目的。无载调压的调压范围较窄，调节级数较少，通常额定调压范围以变压器额定电压的百分数表示为±2×2.5％。有载调压是指变压器在运行中可以调节分接开关位置，从而改变变压器变比，以实现调压目的。有载调压的调压范围较宽，调节级数较多，通常额定调压范围以变压器额定电压的百分数表示为±8×1.25％。

4. 高、低压套管（绝缘套管）

绝缘套管是变压器箱外的主要绝缘装置，变压器绕组的引出线必须穿过绝缘套管，使引出线之间及引出线与变压器外壳之间绝缘，同时起到固定引出线的作用。

5. 呼吸器（吸湿器）

储油柜内的绝缘油通过呼吸器与大气连通。呼吸器的作用是提供变压器在温度变化时内部气体出入的通道，解除正常运行中因温度变化产生对油箱的压力。

呼吸器外壳用透明塑料制成，内装有吸附剂硅胶，气体流过呼吸器时，硅胶吸收空气中的水分和杂质，以保持绝缘油的良好性能。

6. 储油柜

当变压器油的体积随着油的温度膨胀或减小时，储油柜起着调节油量、保证变压器油箱内油面平稳的作用。

7. 气体继电器

气体继电器安装在变压器到储油柜的连接管路上。如果充油的变压器内部发生放电故障，放电电弧使变压器油发生分解，产生甲烷、乙炔、氢气、一氧化碳、二氧化碳、乙烯、乙烷等多种特征气体，故障越严重，气体的量越大。这些气体产生后从变压器内部上升到储油柜的过程中，要流经气体继电器，推动气体继电器内的一个挡板，使继电器的动合触点闭合，作用于轻瓦斯保护发出警告信号，作用于重瓦斯则直接启动继电保护跳闸，断开断路器，切除故障变压器。

2.4.1.4 三相变压器的联结组

1. 绕组的端点标志与极性

变压器高、低压绕组交链着同一主磁通，当某一瞬间高压绕组的某一端为正电位时，在低压绕组上必有一个端点的电位也为正，这两个对应的端点称为同极性端，并在对应的端点上用符号“*”标出。

绕组的极性只决定于绕组的绕向，与绕组首、末端的标志无关。规定绕组电动势的正方向为从首端指向末端。当同一铁芯柱上高、低压绕组首端的极性相同时，其电动势相位相同；当首端极性不同时，高、低压绕组电动势相位相反。

对于三相变压器，高压绕组、低压绕组主要采用星形连接（Y 连接）和三角形连接（D 连接）两种，如图 2-20 所示。

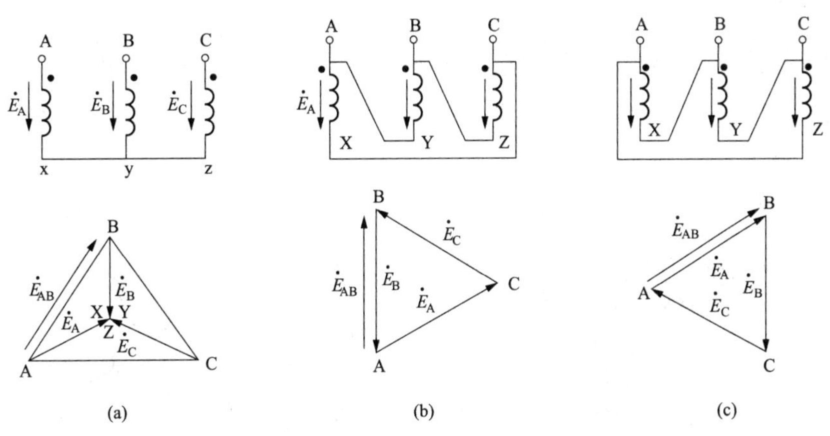

图 2-20 三相绕组的连接方式及相量图

2. 时钟表示法

三相变压器的高、低压绕组对应线电动势之间的相位差，不仅与绕组的极性（绕法）

和首末端的标志有关，而且与绕组的连接方式有关。联结组标号是表示变压器绕组的连接方法以及一、二次对应线电动势相位关系的符号。联结组标号由字符和数字两部分组成：前面的字符自左向右依次表示高压、低压绕组的连接方法；后面的数字是 0～11 之间的整数，代表低压绕组线电动势对高压绕组线电动势相位移的大小，该数字乘以 30°即为低压边线电动势滞后于高压边线电动势相位移的角度数。这种相位关系通常用时钟表示法加以说明，即以一次侧线电动势相量作为时钟的分针，并令其固定指向 12 位置，以对应的二次侧线电动势相量作为时针，它所指的时数就是联结组标号中的数字。例如 Ynd11，Y 表示一次侧为星形接线，n 表示带中性线，d 表示二次侧为三角形接线，11 表示当一次侧线电压相量作为分针指在时钟 12 点的位置时，二次侧的线电压相量在时钟的 11 点位置，也就是二次侧的线电压 U_{ab}滞后一次侧线电压 U_{AB}330°（或超前 30°）。

（1）Yy 接法。当各相绕组同铁芯柱时，Yy 接法有两种情况，联结组分别为 Yy0 和 Yy6，如图 2-21 所示。

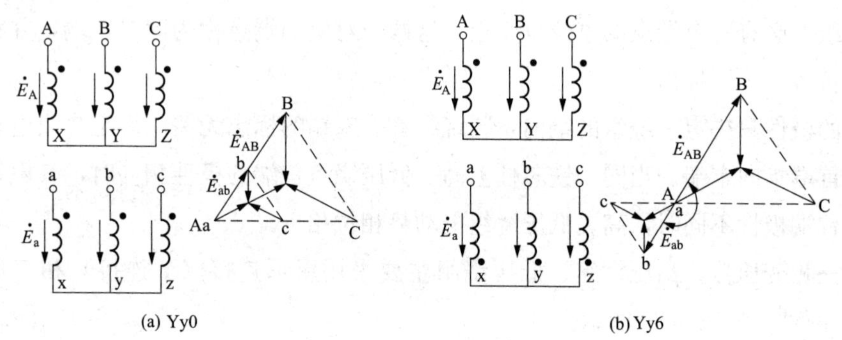

图 2-21　Yy 接法

（2）Yd 接法。高压绕组为 Y 接法，低压绕组为 d 接法，各绕组同铁芯柱，高、低压绕组以同极性端为首端，故高、低压绕组相电动势同相位，联结组为 Yd11 和 Yd1，如图 2-22 所示。

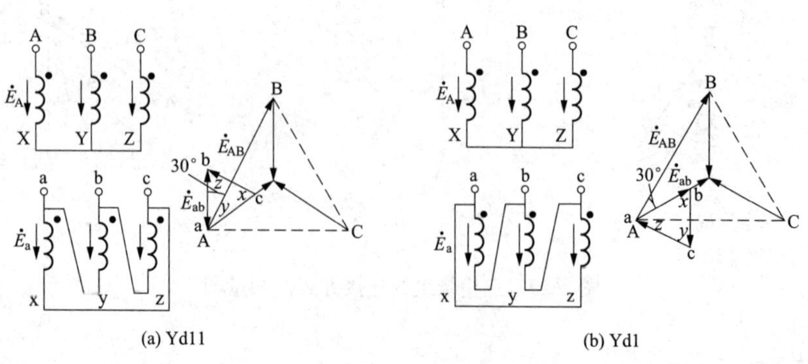

图 2-22　Yd 接法

用相量图判断变压器的联结组时应注意以下几点：

1）绕组极性只表示绕组绕法，与绕组首末端的标志无关。

2）高低压绕组相电动势均从首端指向末端，线电动势从 A 指向 B。

3）同一铁芯柱上的绕组，首端同极性时相电动势相位相同，首端为异极性时相电动势相位相反。

4）相量图中 A、B、C 与 a、b、c 的排列顺序必须同为顺时针排列，即一、二次侧同为正相序。

3. 标准组别的应用

（1）Yyn0 组别的三相电力变压器用于三相四线制配电系统中，供电给动力和照明的混合负载。

（2）Yd11 组别的三相电力变压器用于中等容量、电压为 10kV 或 35kV 电网及电厂中的厂用变压器。

（3）YNd11 组别的三相电力变压器用于 110kV 以上的中性点需接地的高压线路中。

（4）YNy0 组别的三相电力变压器用于一次侧需接地的系统中。

（5）Yy0 组别的三相电力变压器用于供电给三相动力负载的线路中。

2.4.1.5　变压器保护

变压器是电力系统中重要的供电元件，它发生故障将给供电可靠性和系统的正常运行带来严重的后果。变压器的故障包括绕组的相间短路、接地短路、匝间短路、断线以及铁芯的烧毁和套管、引出线的故障。当变压器外部发生故障时，由于其绕组中将流过较大的短路电流，会使变压器温度上升，变压器长时间过负荷过励磁运行，也将引起绕组和铁芯的过热和绝缘损坏。

变压器的保护主要包括纵联差动保护、瓦斯保护、复合序电压闭锁过电流保护等。

1. 纵联差动保护

变压器纵联差动保护作为变压器的主保护，能够反映变压器绕组、套管及引出线上的故障。纵联差动保护按照循环电流原理构成，即将变压器各侧电流互感器的二次电流进行相量相加，正常情况流进的电流和流出的电流在保护内大小相等，方向相反，相位相同，两者刚好抵消，差动电流等于零，此时差动保护不应动作；故障时两端电流流向故障点，在保护内电流叠加，差动电流大于零，此时差动保护应动作，使故障设备断开电源。

一般要求电压在 10kV 以上、容量在 10kVA 及以上的变压器采用纵联差动保护。纵差保护包括差动速断保护和比率差动保护（经二次谐波制动），由一套微机保护实现，动作后均跳变压器各侧断路器。

（1）差动速断保护：按躲过变压器可能产生的最大励磁涌流及外部短路最大不平衡电流来整定，一般按变压器额定电流倍数取值，容量越大，系统阻抗越大，则倍数越小。可根据变压器容量适当调整倍数，一般取 7～12 倍变压器额定电流，并校核高压侧母线金属性故障时灵敏度不小于 1.2。

（2）比率差动保护（经二次谐波制动）：启动电流一般按躲过变压器正常运行时的最大不平衡电流来整定，并保证变压器低压侧发生金属性短路故障时灵敏度不小于 2.0，实际工程计算中，一般取 0.4～0.6 倍变压器额定电流。采用二次谐波制动可有效避免励磁涌流造成的误动，一般制动系数取 0.15～0.2。

2. 瓦斯保护

瓦斯保护用来反映变压器油箱内部故障，对变压器匝间和层间短路、铁芯故障、套管内部故障、绕组内部断线及绝缘劣化和油面下降等故障均能灵敏动作。一般要求 0.8MVA 以上油浸式变压器均应装设瓦斯保护，油浸式有载调压变压器的调压箱也需装设瓦斯保护。瓦斯保护为非电量保护，一般由气体继电器实现，分为重瓦斯保护和轻瓦斯保护两种。

（1）轻瓦斯保护。根据收集的气体体积来动作，当变压器箱体内部发生轻微故障时，气体产生的速度较缓慢，达到一定量后触动继电器，动作于发信。

（2）重瓦斯保护。根据变压器箱体内气体流速来动作，当变压器箱体内部发生严重故障时，则产生强烈的瓦斯气体，油箱内压力瞬时突增，产生很大的油流冲向继电器的挡板，动作于断开变压器各侧断路器。

3. 复合序电压闭锁过电流保护

该保护作为变压器的后备保护，由过电流作为动作条件，由低电压和负序电压通过“或”门构成电压闭锁条件。

一般变压器各侧均应装设后备保护。高压侧后备保护作为变压器的总后备，不经方向闭锁，经各侧复压闭锁；中、低压侧后备保护作为本侧母线故障保护及出线末端故障的远后备保护，不经方向闭锁，经本侧复压闭锁。中、低压侧后备保护一般整定为两段式，即限时电流速断保护和过电流保护。其中，限时电流速断保护不经方向闭锁；过电流保护经复压闭锁。

4. 其他保护

其他保护分为电量保护和非电量保护两类。

电量保护主要有过负荷保护、高压侧零序电流保护、间隙保护等。其中，高压侧零序电流保护作为中性点接地运行时 110kV 系统发生接地故障时的后备保护，间隙保护分间隙零序电流保护和零序电压保护，作为中性点不接地运行时 110kV 系统发生接地故障时的后备保护。

非电量保护主要有变压器本体和有载调压部分的油温保护（油温高启动冷却器、油温高告警）、变压器的压力释放保护、油位异常保护等。

2.4.2 母线

2.4.2.1 母线的功能

母线将各个电气间隔共同连接，其作用是汇集、分配和传送电能，使停送电操作灵活，并可方便母线上所连接的各个电气设备检修与投运。母线包括一次设备部分的主母线和设备连接线、站用电部分的交流母线、直流系统的直流母线、二次部分的小母线等。

2.4.2.2 母线的分类

按母线的截面形状，母线可以分为矩形截面母线、圆形截面母线、槽形截面母线、管形截面母线、绞线圆形软母线等。

（1）矩形截面母线。在35kV及以下的户内配电装置中，一般都采用矩形截面母线，如图2-23所示。矩形截面母线与相同截面积的圆形母线相比，散热条件好，冷却条件好、集肤效应较小。为了增强散热条件和减小集肤效应的影响，宜采用厚度较小的矩形母线。

图2-23 矩形截面母线示意图

（2）圆形截面母线。在35kV及以上的户外配电装置中，为了防止电晕，大多采用圆形截面母线。一般母线表面的曲率半径越小，则电场强度越大。

（3）槽形截面母线。其散热条件好，集肤效应小，安装简单，连接方便。当每相需用三条以上的矩形母线时，一般采用槽形母线。槽形母线常用在35kV及以下，持续工作电流在4000～8000A的配电装置中。

（4）管形截面母线。常用在110kV及以上，持续工作电流在8000A以上的配电装置中。其优点是集肤效应小，电晕放电电压高，机械强度高，散热条件好。

（5）绞线圆形软母线。一般为钢芯铝绞线，由多股铝线绕在单股或多股钢线的外层构成。一般用于35kV及以上屋外配电装置中。

2.4.2.3 母线的布置方式

母线的散热条件和机械强度与母线的布置方式有关。以矩形截面母线为例，最为常见的布置方式有水平布置和垂直布置两种。

（1）水平布置。三条母线固定在支持绝缘子上，具有同一高度；各条母线之间既可以平放，也可以竖放。平放式水平布置散热条件较差，允许电流不大，但机械强度较高。竖放式水平布置的母线散热条件较好，母线的额定允许电流比其他放置方式要大，但机械强度不是很好。

（2）垂直布置。垂直布置方式的特点是三相母线分层安装。这种布置方式不但散热好，而且机械强度和绝缘性能都很高，克服了水平布置的不足之处。然而垂直布置增加了配电装置的高度，需要更大的投资。

2.4.3 高压断路器

2.4.3.1 高压断路器的功能

高压断路器是电力系统中最重要最复杂的电气设备之一。它具有完善的灭弧装置和高速传动机构，不仅可以切断或闭合高压电路中的空载电流和负荷电流，还可以在系统发生故障时通过继电器保护装置的作用，切断过负荷电流和短路电流。高压断路器具有相当完善的灭弧结构和足够的断流能力。

2.4.3.2 高压断路器的分类

按灭弧介质的不同，高压断路器可分为油断路器（少油、多油）、空气断路器、真空断路器、六氟化硫（SF_6）断路器等。

1. 油断路器（少油、多油）

油断路器是以密封的绝缘油作为开断故障的灭弧介质的一种开关设备，有多油断路器和少油断路器两种形式。多油断路器已趋于淘汰，少油断路器由于价格适中，在早期的建筑供配电系统中较常用，但有火灾危险。随着无油化改造进程的加快，电网中的油断路器将被逐步淘汰。

2. 空气断路器

空气断路器是利用高压空气吹动电弧并使其熄灭的断路器。其工作时，高速气流吹弧，对弧柱产生强烈的散热和冷却作用，使弧柱热电离，并迅速减弱以至消失。电弧熄灭后，电弧间隙即由新鲜的压缩空气补充，令介电强度迅速恢复。

由于出现了结构简单、灭弧性能良好和电寿命长的六氟化硫断路器，使得压缩空气断路器的使用范围缩小。但北欧等一些高寒地区，由于 SF_6 气体液化和开断能力降低（降低20%左右）等原因，有些国家在高压、超高压电网中还在使用压缩空气断路器。此外，大容量发电机断路器要求开断容量大，动作迅速，现在还广泛应用压缩空气断路器。

图 2-24 户内 10kV 真空断路器示意图

3. 真空断路器

真空断路器采用真空作为灭弧介质，具有体积小、重量轻、适用于频繁操作、灭弧不用检修的优点，在配电网中应用较为普及，常用在电压等级较低（3～35kV）、要求频繁操作、户内装设的场合。图 2-24 为户内 10kV 真空断路器示意图。

4. 六氟化硫（SF_6）断路器

六氟化硫断路器采用具有良好灭弧和绝缘性能的 SF_6 气体作为灭弧介质，其灭弧性能好，开断能力强，允许连续开断次数较多，适用于频繁操作，噪声小，无火灾危险等。六氟化硫断路器的应用大大提高了断路器的各种技术性能，做到了设备可靠、不检修周期长，是一种性能优异的“无维修”断路器。但其金属消耗多，价格较高，常用在 110kV 及以上的高压系统。

2.4.3.3 高压断路器的接线方式

断路器的接线方式有板前、板后、插入式、抽屉式。用户如无特殊要求，均按板前供货，板前接线是最常见的接线方式。

（1）板前接线方式：在断路器安装于成套装置（开关柜、配电柜等）时，在安装板前，即在断路器基座的连接板上直接连接电源线及负载线，用螺钉紧固的接线。板前接线为断路器的默认接线方式，如采用板前接线方式，无须做特殊说明。

（2）板后接线方式。板后接线最大特点是可以在更换或维修断路器时不必重新接线，只需将前级电源断开。由于该结构特殊，产品出厂时已按设计要求配置了专用安装板和安装螺钉及接线螺钉。需要特别注意的是，由于大容量断路器接触的可靠性将直接影响断路器的正常使用，因此安装时必须引起重视，严格按制造厂要求进行安装。

（3）插入式接线。在成套装置的安装板上，先安装一个断路器的安装座，安装座上有 6 个插头，断路器的连接板上有 6 个插座。安装座的面上有连接板或安装座后有螺栓，安装座预先接上电源线和负载线。使用时，将断路器直接插进安装座。如果断路器坏了，只要拔出坏的，换上一只好的即可。插入式接线的更换时间比板前、板后接线要短，且方便。由于插、拔需要一定的人力，因此我国的插入式产品壳架电流限制在最大 400A。插入式断路器在安装时应检查断路器的插头是否压紧，并应将断路器安全紧固，以减少接触电阻，提高可靠性。

（4）抽屉式接线。断路器的进出抽屉是由摇杆顺时针或逆时针转动的，在主回路和二次回路中均采用了插入式结构，省略了固定式所必需的隔离器，做到一机二用，提高了使用的经济性，同时给操作与维护带来了很大的方便，增加了安全性、可靠性。特别是抽屉座的主回路触刀座，可与 NT 型熔断器触刀座通用，这样在应急状态下可直接插入熔断器供电。

2.4.4 隔离开关

2.4.4.1 隔离开关简介

隔离开关也称闸刀，如图 2-25 所示，是一种没有专门灭弧装置的开关设备，在分闸状态有明显可见的断开点，在合闸状态能可靠地通过正常工作电流和短路故障电流，但不能用其开断正常的工作电流和短路故障电流。

图 2-25　110kV 隔离开关

2.4.4.2　隔离开关的主要作用

（1）隔离电源。隔离开关断开点明显可见，隔离开关的动触头和静触头断开后，两者之间的距离应大于被击穿时所需的距离，以保证安全。

（2）倒闸操作。运行、备用、检修时用来配合断路器协同完成倒闸操作，如倒母线操作。

（3）分、合小电流。隔离开关没有灭弧装置，因此仅能用来分、合只有电压没有负荷电流的电路。否则会在隔离开关的触头间形成强大电弧，危及设备和人身安全，造成重大事故。

一般只能在断路器已将电路断开的情况下，隔离开关才能接通断开。但隔离开关也具有一定的分、合小电流的能力，可用来分、合电压互感器、避雷器，分、合变压器的接地中性点，分、合励磁电流不超过 2A 的空载变压器，关合电容电流不超过 5A 的空载线路等。

2.4.5　互感器

互感器是一种特殊的变压器。互感器分电压互感器（TV）和电流互感器（TA）两大类，是供电系统中测量和保护用的重要设备。电压互感器是将系统的高电压改变为标准的低电压（100V 或 $100/\sqrt{3}$）；电流互感器是将高压系统中的电流或低压系统中的大电流改变为低压的标准小电流（5A 或 1A）。

2.4.5.1　电压互感器

母线电压互感器把高电压按比例关系变换成 100V 或更低等级的标准二次电压，供保护、计量、仪表装置使用。同时电压互感器可以将高电压与电气工作人员隔离，并使二次设备简单化。

2.4.5.2　电压互感器工作原理

电压互感器的工作原理与变压器相同，基本结构也是铁芯和一、二次侧绕组。电压互感器的一次侧绕组与被测电路并联，二次侧绕组与测量仪表电压线圈并联。其特点是容量很小且比较恒定，正常运行时接近于空载状态。图 2-26 为电压互感器接线原理图。

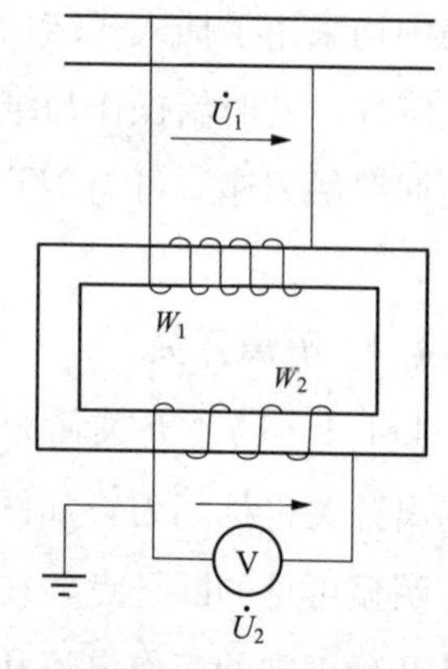

图 2-26　电压互感器接线原理图

电压互感器的二次侧严禁短路，因为电压互感器本身的阻抗很小，一旦二次侧发生短路，电流将急剧增长而烧毁线圈。为此，电压互感器的一次侧接有熔断器，二次侧可靠接地，以免一、二次侧绝缘损毁时，二次侧

出现对地高电位而造成人身和设备事故。

测量用电压互感器一般都做成单相双绕组结构，其一次侧电压为被测电压（如电力系统的线电压），可以单相使用，也可以用两台 TV 接成 V-V 形作三相使用。实验室用的电压互感器往往是一次侧多抽头的，以适应测量不同电压的需要。供保护接地用电压互感器还带有一个第三绕组，称三绕组电压互感器。三相的第三绕组接成开口三角形，开口三角形的两引出端与接地保护继电器的电压线圈连接。

正常运行时，电力系统的三相电压对称，第三绕组上的三相感应电动势之和为零。一旦发生单相接地，中性点出现位移，开口三角的端子间就会出现零序电压使继电器动作，从而对电力系统起保护作用。

绕组出现零序电压则相应的铁芯中就会出现零序磁通，为此，这种三相电压互感器采用旁轭式铁芯（10kV 及以下时）或采用三台单相电压互感器。对于这种互感器，第三绕组的准确度要求不高，但要求有一定的过励磁特性（即当一次侧电压增加时，铁芯中的磁通密度也增加相应倍数而不会损坏）。

电压互感器是发电厂、变电站等输电和供电系统不可缺少的一种电器。精密电压互感器是电测试验室中用来扩大量限，测量电压、功率和电能的一种仪器。

2.4.5.3 电流互感器

电流互感器的一次绕组匝数很少，串联在电路里，其电流的大小取决于线路的负载电流。由于接在二次侧的电流线圈的阻抗很小，所以电流互感器正常运行时相当于一台短路运行的变压器。利用一、二次绕组不同的匝数比就可以将系统的大电流变为小电流来测量。

2.4.5.4 电流互感器工作原理

电流互感器是按电磁感应原理工作的，与普通变压器相似，如图 2-27 所示。

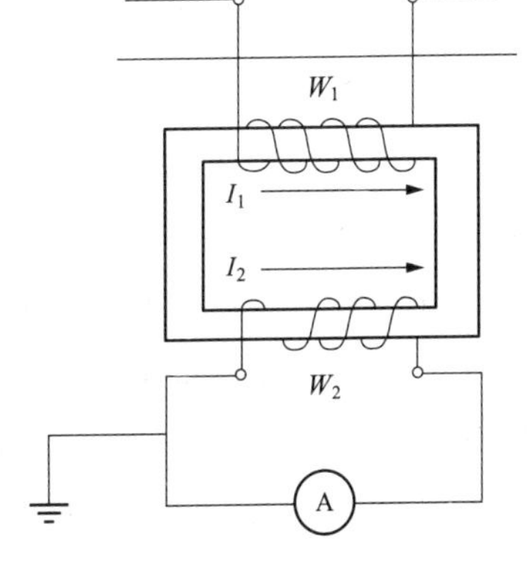

图 2-27 电流互感器工作原理图

电流互感器运行时二次侧严禁开路，安装时二次侧严禁装设开关或熔断器。如果二次侧开路，电流互感器就成为空载运行，此时一次侧全部成为励磁电流并使铁芯中的磁通猛增。这样一方面使铁损增加，铁芯严重发热，以致烧毁绕组绝缘或使高压侧对地短路；更严重的是在二次侧会感应很高的电压，可能将绕组的绝缘击穿，对操作人员有生命危险。为了安全起见，电流互感器二次侧严禁装设开关或熔断器，以防二次侧意外开路。

2.4.6 电抗器

电抗器在电网中可以限制短路电流和高次谐波，维持母线有较高残压。

并联电抗器并联接在高压母线或高压输电线路上。它是一个带间隙铁芯（或空心）的线性电感线圈。它的铁芯和线圈浸泡在盛有变压器油的油箱中，因此是采用油冷却的、外形似变压器的油浸电抗器。

串联电抗器串联接在高压电路中。它是一个不带铁芯（空心）的线性电感线圈。串联电抗器的线圈绕在干燥且表面涂有漆的水泥支柱上，水泥支柱用支柱绝缘子与地绝缘，摆放在室内。因此，它是一个用空气冷却的干式电抗器。

2.4.7 电容器

2.4.7.1 电容器作用及结构

电容器组用于补偿电力系统感性负荷的无功功率，以提高功率因数，改善电压质量，降低线路损耗。成套装置中的电抗器可限制合闸涌流和高次谐波。

电容器的结构比较简单，主要由芯子、油箱和出线三部分组成。电容器的油箱一般采用1～2mm的薄钢板制成，国外有的采用不锈钢板。在运行中，因温度变化将引起箱内压力变化，油箱也随着发生膨胀或收缩，起到调节温度变化的作用。电容器在变电站的安装方式分为户内和户外两种。

现代制造的电容器，除非在热带地区，否则是允许装在露天的，因此绝大部分的电容器都装在户外，只有厂矿环境污秽地区才装在户内。我国南方各省由于气候环境条件，在户内安装的较多，其他地区则多安装在户外。电容器组的接线方式通常分为三角形和星形两种。此外还有双三角形和双星形之分，星形接线又分为中性点接地和不接地两种。

2.4.7.2 电容器接线形式

1. 三角形接线

过去由于制造厂生产的电容器额定电压所限，我国大多数电容器组都采用三角形接线。三角形接线的电容器，任何一台电容器损坏就形成两相短路，故障电流很大，使油箱爆炸。两相短路引起的电弧还将产生高电压，可能引起邻近电容器损坏。三角形接线的另一缺点是接线复杂，不如星形接线方便。并且三角形接线保护选择困难，没有适当的保护方式。因此这种接线方式已逐渐淘汰不再使用。

2. 星形接线

星形接线电容器的极间电压是电网的相电压，绝缘承受的电压较低。一台电容器故障击穿时，由其余两健全相的阻抗限制，故障电流小。星形接线简单，运行经济。星形接线可以有多种保护方式供选择。因此星形接线得到普遍采用。

2.4.7.3 并联电容器保护

1. 熔丝保护

每台电容器都装有单独的熔丝保护，熔丝电流应大于1.43倍电容器的额定电流，通常按1.5～2倍选择。

2. 过流保护

为了避免合闸涌流引起开关的误动作，过流保护应留有一定的时限，通常将时限整定在 0.5s 及以上就能躲过合闸涌流的影响。

3. 电容器不平衡电流保护

双星形接线的电容器在星形接线的中性线上安装一台电流互感器，正常情况下三相平衡，中性线没有电流流过。

4. 过压保护和低压保护

过压保护动作电压取电容器额定电压的 1.1～1.2 倍。低压保护动作电压取母线额定电压的 0.6 倍左右。

2.4.7.4 并联电容器的分合闸问题

1. 电容器组的合闸

电容器合闸与短路状态相似，会产生很大的合闸涌流，限制合闸涌流的主要方法是安装串联电抗器、开关加并联电阻及采用同期合闸开关。电容器合闸还会产生过电压，其值可达 2～3 倍相电压。

2. 电容器组的分闸

如果开关分闸电弧重燃一次，过电压为 3 倍相电压，重燃二次为 5 倍相电压，重燃三次为 7 倍相电压，依此类推。因此不能采用普通的开关来操作电容器。

2.4.7.5 并联电容器的运行要求

成组安装的电力电容器，应符合下列要求：

（1）三相电容量的差值宜调配到最小，电容器组容许的电容偏差为 0～5%；三相电容器组的任何两线路端子之间，其电容的最大值与最小值之比应不超过 1.02；电容器组各串联段的最大与最小电容之比应不超过 1.02。设计有要求时，应符合设计的规定。

（2）电容器构架应保持在水平及垂直位置，固定应牢靠，油漆应完整。

在电容器装置验收时，应进行以下检查：

（1）电容器组的布置与接线应正确，电容器组的保护回路应完整、传动试验正确。

（2）外壳应无凹凸或渗油现象，引出端子连接牢固，垫圈、螺母齐全。

（3）熔断器熔体的额定电流应符合设计规定。

（4）电容器外壳及构架的接地应可靠，其外部油漆应完整。

（5）电容器室内的通风装置应良好。

（6）电容器及其串联电抗器、放电线圈、电缆经试验合格，容量符合设计要求。闭锁装置完好。

2.4.8 防雷设备

变电站的防雷设备主要有避雷针和避雷器。

避雷针的作用是防止变电站遭受直接雷击，将雷电对其自身放电，把雷电流引入大地。避雷针是由金属制成，一般比被保护设备高，具有良好接地。

避雷器是用来限制作用于电气设备上的大气过电压的一种防雷保护设备。当过电压超过一定限值时，避雷器自动对地放电降低电压保护设备，放电后迅速自动灭弧，保证系统正常运行。避雷器并联在被保护设备附近。避雷器既可以限制外部过电压，也可以限制内部过电压。目前，使用最多的是氧化锌避雷器。

2.4.9 接地变压器

接地变压器简称接地变，根据填充介质，接地变可分为油式和干式；根据相数，接地变可分为三相接地变和单相接地变。

接地变压器的作用是为中性点不接地的系统提供一个人为的中性点，便于采用消弧线圈或小电阻的接地方式，以减小配电网发生接地短路故障时的对地电容电流大小，提高配电系统的供电可靠性。

2.4.10 消弧线圈

2.4.10.1 消弧线圈作用

消弧线圈顾名思义就是灭弧的，是一种带铁芯的电感线圈，铁芯具有间隙，以便得到较大的电感电流；线圈的接地侧有若干个抽头，以便在一定的范围内分级调节电感的大小。它接于变压器（或发电机）的中性点与大地之间，构成消弧线圈接地系统。电力系统输电线路经消弧线圈接地，为小电流接地系统的一种。正常运行时，消弧线圈中无电流通过。当线路发生单相接地故障时，中性点电位将上升到相电压，这时流经消弧线圈的电感性电流与单相接地的电容性故障电流相互抵消，使故障电流得到补偿，补偿后的残余电流变得很小，不足以维持电弧，从而使电弧自行熄灭，避免故障扩大，提高供电的可靠性。

2.4.10.2 消弧线圈的补偿方式

（1）欠补偿：补偿后电感电流小于电容电流，即补偿的感抗大于线路容抗，电网以欠补偿的方式运行。欠补偿一般情况下不能采用，只有在消弧线圈容量不足时（或部分消弧线圈实验检修时、或故障情况下补偿电网的分区运行）临时使用。消弧线圈欠补偿运行时，必须事先进行断线过电压的计算，最大中性点位移度不得超过70%，因为欠补偿情况下，如果切除部分线路（对地电容减少）时，可能使电网接近或者达到全补偿的方式，导致出现谐振过电压的机会增加。

（2）全补偿：补偿后电感电流等于电容电流，即补偿的感抗等于线路容抗，电网以全补偿的方式运行。全补偿运行时接地点电流为零，但是它也有严重的缺点，因此时消弧线圈的感抗等于系统的容抗，是一个串联谐振的关系，而串联谐振的过电压危害电网的绝缘，因此全补偿方式不能采用。

（3）过补偿：补偿后电感电流大于电容电流，即补偿的感抗小于线路容抗，电网以过补偿的方式运行。过补偿可以有效避免系统发生串联谐振过电压，因此在实际运行中得到广泛的应用。

2.4.11 变电站监控系统

变电站监控系统主要包括数据采集、安全监视与数据处理记录、控制与操作闭锁三大

部分。

2.4.11.1 数据采集部分

数据采集是指对一次运行设备的各种状态信息进行采集。主要内容包括：

（1）模拟量（遥测量）：电压、电流和功率值、频率等，此外还有变压器油温、变电站室温、直流电源电压、所用电电压和功率等。

（2）开关量（遥信量）：断路器状态、隔离开关状态、变电站一次设备状态及报警信号、变压器分接头位置信号、继电保护动作信号等。

（3）电能量：又称脉冲量，指电能表输出的电度量。

2.4.11.2 安全监视与数据处理记录部分

（1）对变电站内运行参数和设备的越限报警及记录。越限报警是指在监控系统运行过程中，对采集的电流、电压、主变压器温度、频率等量，不断进行越限监视，如发现越限，立刻发出告警信号（信号和音响提示），同时记录和显示越限时间和越限值。另外，还要监视保护装置是否失电，自控装置工作是否正常等。监视及越限告警均保存到数据库中记录，便于以后进行事故或缺陷分析，或供检修参考。

（2）事件顺序记录（Sequence of Events，SOE）：内容包括将断路器跳合闸记录、保护动作按照时间顺序记录下来，主要作用是便于事故后对断路器和保护的动作行为进行分析。SOE 要求具有足够的容量和精度，其记录的事件发生的时间应精确至毫秒级。

（3）故障记录、故障录波和测距：通过保护装置和专用故障录波器将故障时的故障波形信息记录下来，便于进行分析确定故障性质，查找故障点。

（4）变电站运行参数的统计、分析与计算：记录和存储上级调度、变电运行管理及保护系统所需的各种信息，内容包括断路器动作次数、断路器切除故障时故障电流和跳闸操作次数的累计数，输电线路的有功功率、无功功率，变压器的有功功率最大值、最小值及其时间，独立负荷有功功率、无功功率每天的最大值和最小值等，控制操作及修改整定值的记录，可用于电量负荷统计、设备检修、电压质量监控等。

（5）谐波分析与监视：对于变电站的电力系统谐波应进行监视和分析，然后采取必要的措施进行控制，尤其是谐波干扰较严重的变电站。

2.4.11.3 控制与操作闭锁部分

该部分功能为进行控制操作，为防止误操作提供可靠的闭锁功能。控制操作内容包括远方操作高压断路器、对电容器组进行投切，实现远方“遥控”功能；对变压器的分接头进行调节控制，实现远方“遥调”功能。

控制系统为防止误操作必须有可靠的闭锁功能。操作出口具有跳、合闭锁功能；根据实时信息，实现断路器、隔离开关操作闭锁；适应一次设备现场维修操作的电脑“五防”操作及闭锁系统。其中，“五防”是指：①防止带负荷拉、合隔离开关；②防止误入带电间隔；③防止误分、合断路器；④防止带电挂接地线；⑤防止带地线合隔离开关。

2.4.12 微机保护系统

微机保护是用微型计算机构成的继电保护，是电力系统继电保护的发展方向（现已基本实现，尚需发展），具有高可靠性、高选择性、高灵敏度。一般典型的微机保护硬件结构由五个部分构成，即数据处理系统（微机主系统）、数据采集系统（模拟量输入系统）、数字量（开关量）输入/输出系统、人机接口、电源系统。

微机保护装置的数字核心一般由 CPU、存储器、定时器/计数器、Watchdog 等组成。目前数字核心的主流为嵌入式微控制器（MCU），即通常所说的单片机；输入/输出通道包括模拟量输入通道［模拟量输入变换回路（将 TA、TV 所测量的量转换成更低的适合内部 A/D 转换的电压量，±2.5V、±5V 或±10V）、低通滤波器及采样、A/D 转换］和数字量输入/输出通道（人机接口和各种告警信号、跳闸信号及电度脉冲等）。

2.4.13 小电流接地选线装置

在电力系统中，把中性点不接地或经消弧线圈接地的系统叫小电流接地系统，在小电流接地系统中最常见的故障是单相接地故障。发生单相接地故障时，不影响对负荷的供电，一般情况下，发生单相接地故障允许配电网继续运行 1～2h。但此时系统非故障相对地电压升高为线电压，若不及时处理，可能导致电气设备被烧坏或者绝缘薄弱点被击穿，极易发展成两相短路使故障扩大，弧光接地还会引起全系统过电压。因此，小电流接地系统应装设小电流接地选线装置，在发生单相接地故障后，选出故障线路并动作于信号，以便运行人员及时采取措施消除故障。

小电流接地选线装置原理一般有以下几种：

1. 接地监视法

利用配电网发生单相接地故障后出现零序电压这一特点，可以监视是否发生了单相接地故障。一般是在配电网的母线处装设接地监视继电器，接入电压互感器二次侧开口三角形绕组端子上的零序电压，在出现零序电压后，继电器延时动作于信号。

2. 零序功率方向选线法

零序功率方向选线法的小电流接地装置是利用在系统发生单相接地故障时，故障与非故障线路零序功率方向不同的特点构成选线原理，其实质是测量母线处零序电压与线路零序电流之间的相位关系，由零序功率继电器判别故障与非故障电流。

3. 谐波电流方向选线法

当中性点不接地系统发生单相接地故障时，在各线路中都会出现零序谐波电流。由于谐波次数的增加，相对应的感抗增加，容抗减小，所以总可以找到一个 m 次谐波，这时故障线路与非故障线路 m 次谐波电流方向相反，同时对所有大于 m 次谐波的电流均满足这一关系。

4. 外加高频信号电流选线法

当中性点不接地系统发生单相接地时，通过电压互感器二次绕组向母线接地相注入一

种外加高频信号电流，该信号电流主要沿故障线路接地相的接地点入地，部分信号电流经其他非故障线路对地电容入地。用一只电磁感应及谐波原理制成的信号电流探测器，靠近线路导体接收该线路故障相流过信号电流的大小（故障线路接地相流过的信号电流大，非故障线路接地相流过的信号电流小，它们之间的比值大于 10 倍）判断故障线路与非故障线路。

高频信号电流发生器由电压互感器开口三角的电压启动。选用高频信号电流的频率与工频及各次谐波频率不同，因此工频电流、各次谐波电流对信号探测器无感应信号。

在单相接地故障时，用信号电流探测器，对注入系统接地相的信号电流进行寻踪，还可以找到接地线路和接地点的确切位置。

5. 首半波选线法

首半波选线法的原理是基于接地故障信号发生在相电压接近最大值瞬间这一假设。当电压接近最大值时，若发生接地故障，则故障相电容电荷通过故障线路向故障点放电，故障线路分布电感和分布电容使电流具有衰减振荡特性，该电流不经过消弧线圈，故不受消弧线圈影响。但此原理的选线装置不能反映相电压较低时的接地故障，易受系统运行方式和接地电阻的影响，存在工作死区。

2.4.14　安全及自动装置

2.4.14.1　备用电源自动投入装置概述

1. 备用电源自动投入装置作用

备用电源自动投入装置是当工作电源因故障跳闸以后，能自动而迅速地将备用电源投入到工作或将用户切换到备用电源上去的一种自动装置（简称备自投装置）。它可以提高供电可靠性、简化继电保护配置、限制短路电流并提高母线残压。备自投装置是电力部门为保证用户连续可靠供电的重要手段。

2. 备用电源自动投入装置常用方式

（1）进线备自投方式：母线上的两条电源进线正常时一条工作、一条备用，当工作线路因故障跳闸造成母线失去电压时，备自投装置动作将备用线路自动投入。

（2）母联（分段）备自投方式：两段母线正常时均投入，分段断路器断开，两段母线互为备用，当一段母线因电源进线故障造成母线失去电压时，备自投装置动作将分段断路器自动投入。

（3）变压器备自投方式：两台变压器一台工作、一台备用，当工作变压器故障，母线失去电压时，备自投装置动作将备用变压器自动投入。

3. 备用电源自动投入装置动作逻辑

备自投动作逻辑中设有闭锁条件、启动条件、检查条件。当启动条件全部满足，闭锁条件不满足时，动作出口，检查条件用于检测动作成功与否。

另外为了防止装置误动，在动作判别中设计有充电条件，只有充满电后才开放出口逻辑。

4. 备用电源自动投入装置运行原则

（1）备自投装置动作后先追跳工作电源断路器，确认工作电源断路器断开后，备自投装置才能投入备用电源断路器。

（2）备自投装置投入备用电源断路器必须经过延时，延时时限应大于最长的外部故障切除时间。

（3）在手动跳开工作电源时，备自投装置不应动作。

（4）应具备保护闭锁备自投装置的逻辑功能，以防止备用电源投到故障的元件上，造成事故扩大。

（5）备用电源无压时，备自投装置不应动作。

（6）备自投装置在电压互感器（TV）二次熔断器熔断时不应误动，故应设置 TV 断线告警。

（7）备自投装置只允许备投一次，动作投于永久性故障的设备上时应加速跳闸，闭锁备自投装置，防止系统受到多次冲击而扩大事故。

（8）站内母线上如有接地变压器带消弧线圈，应核算备自投装置动作后消弧线圈的脱谐度；如果有可能造成谐振过电压则应切除接地变压器。110kV 及以上中性点有效接地的系统中，要防止备自投装置动作后系统失去有效的中性点接地。

（9）工作电源侧的电压应低于预定数值，并且持续时间大于预定时间，方可动作。

（10）在两台电源设备（互为暗备用时）同时运行在重负荷情况下，如存在一台电源设备故障跳闸有可能造成另一台电源设备过负荷的情况时，可采取如下措施：

1）电流自投，即通过电流的整定，允许变压器在一定负荷范围内备用自投。

2）负荷联切，即通过备自投装置动作后联切一部分负荷，同时应闭锁这些线路的重合闸。联切负荷时应根据负荷性质来整定，逐级切除非重要用户。

（11）调度部门应结合每年远切负荷、紧急事故拉闸序位表、低频方案等稳定措施确定各站备自投的方式，主要是不允许使用备用电源自动投入装置将以上措施所切除的负荷恢复。

2.4.14.2　自动重合闸装置概述

1. 自动重合闸装置作用

因继电器保护动作等原因断路器自动跳闸后，能迅速使断路器自动合闸的装置称为自动重合闸。由于架空配电线路故障大多为瞬时性故障，例如，由雷电引起的绝缘子表面闪络、大风引起的碰线、鸟类以及树枝等物掉落在导线上引起的短路等，在线路被继电保护迅速断开以后，电弧即行熄灭，外界物体（如树枝、鸟类等）也被电弧烧掉而消失。此时，如果把断开的线路断路器再合上，就能够恢复正常的供电。因此采用自动重合闸可以大大提高线路供电可靠性，保证系统稳定运行。但是，电缆线路故障多为永久性故障，此

时若采用重合闸，则易扩大事故，加剧设备的损坏，所以电缆线路一般不投重合闸。

2. 自动重合闸装置分类

根据重合闸控制断路器相数的不同，可将重合闸分为单相重合闸、三相重合闸、综合重合闸。自动重合闸方式的选定应根据电网结构、系统稳定要求、发输电设备的承受能力等因素综合考虑。目前，110kV 及以下线路重合闸均为三相重合闸。三相重合闸是指不论故障类型如何，故障后均跳开三相断路器，然后重合，重合不成功，跳开三相断路器。

3. 自动重合闸装置基本要求

（1）运行人员手动或遥控分闸操作时，或者手动合闸于故障线路而跳闸时，重合闸不应动作。

（2）断路器处于不正常工作状态时，重合闸装置应闭锁。

（3）重合闸动作次数应符合预先的设定。

（4）双侧电源线路上实现重合闸时，应选用一侧检无压，另一侧检同期（因配电网线路上所接小电源不允许重合，因此接有小电源的配电网线路重合闸投入无压检定功能）。

（5）重合闸装置应具备与继电保护装置密切配合的条件，以提高和改善保护装置的技术性能。

（6）为了能够满足要求，应优先采用由控制开关的位置和断路器位置不对应原则来启动重合闸，即当控制开关在合闸位置而断路器实际上在断开位置的情况下，使重合闸启动，这样就保证不论是任何原因使断路器跳闸以后，都可以进行一次重合。

4. 自动重合闸装置启动方式

自动重合闸的启动方式有不对应启动和保护启动两种。

装置用跳闸位置接点引入装置开入量判断断路器位置，如果开入闭合，说明断路器在断开状态，若此时控制开关在合闸状态，说明原先断路器是处于合闸状态的，这两个位置不对应启动重合闸的方式称“位置不对应启动”。不对应启动在保护动作和断路器“偷跳”时均可启动重合闸。不对应启动的优点是简单可靠，可以纠正断路器偷跳；缺点是位置继电器接点异常，断路器辅助触点不良等情况下会造成启动失效。

保护启动方式是不对应启动方式的补充，是保护动作发出跳闸命令后启动重合闸的方式。本保护动作跳闸后，检测到线路无电流启动重合，通常装置也设置一个“外部跳闸启动重合闸”的开关量输入，以便于双重化配置的另一套保护启动本保护重合。

5. 自动重合闸装置和继电保护的配合方式

为了能尽量利用重合闸所提供条件加速切除故障，继电保护与重合闸配合时，一般采用重合闸前加速保护和重合闸后加速保护两种方式。

（1）重合闸前加速保护方式。图 2-28 为重合闸前加速网络接线与时间配合关系图。

图 2-28 所示的网络接线，假定在每条线路上均装设过流保护，其动作时限按阶梯形原则来配合，因而在靠近电源端保护 3 处的时限就很长。为了能加速故障的切除，可在保

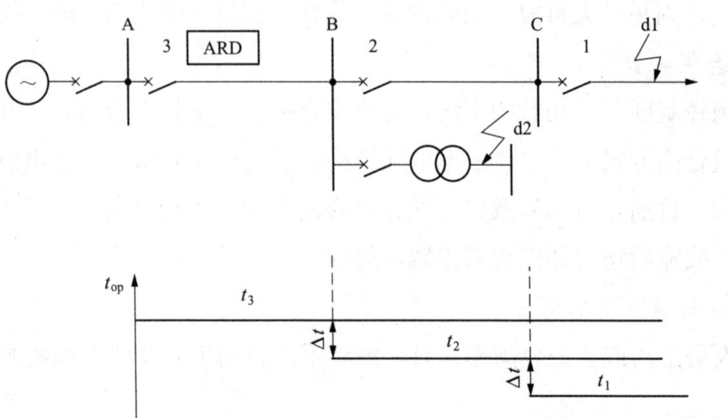

图 2-28　重合闸前加速网络接线与时间配合关系图

护 3 处采用前加速方式，即当任何一条线路上发生故障时，第一次都由保护 3 瞬时动作予以切除。如果故障是在线路 AB 以外（如 d1 点），则保护 3 的动作都是无选择性的。但断路器 3 跳闸后，即启动重合闸重新恢复供电，从而纠正了上述无选择性动作。

如果此时的故障是瞬时性的，则在重合闸以后就恢复了供电；如果故障是永久性的，则由保护 1 或 2 切除；当保护 2 拒动时，则保护 3 第二次就按有选择性的时限 t_3 动作于跳闸。

1）优点：①快速切除瞬时性故障；②可能使瞬时性故障来不及发展成永久性故障，提高重合闸的成功率；③能保证发电厂和重要变电站的母线电压在 0.6～0.7 倍额定电压以上，从而保证厂用电和重要用户的电能质量；④使用设备少，只需装设一套重合闸装置，简单、经济。

2）缺点：①断路器工作条件恶劣，动作次数较多；②重合于永久性故障时，故障切除的时间可能较长，重合闸装置或断路器拒绝合闸，扩大停电范围。

（2）重合闸后加速保护方式。首次故障，各保护按选择性配合关系动作切除故障。然后重合跳开的断路器，若重合成功，则恢复运行；若重合于永久性故障，则利用重合闸信号加速相应的保护。

1）优点：①第一次是有选择性的切除故障，不会扩大停电范围，特别是在重要的高压电网中，一般不允许保护无选择性动作而后以重合闸来纠正（即前加速的方式）；②保证了永久性故障能瞬时切除，并仍然是有选择性的；③与前加速相比，使用中不受网络结构和负荷条件的限制。

2）缺点：①每个断路器上都需要装设一套重合闸，与前加速相比略为复杂；②第一次切除故障可能带有延时。

2.4.14.3　低频减载及故障解列装置概述

1. 低频减载装置的作用和构成

为了提高供电质量，保证重要用户供电的可靠性，当系统中出现有功功率缺额引起频

率下降时，根据频率下降的程度，自动断开一部分不重要的用户，阻止频率下降，以使频率迅速恢复到正常值，这种装置叫作自动低频减载装置。其主要作用是保证重要用户的供电，避免因频率下降引起的系统瓦解事故，是防止电网频率崩溃的最后一道防线。自动低频减载的先后顺序，应按负载的重要性进行安排。

低频减载装置由频率测量和减载两个环节组成。为尽量减小切除负载及尽快恢复频率，要根据系统功率缺额大小和频率下降的速度与绝对值把要切除的负载分为若干轮，在频率下降的过程中顺次切除。一般分为 5～6 轮，第一轮的启动频率整定在 48.0～48.5Hz，最后一轮为 46.0～46.5Hz。

2. 故障解列装置

故障解列包括低频解列、过频解列、低压解列、过压解列等。故障解列装置一般装设在 110kV 变电站的 110kV 母线上。目前应用较广的是低压解列，在负荷侧带小电源的变电站中，当主电源跳闸失电时，由低压解列动作跳开带小电源的线路，避免重合闸时系统电源和小电源出线非同期重合问题。故障解列装置的低压动作逻辑可以是三个相电压或线电压均低于整定值时开放解列功能（与门逻辑），也可以是任何一个相电压或线电压低于整定值时开放解列功能（或门逻辑），这里涉及系统发生故障后，故障解列装置何时开始计时准备动作的问题。当系统发生不对称故障时，由于存在健全相使得受端变电站高压母线不会三相均无压，为了使故障解列装置与系统发生故障时同步开始计时，更早地切除小系统电源，使小系统尽早解列运行，系统侧重合闸等待检无压的时间缩短，因此采用三个低电压或逻辑启动。

整定原则如下：

（1）低频解列、过频解列功能一般退出不用，需要时按运行方式部门要求整定。

（2）低压解列定值按线路末端故障对侧断路器跳开有灵敏度整定。当解列装置装设在小电源侧时，一般取 60～70V，当解列装置装设在系统侧时，可取 50～60V。

（3）零序过压解列定值应躲过系统正常运行时的母线零序不平衡电压，并保证线路末端故障对侧断路器跳开时有灵敏度，一般取 10～15V。当本变电站及相邻下一级主变压器中性点都不接地时，定值取 150～180V。

（4）母线过压解列定值应可靠躲过系统正常运行时的母线最高电压，一般取 120V。

（5）动作时间应与相邻线路及本站中、低压侧出线保护灵敏段时间配合，并小于对侧线路重合闸时间，一般要求不大于 1.5s。

2.4.15　操作电源系统概述

1. 操作电源的分类

操作电源就是变电站二次设备（包括继电保护自动装置、信号设备、通信、远动、监控系统和断路器分合闸控制等）的工作电源，操作电源的可靠性直接关系到电力系统的安全可靠运行。

操作电源分为直流操作电源和交流操作电源。直流操作电源又可分为独立式直流电源和非独立式直流电源：独立式直流电源有蓄电池直流电源和电源变换式直流电源；非独立式直流电源有硅整流电容储能直流电源和复式整流直流电源。交流操作电源就是直接使用交流电源，正常运行时由电压互感器或站用变压器作为断路器的控制和信号电源，故障时由电流互感器提供断路器的跳闸电源。其优点是接线简单，维护方便；缺点是技术性能不能满足变电站的技术要求。

2. 操作电源的基本要求

（1）要求操作电源要具有高度的可靠性。

（2）操作电源要有足够的容量。

（3）操作电源要有良好的供电质量。

（4）操作电源应维护方便、安全经济。

2.4.16　智能变电站概述

2.4.16.1　智能变电站定义

智能变电站是采用先进、可靠、集成、低碳、环保的智能设备，以全站信息数字化、通信平台网络化、信息共享标准化为基本要求，自动完成信息采集、测量、控制、保护、计量和监测等基本功能，并可根据需要支持电网实时自动控制、智能调节、在线分析决策、协同互动等高级功能的变电站。变电站的智能化是一个不断发展的过程。就目前技术发展现状而言，智能变电站是：由电子式互感器、智能化开关等智能化一次设备、网络化二次设备分层构建，建立在IEC61850通信规范基础上，能够实现变电站内智能电气设备间信息共享和互操作的现代化变电站。图2-29为智能变电站与传统变电站的比较图。

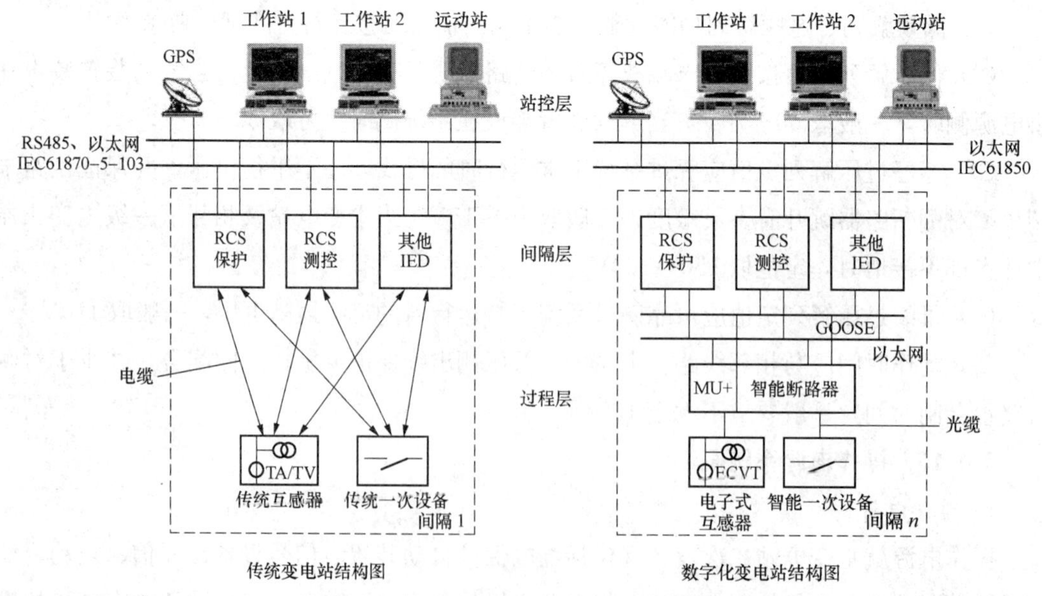

图2-29　智能变电站与传统变电站的比较图

2.4.16.2　智能变电站的优势

（1）简化二次接线，可采用少量光纤代替大量电缆。

（2）提升测量精度，数字信号传输和处理无附加误差，提高信息传输的可靠性，CRC 校验、通信自检，且光纤通信无电磁兼容问题。

（3）智能变电站可采用电子式互感器，无 TA 饱和、TA 开路、铁磁谐振等问题，绝缘结构简单，干式绝缘、免维护。

（4）减小变电站集控室面积，二次设备小型化、标准化、集成化，二次设备可灵活布置。

第3章　配电网调控技术支持系统

配电网调控技术支持系统主要包括配电网调度控制系统、配电网自动化系统、配电网抢修指挥系统及其他支持系统。本章重点介绍配电网调度控制系统的系统构架、系统功能和特点、AVC系统的原理与控制策略；配电网自动化系统的系统构架、系统功能和安全防护、馈线自动化系统（DA）的概念与实现模式；配电网抢修指挥系统的工作内容与用户产权运维归属，95598工单处理流程与客户报修故障研判，配电网生产抢修指挥平台的基本功能与信息来源，配电网故障抢修流程；省地县一体化OMS系统的系统架构，调控云的概念、建设背景、网络架构、体系架构及组成，配电云支撑平台的技术架构、安全体系及功能，微服务平台的架构，泛在电力物联网的概念与技术架构。

3.1　配电网调度控制系统

3.1.1　系统架构

随着特高压大电网的快速发展和可再生能源的大规模并网，电网的形态和特性发生了重大变化，需要调度中心内部多个业务应用协同运作。将调度中心传统的能量管理系统（EMS）、广域向量测量系统（WAMS）、动态预警系统（DSA）、调度计划系统（PIM）、电能量计量系统（TMR）、水情水调自动化系统（HYA）、保护管理与故障信息系统（WF）、雷电定位监测系统（LM）、调度管理系统（OMS）等十余套独立应用系统安全集成为一体化平台和实时监控与预警、调度计划、安全校核、调度管理等四大类应用，实现调度中心内部应用的横向集成，支持电网稳态、动态、暂态等多种运行信息的全景监视与分析，如图3-1所示。

3.1.1.1　系统一体化架构

配电网调度控制系统功能分为实时监控与预警、调度计划、安全校核和调度管理四类，突破了传统安全分区的约束，完全按照业务特性划分。如图3-2中图例所示，将系统整体框架分为应用类、应用、功能、服务四个层次。

应用类是由一组业务需求性质相似或者相近的应用构成，用于完成某一类的业务工作。应用是由一组互相紧密关联的功能模块组成，用于完成某一方面的业务工作。功能是

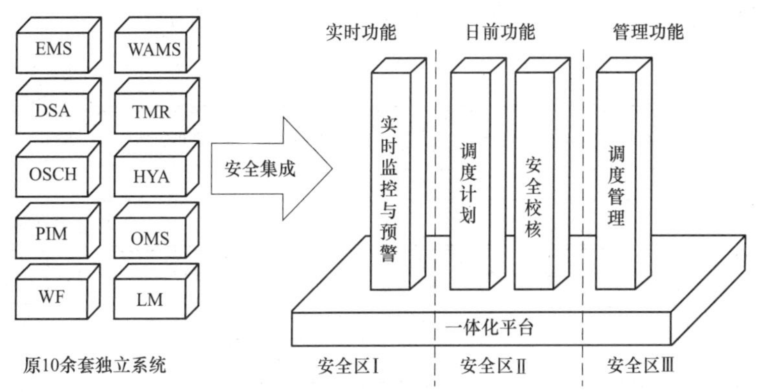

图 3-1　系统集成图

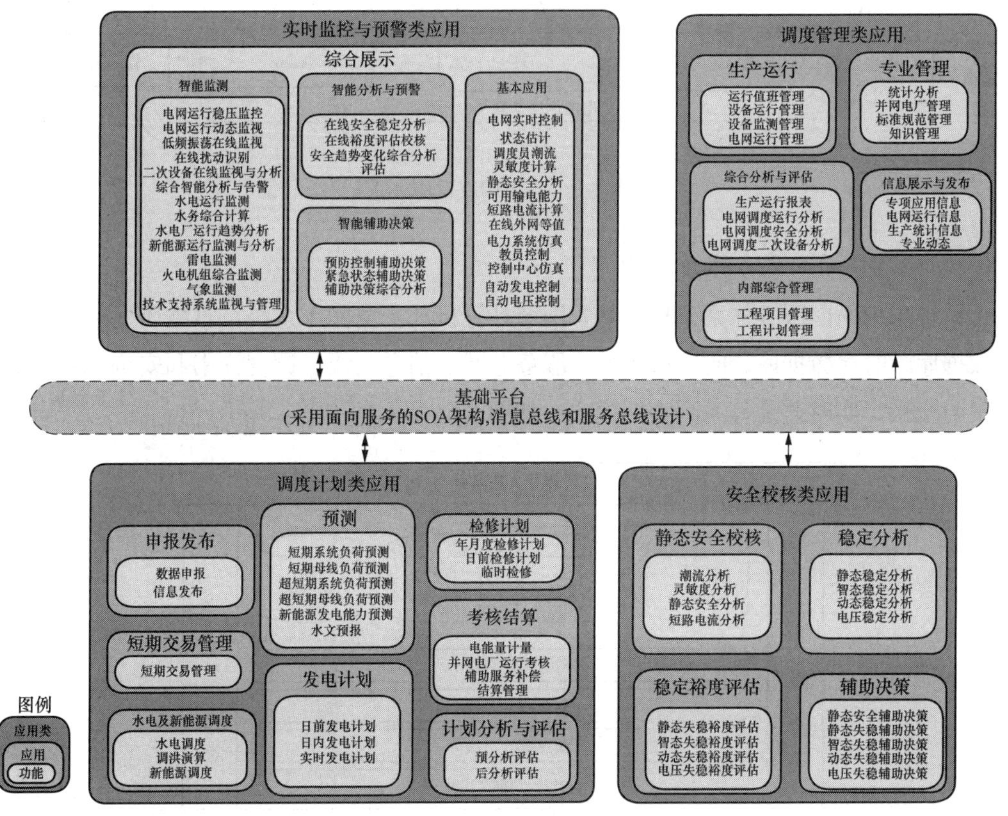

图 3-2　系统架构

由一个或者多个服务组成，用于完成一个特定业务需求。服务可在今后详细设计中确定。

3.1.1.2　纵向贯通各级调度

为满足大电网实时调度运行的需要，结合智能电网调度和备用调度体系建设，在纵向上通过支撑平台实现多级调度技术支持系统间的一体化运行，提供实时监控与预警、调度计划等各类应用在多级调度机构的广域共享。通过调度数据网双平面实现厂站和调度中心之间、调度中心之间数据采集和交换的可靠运行，如图 3-3 所示。

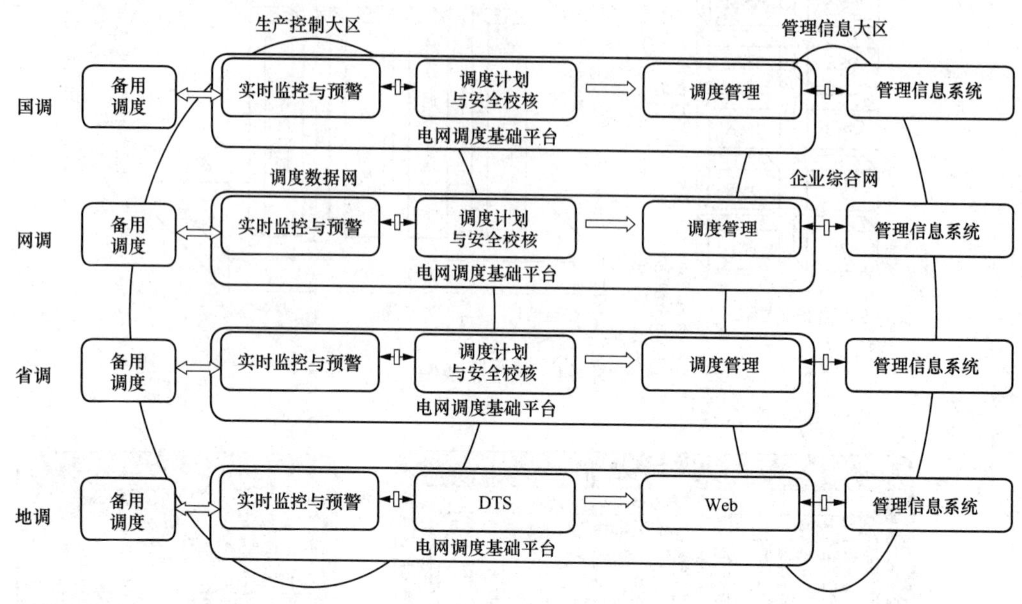

图 3-3　各级调度运作体系

3.1.1.3　面向服务体系架构

系统采用面向服务体系架构，基于国产计算机和安全操作系统，自主研发新一代的实时数据库、时序数据库、时序历史库、服务总线、消息总线、调度证书和安全标签、数据采集与交换、实时监控等系列功能模块，如图 3-4 所示。

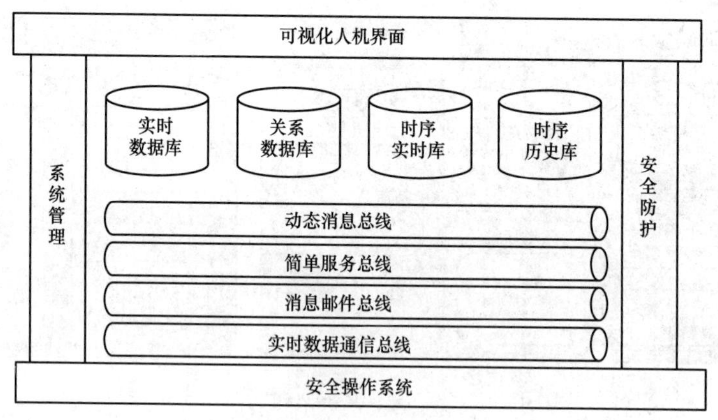

图 3-4　面向服务体系架构

消息邮件主要服务于横向（生产大区和管理大区之间）、纵向（上下级调度之间）的消息、文件、流程等内容的传输和交互。

在纵向传输过程中，利用 TCP 传输程序实现所有文件的加密传输；在横向传输过程中，利用具有断点续传功能的 UDP 传输程序实现文件的跨区传输。

3.1.1.4 平台软件体系架构

系统采用基于组件和面向服务体系架构（Senrvicen-Oriented Architecture，SOA），具有良好的开放性，能较好地满足系统集成和应用不断发展的需要；层次化的功能设计，能有效对硬件资源、数据及软件功能模块进行良好的组织，为应用开发和运行提供理想环境；针对系统和应用运行维护需求开发的公共应用支持和管理功能，能为应用系统的运行管理提供全面的支持。平台主要包括系统管理、数据存储与管理、数据传输总线、公共服务、平台功能和安全防护等功能模块，为电网的全景监视和分析奠定了基础。平台软件体系架构如图 3-5 所示。

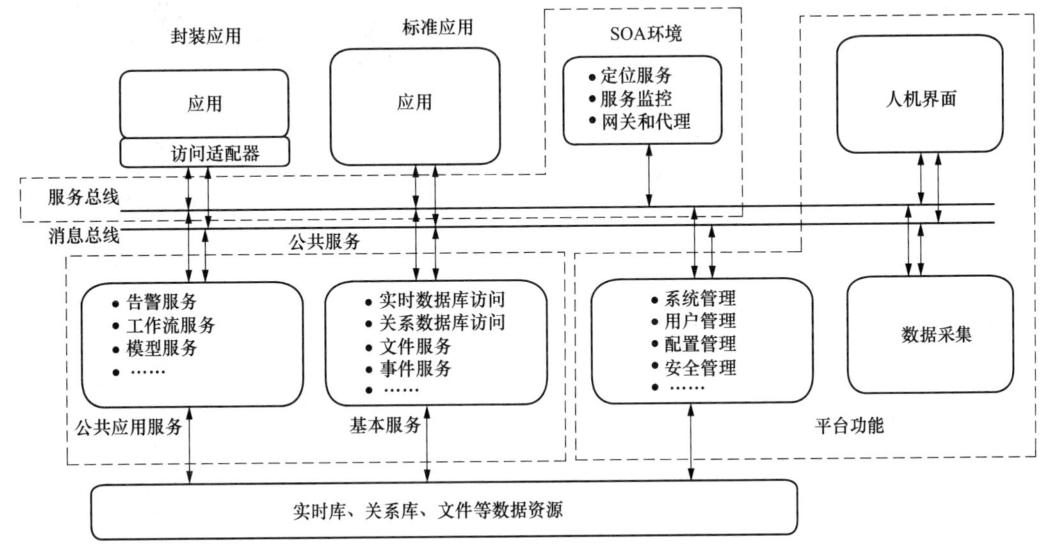

图 3-5 平台软件体系架构

3.1.1.5 平台硬件体系架构

配电网调度控制系统硬件典型配置如图 3-6 所示。

安全Ⅰ、Ⅱ、Ⅲ区统一规划硬件平台，不再是一个个孤立的系统，如图 3-7 所示。

3.1.2 系统功能

配电网调度控制系统功能分为实时监控与预警、调度计划、安全校核和调度管理四类，并基于统一基础平台之上。配电网调度控制系统四类应用与基础平台的数据逻辑关系如图 3-8 所示，配电网调度控制系统四类应用之间数据逻辑关系如图 3-9 所示。

3.1.2.1 实时监控与预警类

实时监控与预警类应用是电网实时调度业务的技术支撑，主要实现对电力系统运行状态的全景监测、闭环控制、在线分析和安全评估，能够从时间、空间、业务等多个层面和维度，实现电网运行的全方位实时监视、在线故障诊断和智能报警；实时跟踪、分析电网运行变化并进行闭环优化调整和控制；在线分析和评估电网运行风险，及时发布告警、预

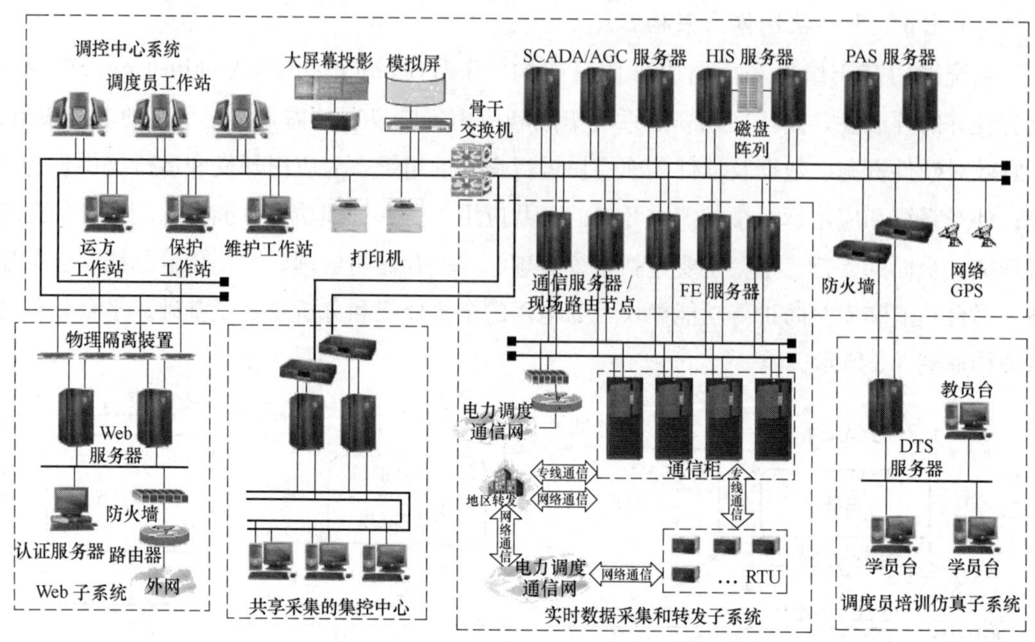

图 3-6　配电网调度控制系统硬件典型配置

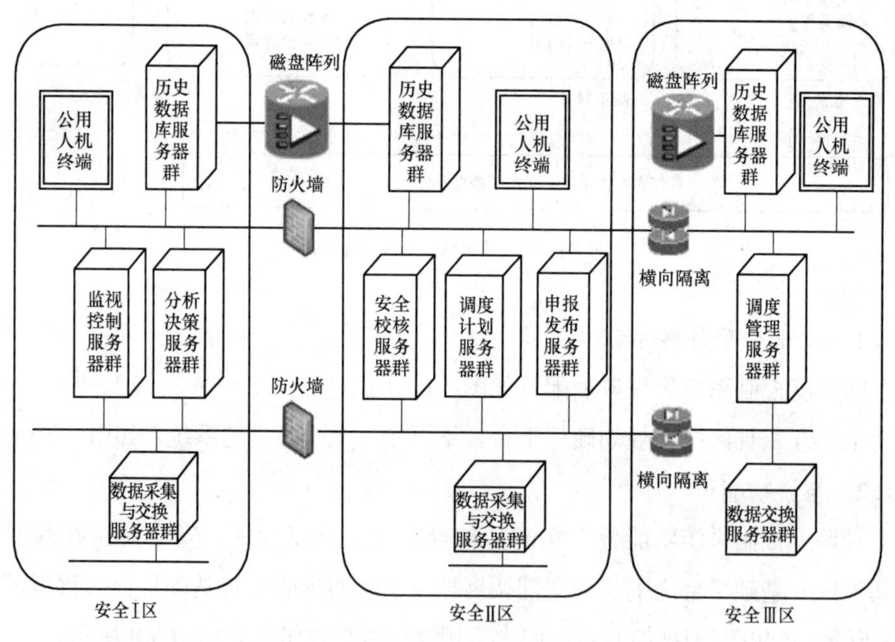

图 3-7　配电网调度控制系统硬件配置

警信息并提出紧急控制、预防控制策略；在线分析评价电网运行的安全性、经济性、运行控制水平等。主要用于支持调度控制业务，多数功能部署在安全Ⅰ区，侧重于提高电力系统的可观测性并提高安全运行水平。

实时监控与预警类应用主要包括电网实时监控与智能告警、电网自动控制、网络分

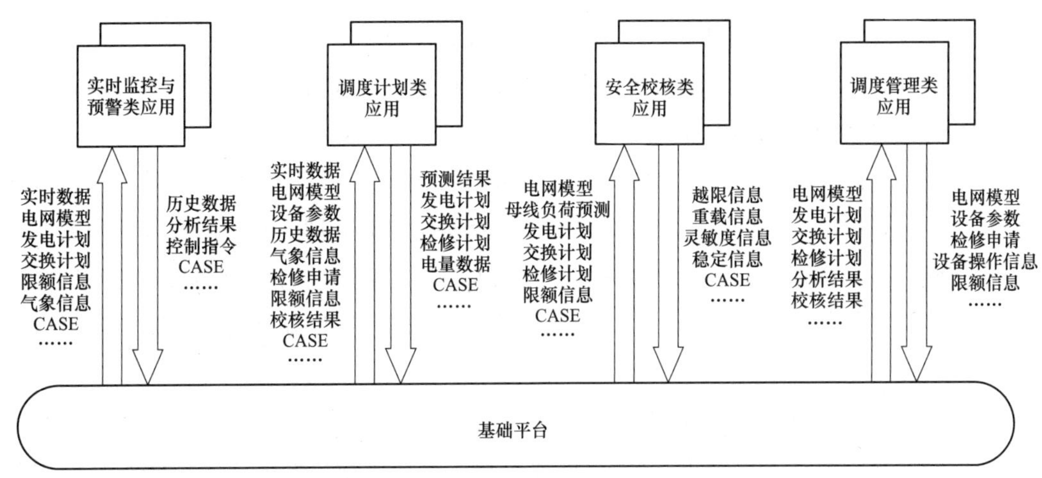

图 3-8　配电网调度控制系统四类应用与基础平台的数据逻辑关系

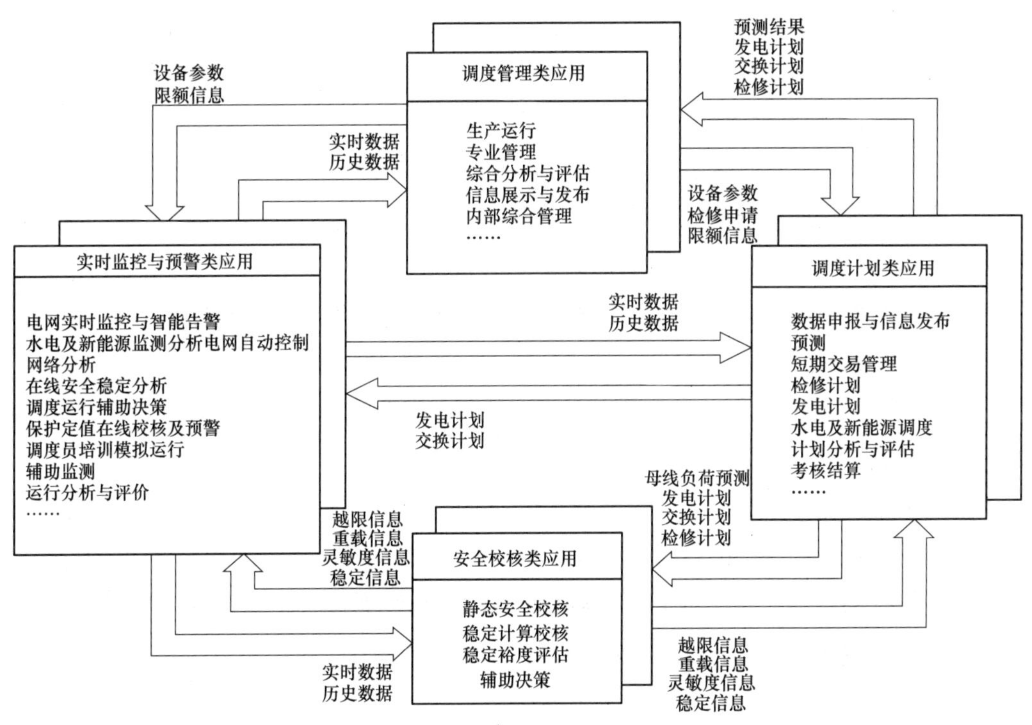

图 3-9　配电网调度控制系统四类应用间的数据逻辑关系

析、在线安全稳定分析、调度运行辅助决策、水电及新能源监测分析、继电保护定值在线校核及预警、运行分析与评价、辅助监测和调度员培训模拟等应用。

1. 电网实时监控与智能告警

电网实时监控与智能告警包括电网运行稳态监控、电网运行动态监视与分析、二次设备在线监视与分析、综合智能分析与告警等功能。

（1）电网运行稳态监控功能。实现对电网实时运行稳态信息的监视和设备控制，主要包括数据处理、系统监视、数据记录、责任区与信息分流、设备监视、操作与控制、监控告警窗、告警直传与远程浏览等功能。

1）数据处理：模拟量处理、状态量处理（位置、投退）、非实测数据处理（人工、计算值）、计划值处理（调度计划类应用提供的）、点多源数据处理（同一测点的多源数据）、数据质量码（人工数据中的人工置数数据，收到前置实时数据后会更新等）、光字牌功能、旁路代替、对端代替、自动平衡计算（母线不平衡计算等）、计算（公式计算、常用指标计算）、统计。

2）系统监视：电网运行工况监视（实时数据各种展示）、一次设备监视（变压器投退、变压器充电、变压器过载等）、输电断面监视、备用监视、低频低压减载和紧急拉路实际投入容量监视、电容电抗实际投入容量监视、功率因数（力率）监视（变电站电压上下限等）、拓扑分析和着色、特殊方式和重要用户风险监视。

3）数据记录：事件顺序记录、事故追忆。

4）责任区与信息分流：责任区设置（以设备、厂站、组合划分）、责任区管理功能、信息分流（每台工作站能分配一个或多个已定义的责任区）。

5）监控告警窗：实时展示监控员所需监视的告警信息并支持对告警进行相关操作。

6）告警直传与远程浏览：告警直传（厂站端告警直传信息的接收和处理）、远程浏览（直接浏览厂站内完整的图形和实时数据）。

7）操作与控制：人工置数、标识牌操作、闭锁和解锁操作、间隔操作、远方控制与调节、防误闭锁、操作票、操作预演。

（2）电网运行动态监视与分析。包括电网运行动态监视、在线扰动识别、低频振荡在线监视、并网机组涉网行为在线监测等功能。

1）电网运行动态监视是实现对电网实时动态过程的监视，包括相对相角差的监视和预警，实时相量数据分析处理和存储归档、越限告警等。

2）在线扰动识别是实现对 PMU 采集的实时动态数据进行特征提取，与表征不同扰动类型的特征进行匹配，以确定电网实际发生的扰动并告警。可识别短路和非全相运行的扰动类型。

3）低频振荡在线监视是根据发电机有功功率、功角和转速变化率，以及联络线有功功率、母线电压、母线功角差等连续的动态过程数据，分析功角和线路有功功率的振荡模式，确定功角振荡模式和机组的关系，实现对系统低频振荡的监测、预警和分析。

4）并网机组涉网行为在线监测是根据发电机有功功率、机端频率，以及励磁机励磁电压、励磁电流、发电机定子电流等连续的动态过程数据，分析电网频率扰动期间各机组一次调频动作行为以及励磁系统的强励能力，实现对系统并网机组涉网行为的监测、预警

和分析。

（3）二次设备在线监视与分析。实现对继电保护装置、安全自动装置等二次设备运行工况、运行信息、动作信息、录波信息、测距信息的分析处理，装置定值在线查询、核对、存储，为用户提供告警、智能分析、统计、查询、回放等功能；可实现二次设备的定值、控制策略的分析和远方修改功能。

（4）综合智能分析与告警。

1）告警信息分类。告警信息分为电力系统运行异常告警、继电保护设备异常告警、网络分析预警、在线安全稳定分析预警、气象水情预警、雷电监测告警等。

2）告警智能显示。提供多种告警方式，最新告警信息行、图形变色或闪烁、告警总表、自动推出发生故障的相关厂站图、自动推出发生故障的相关厂站视频、音响、语音提示等。可按重要程度分为故障、异常、提示等多个等级。

3）告警智能分析推理。每条告警信息推理出故障或异常发生的可能原因，综合时间、拓扑、故障原因等因素进行关联推理，提供基于时序告警事件的故障智能推理，给出包括故障类型、故障过程等相关信息在内的故障报告。

2. 电网自动控制

电网自动控制包括自动发电控制和自动电压控制功能。

（1）自动发电控制功能。实现通过控制调度区域内发电机组的有功功率使其自动跟踪负荷变化，维持系统频率为额定值，维持电网联络线交换功率在规定的范围内；实现负荷频率控制、备用容量计算与监视、断面功率控制、多目标多区域控制、机组性能考核等功能。

（2）自动电压控制功能。实现对电网母线电压、发电机无功、电网无功潮流监视和自动控制；能利用电网实时数据和状态估计提供的实时方式进行分析计算，对无功可调控设备进行在线闭环控制。

3. 网络分析

网络分析实现智能化的安全分析功能。该应用利用电网运行数据和其他应用软件提供的结果数据来分析和评估电网运行情况，确定母线模型，为运行分析软件提供实时运行方式数据，研究分析实时方式和各种预想方式下电网的运行情况；分析在电力系统中的某些元件或元件组合发生故障时，对电力系统安全运行可能产生的影响。主要包括网络拓扑分析、状态估计、负荷预测、网络等值、调度员潮流、灵敏度分析、静态安全分析、短路电流计算等功能。

（1）网络拓扑分析功能。根据逻辑设备状态，对网络进行拓扑分析，确定网络接线模型，建立网络母线模型和电气岛模型并提供给其他应用和功能使用。

（2）状态估计。根据网络接线的信息、网络参数和一组有冗余的模拟量测值和开关量状态，求取母线电压幅值和相角的估计值，检测可疑数据，辨识不良数据，校核实时量测量的准确性，并计算全部支路潮流，为电力系统的可观测部分和不可观测部分提供一致的、可靠的电网潮流解。能维护一个完整而可靠的实时网络状态数据，为其他应用和功能提供实时运行方式数据。利用稳态运行数据和动态运行数据进行混合状态估计计算。

(3) 负荷预测。未来数据的主要来源，对电力系统控制、运行和计划都非常重要，提高其精度既能增强电力系统运行的安全性，又能改善电力系统运行的经济性。超短期负荷预测，是指未来1h以内的负荷预测。短期负荷预测通常是指24h的日负荷预测和168h的周负荷预测。

(4) 网络等值。利用较小规模的网络代替较大规模的网络进行分析的方法，而且要求这种化简网络的计算精度能满足实际需要。网络等值的目的是：降低网络分析的计算量和对内存的需求量；回避量测不全或无量测的网络部分，降低量测信息需求量；删除不关心的网络部分，避免分析者分散注意力。

(5) 调度员潮流。实现实时方式和各种假想方式下电网运行状态的分析功能，在网络拓扑模型基础上，根据给定的注入功率及母线电压计算出各母线的状态量（电压的相角及幅值），计算出网络各支路的有功和无功功率。

(6) 灵敏度分析。利用电网运行数据和方式数据，计算机组有功出力对线路有功潮流、机组有功出力对断面潮流、机组无功出力对母线电压、无功补偿设备投切对母线电压、变压器抽头对母线电压的灵敏度；计算网络有功损耗对机组有功出力、区域交换功率、联络线功率等的灵敏度和罚因子；计算负荷有功功率对断面潮流、负荷无功功率对母线电压的灵敏度。

(7) 静态安全分析。评估电力系统中的某些元件（包括线路、变压器、发电机、负荷、母线等）或元件组合发生故障时，对电力系统安全运行可能产生的影响；计算可能引起系统元件越限的故障发生时系统的运行状态，对整个电网的安全水平进行评估；对可能引起电网安全运行构成威胁的故障，如线路过载、电压越限和发电机功率越限等进行警示，以评价这些故障对系统安全运行的影响。

(8) 短路电流计算。实现针对规定的故障条件（包括各种短路故障和断线故障），计算故障后各支路电流和各母线电压，用来校核开关遮断容量。

4. 辅助监测

辅助监测包括雷电监测、火电机组综合监测、气象监测分析、输变电设备状态在线监测、系统监测等功能。

5. 调度员培训模拟

调度员培训模拟应用通过实现电力系统和控制中心的仿真，提供教员控制功能，构建了支持调度员进行正常操作、事故处理及系统恢复的培训环境，同时支持电网联合反事故演习。

3.1.2.2 调度计划类

调度计划类是调度计划编制业务的技术支撑，主要完成多目标、多约束、多时段调度计划的自动编制、优化和分析评估。提供多种智能决策工具和灵活调整手段，适应不同调度模式要求，实现从年度、月度、日前到日内、实时调度计划的有机衔接和持续动态优化；多目标、多约束、多时段调度计划自动编制和国、网、省三级调度计划的统一协调；可视化分析、评估和展示等。实现电网运行安全性与经济性的协调统一。

主要用于支撑调度后台计划、方式等业务运转，多数布署在安全Ⅱ区，侧重于提高电力系统的可预测性并提高经济运行水平。主要包括数据申报与信息发布、短期交易管理、预测、水电及新能源调度、检修计划、考核结算、发电计划、计划分析评估等功能。

3.1.2.3 安全校核类

安全校核类是调度计划和电网运行操作（操作任务、操作票）安全校核的技术支撑，主要完成多时段调度计划和电网运行操作的安全校核、稳定裕度评估，并提出调整建议。运用静态安全、暂态稳定、动态稳定、电压稳定分析等多种安全稳定分析手段，适应不同要求，实现对检修计划、发电计划、电网运行操作等进行灵活、全面的安全校核，提出涉及静态安全和稳定问题的调整建议及电网重要断面的稳定裕度。主要用于支撑调度后台保护等业务运转，多数部署在安全Ⅱ区，侧重于提高电力系统的可预测性并提高经济运行水平。主要包括静态安全校核、稳定计算校核、稳定裕度评估、辅助决策等功能。

3.1.2.4 调度管理类

调度管理类是实现电网调度规范化、流程化和一体化管理的技术保障。主要实现电网调度基础信息的统一维护和管理；主要生产业务的规范化、流程化管理；调度专业和并网电厂的综合管理；电网安全、运行、计划、二次设备等信息的综合分析评估和多视角展示与发布；调度机构内部综合管理等。实现与公司信息系统的信息交换和共享。主要部署在调度安全Ⅲ区，侧重于提高电力系统运行绩效水平。主要包括调度运行、专业管理、机构内部工作管理、统计分析评价、信息展示与发布应用等功能。

（1）调度运行功能直接面向调度运行相关工作，是规范调度生产运行管理工作的技术支撑。调度运行应用主要包括运行值班日志、支撑实时运行管理、支撑调控运行计划管理、支撑二次设备运行管理四类功能。

（2）专业管理包含安全内控监督及调控运行、设备监控、调度计划、水调新能源、系统运行、继电保护、自动化、技术管理及综合计划各专业管理功能。

（3）机构内部工作管理用信息化、流程化的手段为调控中心内部管理作支撑，（协同办公）综合分析与评价。

（4）统计分析评价用于对电网运行信息、二次设备运行信息、其他类应用的分析评价结果等数据进行综合挖掘分析，形成分析和评估结果。同时依据上级调控机构上报数据要求及本专业管理要求，形成各类统计分析报表。

(5) 信息展示与发布应用实现调控中心电网运行、运行统计、新能源信息、电网计划信息、专业动态等信息的综合展示和发布，并为各类调度管理岗位提供特色化操作界面。

3.1.3 县级电网 AVC 系统

3.1.3.1 AVC 的概念

在自动装置的作用和给定电压约束条件下，发电机的励磁、变电站和用户无功补偿装置的出力以及变压器的分接头都能按指令自动进行闭环调整，使其注入电网的无功逐渐接近电网要求的最优值，从而使全网有接近最优的无功电压潮流，这个过程叫自动电压控制（Automatic Voltage Control，简称 AVC）。

AVC 系统的基本原理是通过 SCADA 系统采集全网各节点遥测、遥信等实时数据，由 AVC 主站服务器采用电压灵敏度校验及优化算法进行在线分析和计算，在确保电网与设备安全运行的前提下，以各节点电压、地区网关口功率因数为约束条件，从全网角度进行在线无功电压优化控制，实现无功补偿设备投入合理和无功分层分区就地平衡与电压稳定，实现主变分接开关调节次数最少和电容器投切最合理、电压合格率最高和输电网损率最小的综合优化目标。其工作流程如图 3-10 所示。

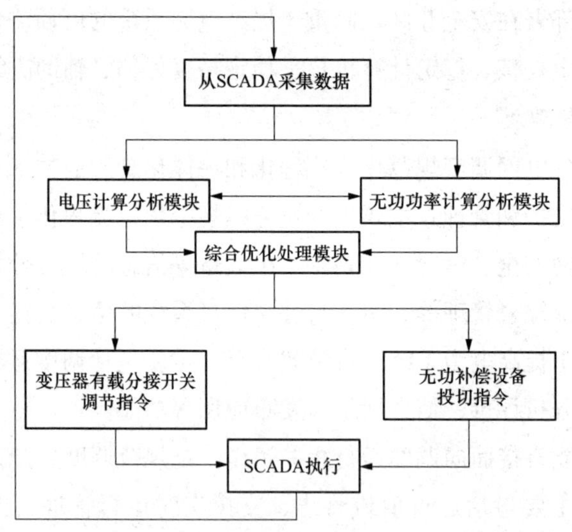

图 3-10 AVC 工作流程图

AVC 的基本功能包括全网无功优化控制，全网电压优化调节，控制全网关口功率因数，全网控制自动协调，优化动作次数，安全运行措施，分析及统计确定无功补偿点。

AVC 的作用是保证电网安全稳定运行，保证电压和电网关口功率因数合格，优化网络无功分配，即尽可能减少线路无功传输、降低电网因无功潮流不合理引起的有功损耗。

AVC 系统采取调度与监控分离的调度管理模式，分主站 AVC 系统及子站 AVC 系

统。主站 AVC 系统通过全网优化及相关控制策略处理后最终形成有载调压变压器分接开关调节、无功补偿设备投切控制指令，并分发给子站 AVC 系统。子站 AVC 系统借助 SCADA 系统的“遥控”“遥调”功能执行控制指令，从而实现对电网内各变电站的有载调压装置和无功补偿设备的集中管理、分级监视和分布式控制，实现全网电压无功优化运行闭环控制。其控制过程如图 3-11 所示。

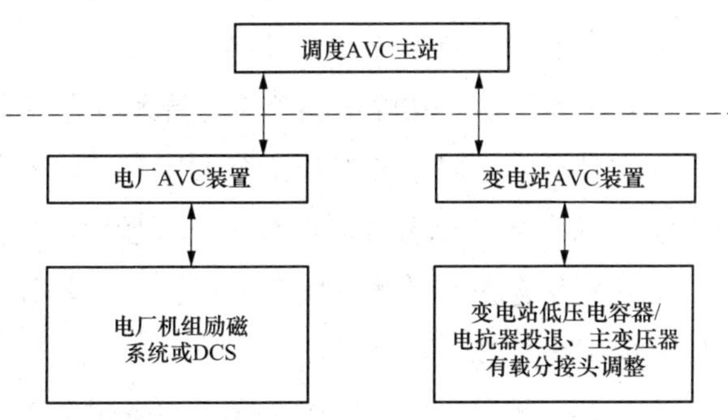

图 3-11　AVC 系统控制示意图

为了保证在主站 AVC 故障或者调度 SCADA 系统故障或者主站 SCADA 与集控站通信故障时的电压控制可靠性，子站 AVC 系统可以自动诊断故障并自启动运行，进行区域优化控制。

3.1.3.2　基于九区图的控制策略

九区图控制策略是典型的电压、无功双参数控制策略，它根据变电站运行中电压和无功均存在合格、过高和过低三种状态，而将二维坐标平面分为九个区域。

九区图控制的基本原理是实时采集变压器高压侧输入无功功率 Q 和低压侧母线电压 U，然后根据调节判据得出不同区域的控制方法，再通过调节有载变压器分接头位置或投切电容器，保证电压合格和无功基本平衡。其控制目标是使电压和无功控制在 1 区，首要目标是将被测母线的电压控制在规定的 U 上限和 U 下限之间，保证电压合格。同时要尽量使无功功率控制在 Q 上限和 Q 下限之间，如果电压和无功不能同时达到要求，则优先保证电压合格。控制装置根据电压、无功、时间、负载率、调压分接头和电容器所处状态（位置）等诸因素进行判别，根据实时数据判断当前的运行区域，再按照一定的控制方案，闭环地控制站内并联补偿电容器的投切及有载调压变压器分接头的调节，达至最优的控制顺序和最少的动作次数。九区控制原理如图 3-12 所示。

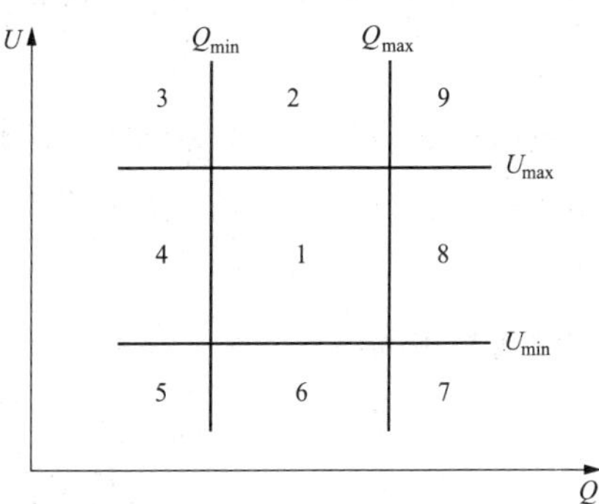

图 3-12　九区控制原理示意图

九区图各区域的控制策略如下：

1区：电压与无功都合格，是一个比较理想的状态，这时系统不会发任何调整指令，维持该运行点。

2区：电压越上限，无功功率合格。先降挡降压至电压合格，若分接头挡位已调至最低挡，而电压仍高于上限，则强行切除部分并联电容器组（强切电容）。

3区：电压越上限，无功功率越下限。先切除并联电容器组，若无电容可切或电容器组切完后而电压仍高于上限，则降挡降压至电压合格。

4区：电压正常，无功功率越下限。切除电容器组，若无电容器组可切，则维持。

5区：电压越下限，无功功率越下限。升挡升压至电压合格，若分接头挡位已调至最高挡，而电压仍低于下限，则强行投入部分并联电容器组（强投电容）。

6区：电压越下限，无功功率合格。升挡升压至电压合格，若分接头挡位已调至最高挡，而电压仍低于下限，则强投电容。

7区：电压越下限，无功功率越上限。先投入并联电容器组使无功功率合格，若无电容可投或电容器组投完后而电压仍低于下限，则再升挡升压至电压合格。

8区：电压正常，无功功率越上限。投入并联电容器组，若无电容可投，则维持。

9区：电压越上限，无功功率越上限。先降挡降压至电压合格，若分接头挡位已调至最低挡，而电压仍高于上限，则强切电容。

3.1.3.3 AVC计算程序策略

1. 优先级

设定优先级的原则是电压＞功率因数＞无功，同时应满足下列条件：

（1）系统优先考虑10kV电压，然后是220kV变电站功率因数，最后是无功。

（2）在电压越限和功率因数越限矛盾的情况下，优先考虑电压，因为功率因数还有其他调节手段。

（3）功率因数越限需调节电容器，电压预算不通过时，考虑调挡后投切电容器。

（4）无功优化时进行功率因数预算。

2. 电压校正

电压越限调节电容器原则：电压越上限，优先切容量小的电容器，同容量电容器优先切动作次数少的；电压越下限，优先投容量大的电容器，同容量电容器的优先投动作次数少的。

电压校正的条件和相应策略见表3-1。

3. 无功优化

110kV变电站的无功优化原则：投入或切除电容器会使变压器高压测无功绝对值减少。无功优化的条件及相应策略见表3-2。

表3-1 电压校正条件和策略

条件	策略
变电站低压母线电压越考核上限；变电站上级220kV变电站功率因数合格；变电站无功合理	降变电站主变压器挡位（优先级1）；切该变电站低压侧电容器（优先级0）
变电站低压母线电压越考核上限；变电站上级220kV变电站功率因数合格；变电站无功过剩	切该变电站低压侧电容器（优先级1）；降变电站主变压器挡位（优先级0）
变电站低压母线电压越考核上限；变电站上级220kV变电站功率因数合格；变电站无功缺乏	降变电站主变压器挡位（优先级1）；切该变电站低压侧电容器（优先级0）
变电站低压母线电压越考核上限；变电站上级220kV变电站功率因数越考核上限；变电站无功合理	降变电站主变压器挡位（优先级1）；切该变电站低压侧电容器（优先级0）
变电站低压母线电压越考核上限；变电站上级220kV变电站功率因数越考核上限；变电站无功过剩	切该变电站低压侧电容器（优先级1）；降变电站主变压器挡位（优先级0）
变电站低压母线电压越考核上限；变电站上级220kV变电站功率因数越考核上限；变电站无功缺乏	降变电站主变压器挡位（优先级1）；切该变电站低压侧电容器（优先级0）
变电站低压母线电压越考核上限；变电站上级220kV变电站功率因数越考核下限；变电站无功合理	降变电站主变压器挡位（优先级1）；切该变电站低压侧电容器（优先级0）
变电站低压母线电压越考核上限；变电站上级220kV变电站功率因数越考核下限；变电站无功缺乏	降变电站主变压器挡位（优先级1）；切该变电站低压侧电容器（优先级0）
变电站低压母线电压越考核上限；变电站上级220kV变电站功率因数越考核下限；变电站无功过剩	降变电站主变压器挡位（优先级0）；切该变电站低压侧电容器（优先级1）
变电站低压母线电压越考核下限；变电站上级220kV变电站功率因数合格；变电站无功合理	升变电站主变压器挡位（优先级1）；投该变电站低压侧电容器（优先级0）
变电站低压母线电压越考核下限；变电站上级220kV变电站功率因数合格；变电站无功过剩	升变电站主变压器挡位（优先级1）；投该变电站低压侧电容器（优先级0）
变电站低压母线电压越考核下限；变电站上级220kV变电站功率因数合格；变电站无功缺乏	投该变电站低压侧电容器（优先级1）；升变电站主变压器挡位（优先级0）
变电站低压母线电压越考核下限；变电站上级220kV变电站功率因数越考核上限；变电站无功合理	升变电站主变压器挡位（优先级1）；投该变电站低压侧电容器（优先级0）
变电站低压母线电压越考核下限；变电站上级220kV变电站功率因数越考核上限；变电站无功过剩	升变电站主变压器挡位（优先级1）；投该变电站低压侧电容器（优先级0）
变电站低压母线电压越考核下限；变电站上级220kV变电站功率因数越考核上限；变电站无功缺乏	升变电站主变压器挡位（优先级1）；投该变电站低压侧电容器（优先级0）
变电站低压母线电压越考核下限；变电站上级220kV变电站功率因数越考核下限；变电站无功合理	升变电站主变压器挡位（优先级1）；投该变电站低压侧电容器（优先级0）
变电站低压母线电压越考核下限；变电站上级220kV变电站功率因数越考核下限；变电站无功过剩	升变电站主变压器挡位（优先级1）；投该变电站低压侧电容器（优先级0）
变电站低压母线电压越考核下限；变电站上级220kV变电站功率因数越考核下限；变电站无功缺乏	投该变电站低压侧电容器（优先级1）；升变电站主变压器挡位（优先级0）

表 3-2　　无功优化条件及策略

条　件	策　略
变压器低压母线电压合格；变压器高压侧无功过补偿	切该变压器低压侧电容器（优先级 1）
变压器低压母线电压合格；变压器高压侧无功欠补偿	投该变压器低压侧电容器（优先级 1）

4. 组合调节

组合调节策略见表 3-3。

表 3-3　　组合调节策略

组合调节情况	条　件	策　略
并列变压器调节：并列运行的变压器挡位调节时必须一起调节	并列运行变压器低压母线电压越上限，变电站上级 220kV 变电站功率因数合格	降变电站主变压器挡位（优先级 1）； 切该变电站低压侧电容器（优先级 0） 当功率因数校正和变电站无功优化，投切电容器预算相应的母线电压不通过时，需先调节档位，再投切电容器
降挡投电容	变压器低压母线电压合格；变压器高压侧无功欠补偿	投该变压器低压侧电容器（优先级 1）
升挡切电容	变压器低压母线电压合格；变压器高压侧无功过补偿	切该变压器低压侧电容器（优先级 1）

5. 安全策略

（1）变压器滑挡。

1）对于变压器调挡，如果系统判断变压器挡位数据变化大于等于 2 挡时（中间挡不算），系统报警变压器滑挡。

2）对于 AVC 控制的变压器（优化状态为闭环），如果滑挡，系统自动把该变压器优化状态设置为退出，并报警。如恢复正常，需人工恢复故障前优化状态。

3）对于非 AVC 控制的变压器（优化状态为开环或退出），如果滑挡，系统只报警。

（2）并列运行。并列运行的变压器，如果挡位不一致，系统报警，并且设置设备为故障闭锁。故障闭锁时间到，自动恢复故障前状态。

（3）多次操作失败。AVC 控制的设备三次操作失败后，系统报警，并且设置设备为故障闭锁。故障闭锁时间到，自动恢复故障前状态。

（4）保护。当设备有保护信号时，系统自动设置设备保护状态为保护。当现场保护复归后，经调度员确认，需手动解除设备保护状态。

（5）电容器跳闸。对于 AVC 控制的电容器（优化状态为闭环），如发生非 AVC 操作退电容器的情况，系统自动把该电容器优化状态设置为退出，并报警。故障排除后需人工恢复故障前优化状态。

3.2　配电网自动化系统

3.2.1　系统总体架构

配电网自动化系统是实现配电网运行监视和控制的自动化系统，具备配电 SCADA、故障处理、分析应用及与相关应用系统互连等功能，主要由配电网自动化系统主站、配电网自动化系统子站（可选）、配电网自动化终端和通信网络等部分组成。

根据国网运检部建设“两系统一平台”新一代配电网自动化主站系统，遵循国家电网有限公司配电网自动化建设相关技术标准规范，以“做精智能化调度控制，做强精益化运维检修，信息安全防护加固”为目标，基于“新一代”主站系统架构，采用“大数据、云计算”技术，开展“一体化”新一代配电网主站系统建设。

“新一代”配电网主站系统采用“1＋N＋X”部署方式、以大运行与大检修为应用主体，将各地市配电网自动化主站并接入省级信息管理大区主站，成为能够适应配电网全覆盖、跨生产控制大区与省公司管理信息大区应用的新型配电网自动化系统，如图 3-13 所示。信息管理大区主站集成了原有的智能公变监测系统、配电线路在线监测系统和农网剩

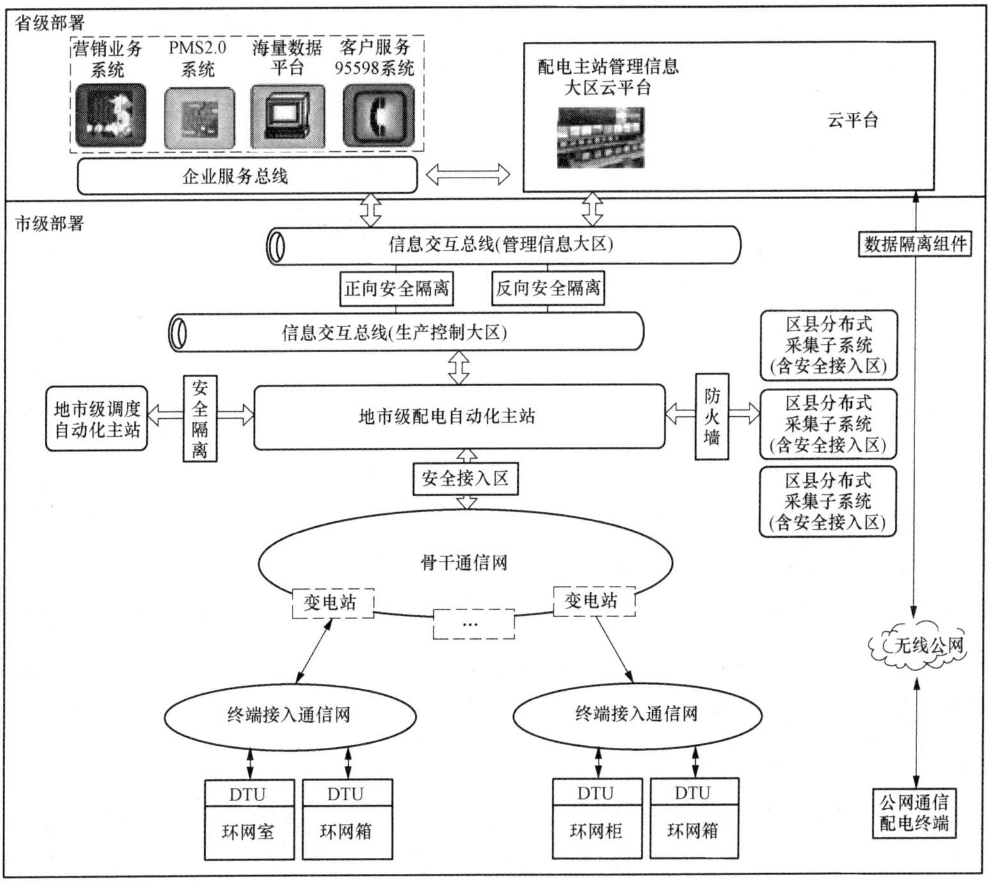

图 3-13　配电网自动化整体结构图

余电流动作保护监测系统等功能应用。

1＋N＋X 跨区一体化架构如图 3-14 所示，是基于省地县一体化平台为建设主体，即一个省公司的一体平台，N 个地市公司配电网主站接入，X 个县公司分布式子系统前置采集接入。一体化平台采用了跨区一体化技术、分布式 SCADA 并行处理技术、数据发布负载均衡技术；地市公司配电网主站系统采用跨Ⅰ/Ⅱ区分流服务总线技术和Ⅰ/Ⅱ区分流消息总线技术；县公司分布式子系统前置采集采用广域分布式数据采集集群技术和地县分区并行护调试技术。

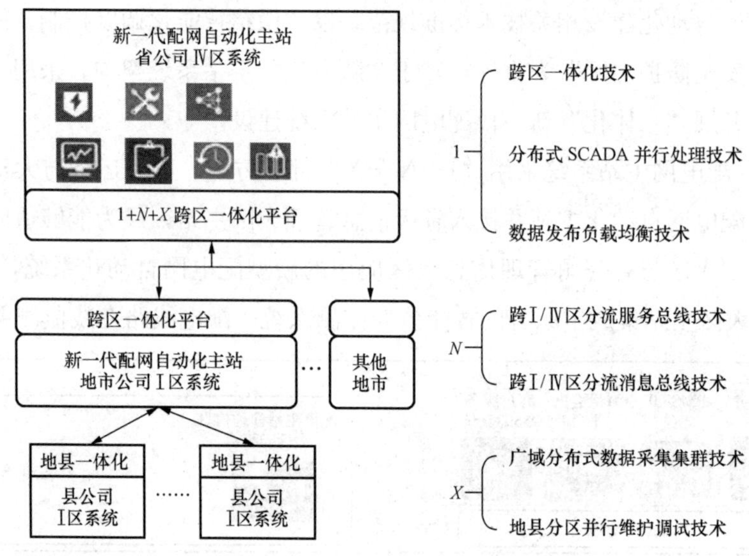

图 3-14　1＋N＋X 跨区一体化架构

3.2.1.1　跨区一体化技术

（1）跨区协同管控。为配电主站生产控制大区和生产管理大区横向集成、纵向贯通提供基础技术支撑。数据跨区同步，具备全网数据同步功能，任一元件参数在整个系统中只输入一次，全网数据保持一致，数据和备份数据保持一致。

（2）跨区数据交互。具备安全生产控制大区与安全Ⅲ区生产控制大区之间的穿透能力，能够通过正/反向物理隔离装置实现跨安全区的信息交互。

（3）跨区服务调用。跨区传输功能及服务接口对系统应用完全透明，实现配电网主站横跨生产控制大区与管理信息大区一体化支撑能力，满足配电网的运行监控与运行状态管控需求，支撑配电网调控运行、生产运维，为配电网规划提供数据支撑。

3.2.1.2　分布式 SCADA 并行处理技术

（1）数据分片。配电网模型分片是新一代配电网分布式实时处理的核心技术，将无法在一个节点上处理的大规模数据进行合理的划分，形成一个数据一分片的映射关系。各分片规模接近，负载均衡。分片间数据以业务应用组成连接稀疏关系，以减少分布式计算时

的通信开销。

(2) 并行处理。基于数据分片的机制，能够实现分片计算以及资源的弹性扩展。在安全Ⅰ区和Ⅳ区分别部署分布式处理服务器，并行处理从Ⅰ、Ⅳ区采集的数据。利用不同节点对数据进行分布式并行处理以提高处理速度。

3.2.1.3　数据发布负载均衡技术

新一代配电网自动化主站系统通过三层数据发布结构，将数据分析处理应用与数据发布相分离。负载均衡的作用就是把请求均匀地分配给各个节点，它是一种动态均衡，通过一些工具实时地分析数据包，掌握网络中的数据流量状况，把请求处理分配出去。保证了后台业务不直接面对用户，不因前端访问量的陡增而产生异常，同时也保证了用户访问的响应流畅。其架构如图 3-15 所示。

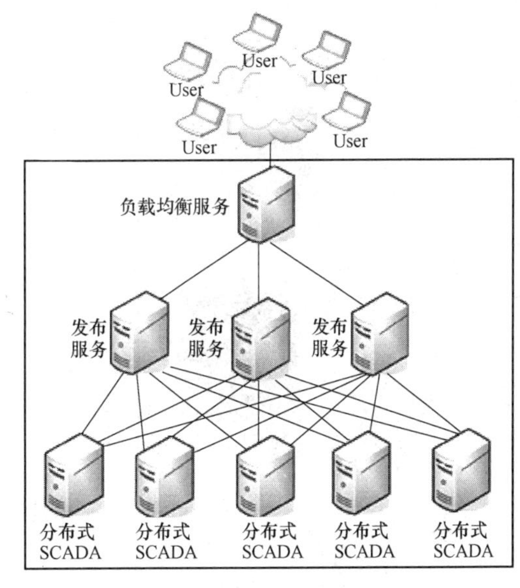

图 3-15　新一代配电网自动化主站系统架构示意图

3.2.1.4　跨区分流服务总线/消息总线技术

1. 分流服务总线机制

跨区服务总线为新一代配电网自动化主站系统实时类应用提供高效可靠的进程间通信机制、实时访问接口以及总线管理功能。高速数据总线提供一种通信手段，为上层程序屏蔽实现数据交换所需的底层通信技术和应用处理的具体方法，从传输上支持应用请求信息和响应结果信息的传输，如图 3-16 所示。

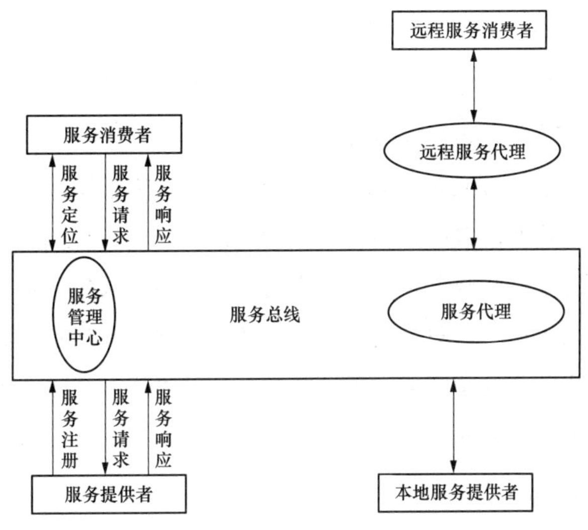

图 3-16　跨区服务总线机制

跨区Ⅰ/Ⅳ区服务调用通过“服务注册、服务定位、返回服务位置、服务请求和服务响应”这一系列的机制，实现本区域服务与跨区域服务的调用。不同地区的Ⅰ区系统调用Ⅳ区服务，Ⅳ区按照对应的地区返回响应，完成服务调用的分流，如图 3-17 所示。

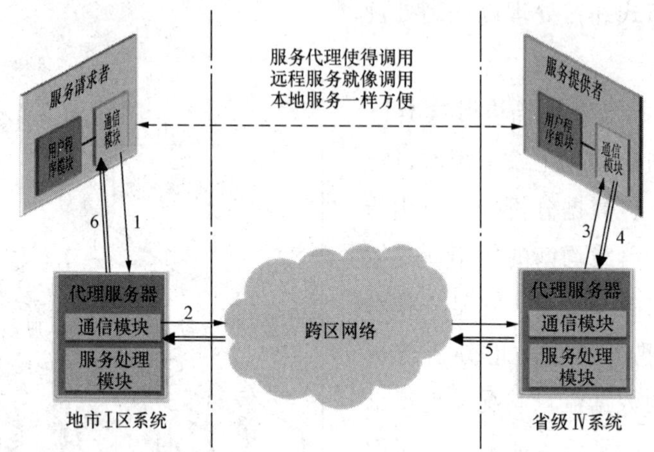

图 3-17　跨区服务总线调用

2. 分流消息总线机制

消息总线跨区通过消息转发服务实现，消息转发服务实现对网络、隔离等通信设备的屏蔽。转发服务使一个区域只接收和处理本区需要的消息，从而减少网络流量，提升系统性能，实现了消息分流机制。除了消息通道外，通过对消息的类型也进行分类处理，将不同类型的消息发送到不同的区域，从而实现消息分流，如图 3-18 所示。

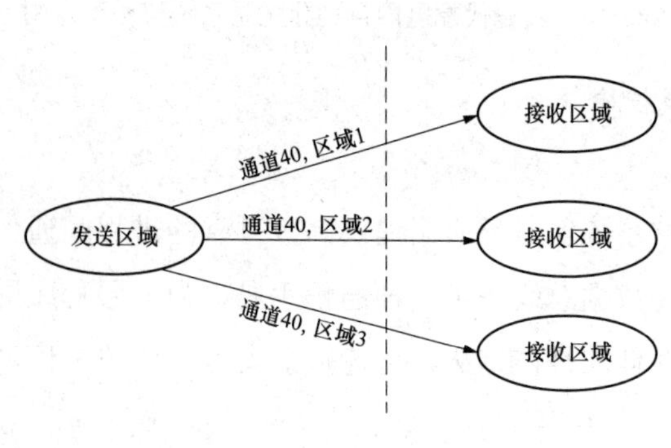

图 3-18　分流消息总线机制

3.2.1.5　广域分布式数据采集技术

广域分布式数据采集处理功能是广域分布式地县一体化系统可靠运行的关键功能之一，通过部署在任意位置的前置服务器及采集设备协调工作，共同完成整个系统的数据采集任务，并且任意位置采集的数据可共享至全网。每个数据采集区域子系统都有自己独立运行的前置服务器和采集设备，只处理自己管辖的配电终端和通道，在数据采集区域子系统内数据采集仍然采用负载均衡技术，保证数据处理的可靠和高效，如图 3-19 所示。

3.2.1.6　地县分区并行维护技术

1. 分区域并发图模维护

为了确保图、模、库的正确性和一致性，在地县一体化的管理上，要求地县调需要独

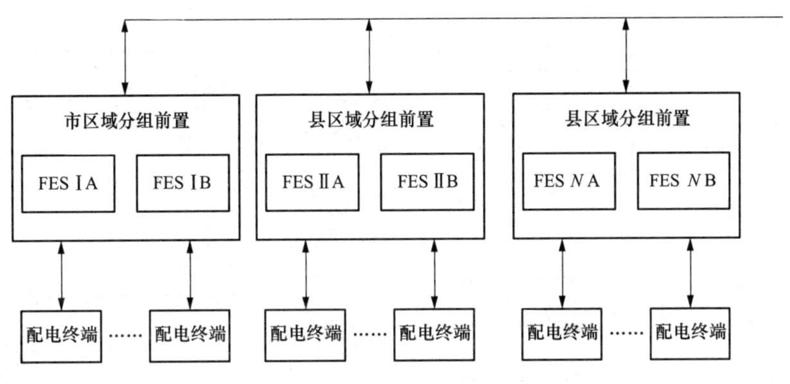

图 3-19　广域分布式数据采集示意图

立、互不干扰地维护各自区域的图形、模型等信息，同时还要保证维护的安全性；另外为了提高维护效率，提升系统的可用性，这些独立维护的图、模、库信息又要做到源端维护和全局共享。通过区域、厂站、节点、图形之间的多重关联关系和级连组合关系，结合权限管理，保证地县调分区维护的安全性和一致性。同时，通过全局模型同步的方式，各个区域维护的模型又能够在一体化系统中完全共享，如图 3-20 所示。

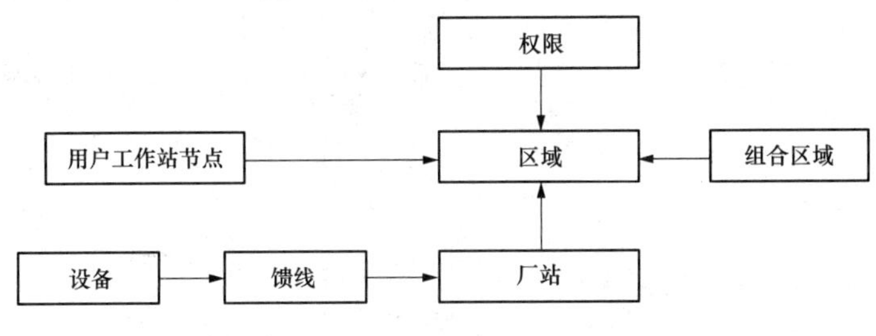

图 3-20　分区域并发图模维护

2. 分区域终端接入并发调试技术

系统终端接入调试采用调试环境与运行环境相区分的机制，前置根据运行方式的不同，对实时数据进行分流。地县调试工作站共用一个调试环境，调试过程中，按照责任区进行划分，调试过程相互独立，不受影响。

配电终端接入调试工作完成之后，将终端状态调整为投运状态，对应接入的前置服务器则将其上送的实时数据发送至运行环境。地县各调度工作站按照责任区的划分，接收系统的相关实时推送数据，如图 3-21 所示。

3.2.2　系统硬件架构

配电网主站从硬件结构上分为生产控制大区实时监控部分及管理信息大区信息共享与发布两个部分，如图 3-22 所示。

3.2.2.1　生产控制大区硬件架构

图 3-23 为市公司与一个县公司分布式子系统组成的生产控制大区硬件架构示意图。

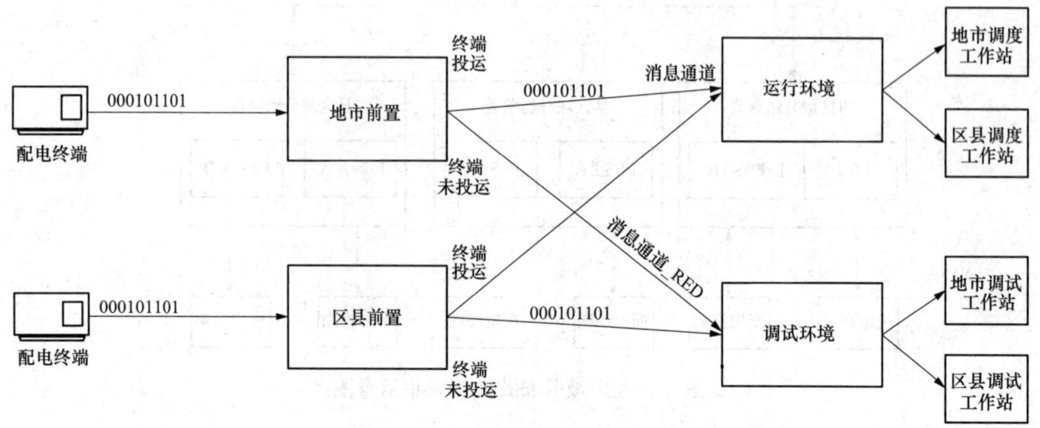

图 3-21　分区域终端接入并发调试

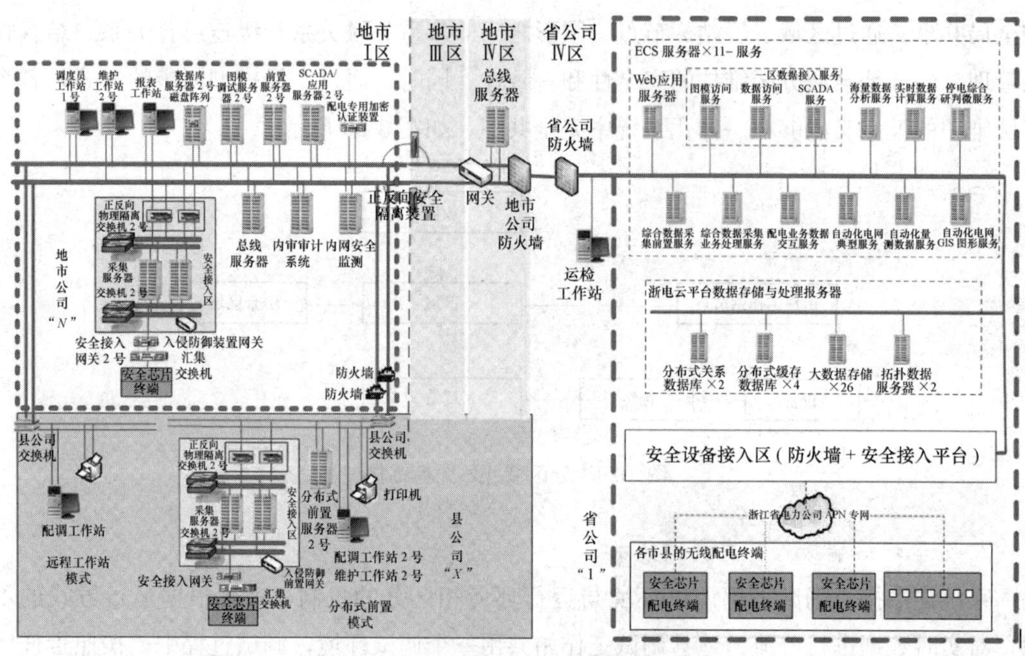

图 3-22　配电网主站总体硬件架构图

市公司配电网主站经防火墙通过骨干通信网延伸至各县公司分布式子系统。市公司配电主站配置独立的安全接入区，通过正反向安全隔离装置接入主站后台系统。县公司分布式子系统除配置工作站外，还配置前置服务器、独立的安全接入区及相关的采集装置。

市公司生产控制大区主要设备包括前置服务器、数据库服务器、SCADA 应用服务器、图模调试服务器、调度及维护工作站等，负责完成市公司“三遥”配电终端数据采集与处理，实时调度操作控制，进行实时告警、事故反演及馈线自动化等功能。

安全接入大区主要设备包括采集服务器及通信安防等，负责完成光纤通信和无线通信

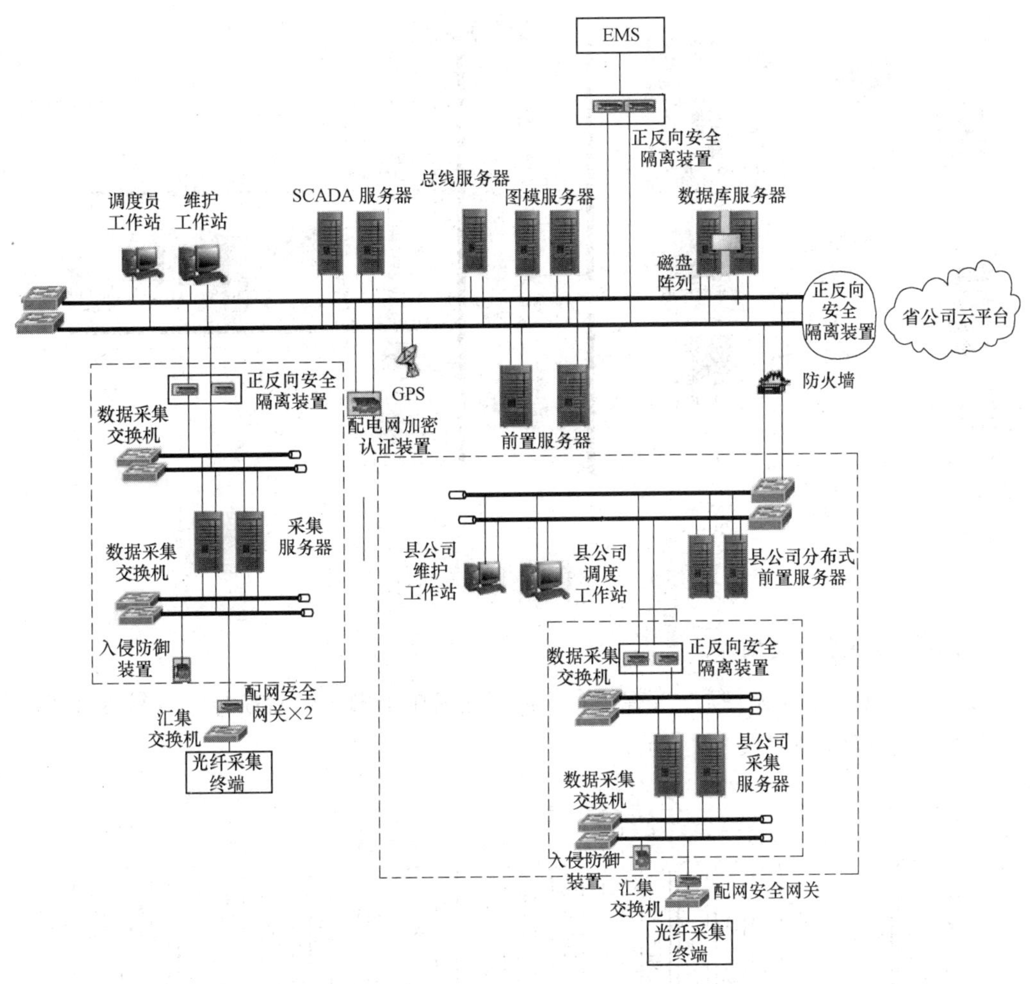

图 3-23　生产控制大区硬件架构图

配电终端实时数据采集与控制命令下发。

县公司生产控制大区主要设备包括前置服务器、调度及维护工作站等，负责完成县公司范围内“三遥”配电终端数据采集与处理、实时调度操作控制，进行实时告警、事故反演及馈线自动化等功能。

3.2.2.2　信息管理大区硬件架构

信息管理大区主站物理架构主要由以下两层结构构成：

(1) 云平台基础服务器，包括分布式关系数据库（DRDS)、分布式缓存数据库（REDIS)、海量实时数据库（HBASE）和拓扑服务器。

(2) 以微服务形式的各项应用，包括分布式数据采集服务、配电业务数据交换服务、配电微服务中心和各项配电应用业务，这些都部署在云平台的虚拟服务器上。

信息管理大区主站硬件结构如图 3-24 所示，图中浅色的服务器为虚拟服务器。

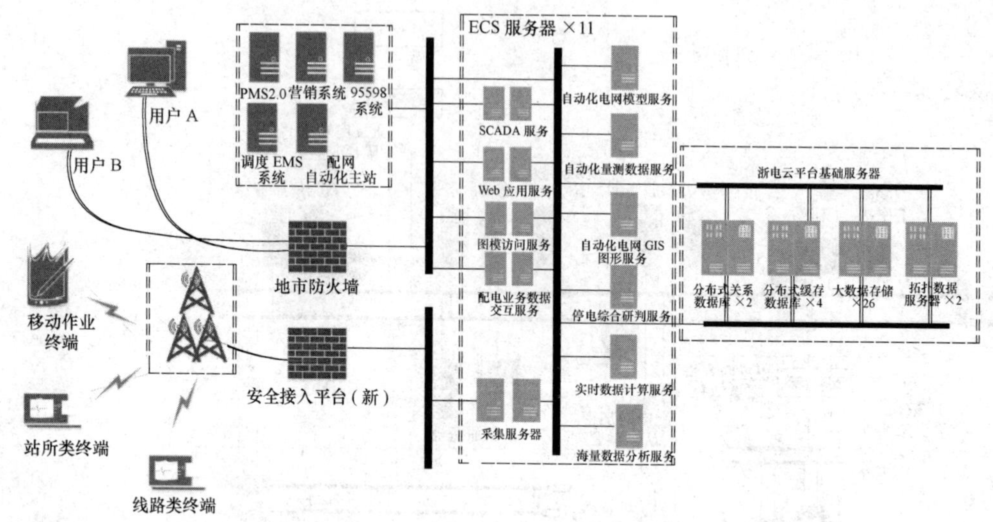

图 3-24　信息管理大区主站硬件结构图

3.2.3　系统软件架构

新一代配电网主站基于统一支撑平台，同时包含配电网运行监控与配电网运行状态管控两大类应用功能，如图 3-25 所示。

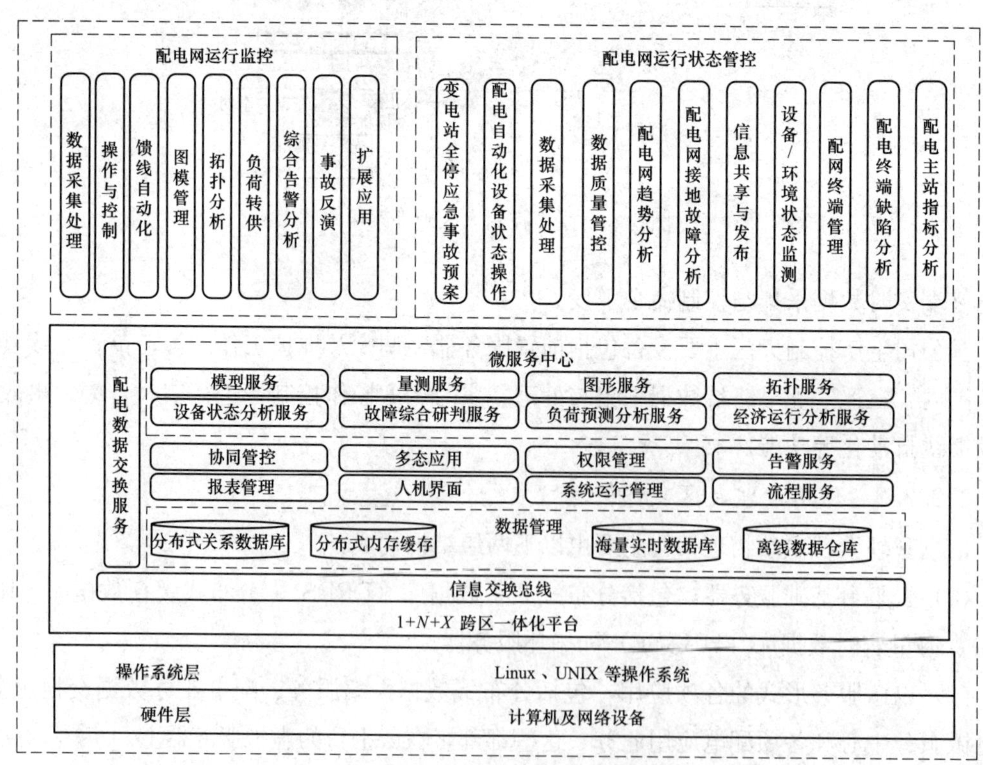

图 3-25　配电网自动化系统主站功能组成结构

系统由“一个支撑平台、二大应用”构成，应用主体为大运行与大检修，信息交换总线贯通生产控制大区与信息管理大区，与各业务系统交互所需数据，为“两个应用”提供数据与业务流程技术支撑；“两个应用”分别服务于调度与运检。

1. 一体化支撑平台

一体化支撑平台遵循标准性、开发性、扩展性、先进性、安全性等原则，为系统各类应用的开发、运行和管理提供通用的技术支撑，提供统一的交换服务、模型管理、数据管理、图形管理，满足配电网调度各项实时、准实时和生产管理业务的需求，统一支撑配电网运行监控及配电网运行管理两个应用。

2. 两大业务应用部署

以统一支撑平台为基础，构建配电网运行监控和状态管控两个应用服务。

（1）配电运行监控应用部署在生产控制大区，并通过信息交换总线从管理信息大区调取所需实时数据、历史数据及分析结果。

（2）配电运行状态管控应用部署在管理信息大区，并通过信息交换总线接收从生产控制大区推送的实时数据及分析结果。

3. 协同管控机制建设

生产控制大区与管理信息大区基于统一支撑平台，通过协同管控机制实现跨区业务应用支撑。主要包括支撑平台协同管控和应用协同管控。

（1）支撑平台协同管控：①在生产控制大区统一管控下，实现分区权限管理、数据管理、告警定义、系统运行管理等；②支持配电主站支撑平台跨区业务流程统一管理；支持配电主站支撑平台跨区数据同步。

（2）应用协同管控：①支持终端分区接入、维护，共享终端运行工况、配置参数、维护记录等信息；②支持馈线自动化在管理信息大区的应用，支持基于录波的接地故障定位在生产控制大区的应用，以及多重故障跨区协同处理和展示；③支持管理信息大区分析应用在生产控制大区调用和结果展示。

3.2.4 系统功能

系统功能包括配电网运行监控大区功能、配电网信息管理大区功能、云平台功能、微应用功能、数据总线功能等。

3.2.4.1 配电网运行监控大区功能

配电网运行监控大区主要功能如下：

（1）支撑平台服务：平台服务是配电主站开发和运行的基础，采用面向服务的体系架构，为各类应用的开发、运行和管理提供通用的技术支撑，为整个系统的集成和高效可靠运行提供保障，为配电主站运行监控大区和运行状态管控大区横向集成、纵向贯通提供基础技术支撑。

（2）数据采集处理：采集接收处理各种数据类型，对所有接入系统的终端数据进行周期性查询采集，以保持数据库的实时性。

（3）操作与控制：应能实现人工置数、标识牌操作、闭锁和解锁操作、远方控制与调节功能，应有相应的权限控制。

（4）图模管理：主要包括图模分布式导入、网络建模、模型拼接、模型校验、设备异动管理、红黑图机制。

（5）馈线自动化：当配电线路发生故障时，系统应根据从 EMS 和配电终端等获取的故障相关信息进行故障判断与定位、隔离，以及非故障区域恢复供电；可在仿真环境下进行全自动馈线自动化仿真。

（6）拓扑分析：可以根据电网连接关系和设备的运行状态进行动态分析，分析结果可以应用于配电监控、安全约束等；可根据配电网开关的实时状态，确定系统中各种电气设备的带电状态，分析供电源点和各点供电路径，并将结果用不同的颜色表示出来。

（7）专题图生成：以导入的全网模型为基础，应用拓扑分析技术进行局部抽取并做适当简化，生成相关电气图形。

（8）负荷转供：根据目标设备分析其影响负荷，并将受影响负荷安全转至新电源点，提出包括转供路径、转供容量在内的负荷转供操作方案。

（9）综合告警分析：实现告警信息在线综合处理、显示，可支持汇集和处理各类告警信息，对大量告警信息进行分类管理和综合分析，并利用形象直观的方式提供全面综合的告警提示。

（10）事故反演：系统检测到预定义的事故时，能够自动记录事故时刻前后一段时间的所有实时稳态信息，可进行事后查看、分析和反演。

（11）分布式电源接入与控制：可实现 10(20)kV 分布式电源/储能装置/微网接入带来的多电源、双向潮流分布的配电网络监视、控制要求，主要包括分布式电源数据采集、无功优化、功率平衡，并网点处开关可实现分合控制。

（12）电量计量数据采集及上送：可接入带有电量计量采集功能的新型终端，通过与其他系统做接口的方式将采集的电量计量数据进行上传，并提供电量计量测点维护工具。

（13）状态估计：利用实时量测的冗余性，应用估算法来检测与剔除坏数据，提高数据精度，保持数据的一致性，实现配电网不良量测数据的辨识，并通过负荷估计及其他相容性分析方法进行一定的数据修复和补充。

（14）潮流计算：根据配电网络指定运行状态下的拓扑结构、变电站母线电压、负荷类设备的运行功率等数据，计算节点电压及支路电流、功率分布，计算结果可为其他应用功能做进一步分析做支撑。

（15）负荷预测：针对 6～20kV 母线、区域配电网进行负荷预测，在对系统历史负荷数据、气象因素、节假日，以及特殊事件等信息分析的基础上，挖掘配电网负荷变化规律，建立预测模型，选择适合策略，预测未来系统负荷变化。

（16）解合环分析：与电网调度控制系统进行信息交互，获取端口阻抗、潮流计算等计算结果，对指定方式下的解合环操作进行计算分析，结合计算分析结果对该解合环操作进行风险评估。

（17）网络重构：配电网网络重构的目标是在满足安全约束的前提下，通过开关操作等方法改变配电线路的运行方式，消除支路过载和电压越限，平衡馈线负荷，降低线损。

（18）操作票功能：可满足调度人员日常操作票管理工作的可靠性、安全性、快速性、方便性等要求，可在研究态下进行开票、安全防误校核，可在图形界面上点选设备，选择操作任务后，系统自动生成操作票。

（19）配电网经济运行分析：支持网架结构、运行方式合理性分析；支持对配电设备利用率进行综合分析；支持配电网季节性运行方式优化分析；支持电压无功协调控制。

（20）配电网仿真与培训：能够在不影响系统正常运行的情况下，建立模拟环境，实现配电网调度的预操作仿真、运行方式倒换预演、事故反演以及故障恢复预演等功能，学员可以在模拟环境中进行调度和值班工作。

3.2.4.2　配电网信息管理大区功能

配电网信息管理大区业务功能示意图如图3-26所示。

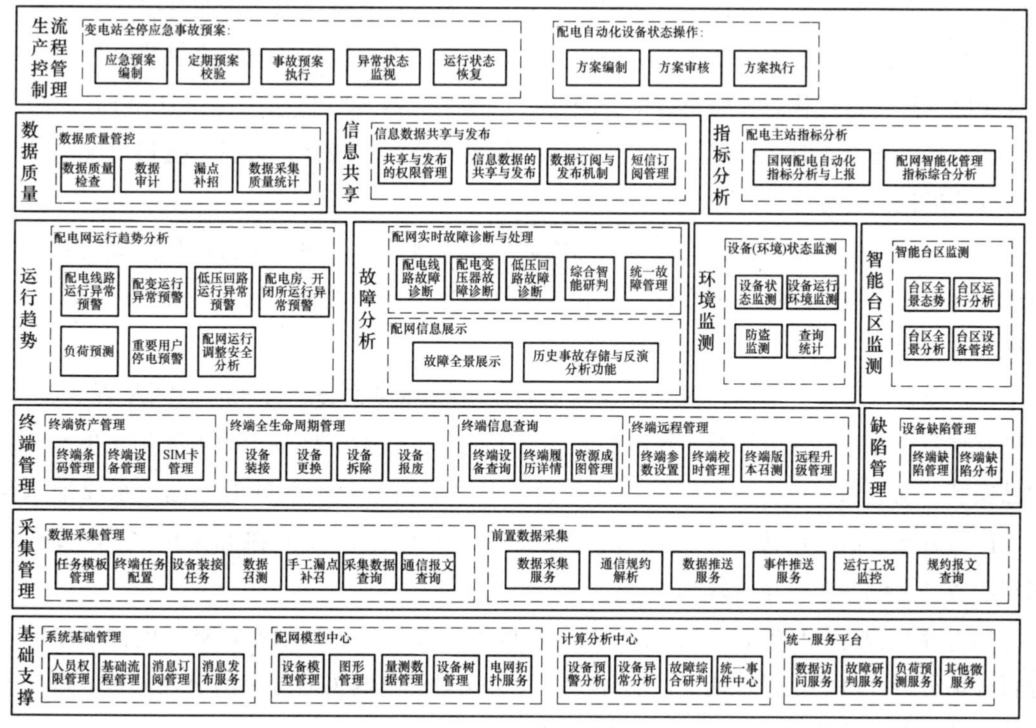

图3-26　配电网信息管理大区业务功能示意图

配电网运行状态管控大区主要功能如下：

（1）数据采集与处理：实现对各类监测终端的采集任务配置与管理，Ⅰ区终端采集数据的同步，实现终端自动装接调试的任务主动配置，管理各类终端上报的遥测、遥信数据，并对历史采集数据进行基础数据处理，形成能直接用于各类业务的基础支撑数据。

（2）配电网故障处理分析：实现对配电线路、配变、低压线路的故障在线监测与分析定位，汇总一区遥测遥信数据、四区采集数据等多维数据源对故障现象进行综合研判与分析，展示故障位置与影响范围。

（3）配电网运行趋势分析：利用配电自动化数据，对配电设备运行异常进行预警，对配电网运行态势进行趋势分析。

（4）数据质量管控：实现对采集数据完整性、合理性进行检查，对漏点数据进行补招，对缺失数据进行补全，对错误数据进行筛选，并通过采集质量统计展示页面进行展示。

（5）配电终端管理：根据采购需求生成设备资产条码，通过规范设备选购、验收、检验、安装、拆除、报废流程，实现对设备全生命周期管理；通过出入库管理、库房盘点和库存预警等方面实现对备品配件的业务支撑。

（6）配电终端缺陷分析：支持对配电终端时钟异常、通信异常、指示器通信异常、任务异常等信息的查询，并进行处理；支持统计装接档案中的异常，并提供处理；支持统计配电终端异常处理情况；支持配电终端缺陷分析与展示；支持配电终端的健康状况诊断。

（7）信息共享与发布：基于配电终端的基础数据实现系统的所有信息共享与发布，可实现配电网实时运行状态、历史数据、统计分析结果、故障分析结果等信息 WEB 发布功能，支持在对终端实时运行工况、报文等运维信息的查询、统计、分析，支持对配电终端进行参数远程设置等管理。

（8）配电主站指标分析：支持不同纬度与口径综合分析国网配电自动化指标与浙江公司运检专业配电网智能化管理指标，建立国网指标自动上报机制，从而实现国网与省公司指标的过程管控。

（9）设备（环境）监测：对监控设备运行工况及环境状态进行实时监测及直观展示，有效发现隐患并进行故障预警。智能型一体化配电台区以配电终端为数据采集主单元，利用已安装的漏电保护设备、智能电容器、换相开关设备、环境及油温监测、水浸烟感监测、门禁管理等监测设备，在主站上对智能配电台区统一展示、运维和交互，进一步提升用户服务和配电网精益化管理水平。

（10）配电网供电能力分析：结合配电网模型、参数和运行数据，对配电网供电能力进行评估分析：可确定供电能力薄弱环节，可实现对配电网负荷分布的统计分析，可实现线路在线 $N-1$ 分析。

（11）配电自动化设备状态操作（晨操模块）：依据开关的动作频率，配电线路的重要性，故障常发区域等因素挑选开关，制定出开关的状态测试操作流程，定期在负荷较低的凌晨进行配电自动化区域负荷开关的动作试验。

（12）事故预案（大面积停电模块）：根据当前电网运行状态，结合事故应急预案，通过远程遥控操作，实现多条失电线路情况下的快速负荷转移。包括应急预案编制、定期预案校验、事故预案执行、异常状态监视、运行状态恢复五个环节。

3.2.5　系统安全防护

3.2.5.1　安全防护架构

配电网主站涉及的边界包括大区边界 B1、生产控制大区横向域边界 B2、生产控制大区与安全接入区边界 B3、安全接入区与通信网络边界 B4、信息内网与无线网络边界 B5、管理信息大区系统间的安全防护边界 B6，如图 3-27 所示。

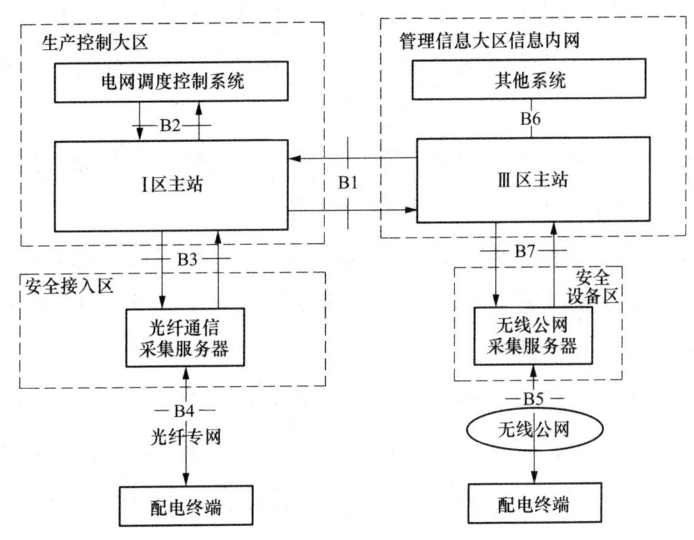

图 3-27　配电网主站边界划分示意图

3.2.5.2　边界安全防护

（1）配电运行监控应用与配电运行状态管控应用之间为大区边界 B1，应采用电力专用横向单向（正/反向）安全隔离装置。

（2）配电运行监控应用与本级电网调度控制系统或其他电力监控系统之间为生产控制大区横向域边界 B2，应采用电力专用横向单向（正/反向）安全隔离装置。

（3）配电终端采用任一通信方式接入配电运行监控应用时，应设立安全接入区，生产控制大区与安全接入区边界 B3，应采用电力专用横向单向（正/反向）安全隔离装置。

（4）安全接入区与通信网络边界 B4，安全接入区部署的采集服务器应采用经国家指定部门认证的安全加固操作系统，采用用户名/强口令、动态口令、物理设备、生物识别、数字证书等至少一种措施，实现用户身份认证及账号管理。

（5）配电在线监测设备终端采用无线网络接入配电运行状态管控应用时，信息内网与无线网络边界 B5，应采用安全接入平台，实现接入认证和数据传输加密，配电主站与配电终端之间的访问控制、安全数据交换、双向身份认证，以及参数配置、版本升级等关键和敏感信息的加密传输。公变终端及漏保设备采用无线网络接入配电运行状态管控应用时，信息内网与无线网络边界 B5 应采用防火墙。

(6) Ⅳ区内系统间的安全防护边界 B6，在管理信息大区配电主站与不同等级安全域之间的边界，应采用硬件防火墙等设备实现横向域间安全防护。

(7) Ⅳ区内系统间与安全设备区防护边界 B7，应配置硬件防火墙，实现主站与配电终端之间的访问控制、安全数据交换，以及参数配置、版本升级等关键和敏感信息的加密传输。

3.2.5.3　纵向交互安全

(1) 在配电运行监控前置服务器应配置基于非对称密码算法的配电网加密认证装置，对控制命令和参数设置指令进行签名操作，实现子站/配电终端对配电主站的身份鉴别与报文完整性保护。

(2) 通过无线网络接入配电运行状态管控应用时，应采用安全加密措施实现配电终端参数配置、版本升级等关键和敏感信息的加密传输。

(3) 配电终端和配电主站之间的认证应采取国家主管部门认可的非对称密码算法；配电终端和配电主站之间关键和敏感信息的加密应采取国家主管部门认可的对称密码算法。

3.2.5.4　内网系统安全监测

(1) 入侵防御系统：能够基于敏感数据的外泄、文件识别、服务器非法外联等异常行为检测，实现内网的高级威胁防护功能；提供基于流的应用识别技术，可准确识别非标准端口应用及 HTTP 协议隧道中 Web2.0 应用，发现隐藏在应用中的攻击行为；提供应用层数据处理能力以及灵活的 IPv6/IPv4 双栈自适应能力，可以全面适应新一代复杂网络环境。

(2) 内网安全监测：数据库作为信息技术的核心和基础，承载着关键业务数据，是最具有战略性的资产，数据库的安全稳定运行也直接决定着业务系统能否正常使用。系统增设安全审计系统，专门针对数据库访问行为进行审计和控制，对操作进行追踪溯源，发现异常操作并实时阻断。

(3) 内网安全审计：对配电网自动化系统生产控制大区的安全状况进行实时监视及分析，可实现对服务器、防火墙、入侵检测装置、横向隔离设备（正/反向）、纵向加密认证装置（卡）、防病毒系统等的日志采集；支持采集事件综合分析，并可通过邮件、短信、声光告警等方式报送运维人员，支持实时告警的显示，及时掌握网络中存在的威胁或异常访问行为。

3.2.6　馈线自动化

3.2.6.1　概述

馈线自动化（Feeder Automation，FA），又称线路自动化或配电网自动化。按照国际电气电子工程师协会（IEEE）对配电自动化的定义，馈线自动化系统（Feeder

Automation System，FAS）是对配电线路上的设备进行远方实时监视、协调及控制的一个集成系统。馈线自动化是配电自动化系统的重要组成部分，也是提高配电网供电可靠性的关键技术。馈线自动化系统通常是整个配电自动化系统的子系统，也可以作为一个独立的系统存在。我国许多城市的配电网自动化系统实际上是一个独立于调度自动化系统的馈线自动化系统。馈线自动化系统一般具有以下功能：

（1）运行状态监测：分为正常状态和事故状态的检测。正常状态监测主要通过馈线线路终端监测电压幅值、电流、有功功率、无功功率、功率因数、电量和开关设备的运行状态。事故状态的监测主要监测配电线路及配电设备的事故状态。在装有馈线终端设备（Feeder Terminal Unit，FTU）的地点可以直接完成故障的检测。

（2）故障定位、隔离与自动恢复供电：线路故障区段（包括小电流接地故障）的定位与隔离及无故障区段供电的自动恢复，是 FA 的一项重要应用功能。

（3）数据采集与数据处理和统计分析以及完成“四遥”功能。

（4）无功补偿和电压调节：主要实现线路上无功补偿电容器组的自动投切控制，保持电压水平提高电压质量，并实现减少线路损耗。

馈线自动化的功能是在中压配电线路发生故障后，实现故障自动定位、隔离与恢复供电。由于能够避免和减少配电网故障对用户的影响，因此是一种配电网故障自愈控制技术。

实施 FA，对一次网架结构及开关设备有一定的要求。线路要使用分段开关合理地分段；环网供电线路要有足够的备用容量支持负荷转供；选用的配电一次开关设备要具备电动操动机构并且具备必要的电压、电流互感器或传感器等。根据故障信息处理方式的不同，馈线自动化模式分类往往也不一样。

根据故障隔离过程中是利用全部信息还是利用局部信息实现故障隔离，将配电网馈线自动化模式分为分布处理模式和集中控制模式；根据故障处理过程中是否需要借助通信来判断和切除故障，分为有信道模式和无信道模式；根据在故障处理过程中是仅利用自身 FTU 检测故障信息做出判断和动作还是需利用系统中其他信息，分为点保护和面保护。

根据配电网在隔离故障、恢复非故障供电方式的不同将馈线自动化系统分为电流集中型馈线自动化、电压时间型馈线自动化、智能分布式馈线自动化以及混合型馈线自动化四种模式。

3.2.6.2　电流集中型馈线自动化

电流集中型馈线自动化的故障处理是基于自动化系统及装置，监视配电线路的运行状况，及时发现线路故障，迅速诊断出故障区间并将故障区间隔离，快速恢复对非故障区间的供电，有效改善传统故障处理存在的问题，进一步提高供电可靠性。

依赖主站实现对故障的处理，主站根据终端检测到的故障信息及变电站的保护动作信号，综合判断故障点。适用于负荷密度大，对可靠性要求较高、通信稳定可靠的地区（一般采用光纤通信方式）。

1. 配电网故障处理流程

（1）故障定位。当发生故障时，故障区域上游供电路径上的所有开关都会流经较大的故障电流，由相应的二次终端设备检测，生成故障信号并及时上传至配电主站系统；系统根据终端上送的故障信号，结合故障判断机制，判定出事故区间及受影响的用户。

判据：故障区域两侧有且只有一个端点流过故障电流。

（2）故障区间的隔离。系统自动根据网络拓扑分析实现对故障区间的隔离，故障区域两侧的开关均会被拉开，操作人员可选择自动或者半自动方式完成故障区间隔离。

（3）负荷转供。对于具备“三遥”并且允许自动转供的线路，对电源侧的非故障停电区间进行自动送电操作，即完成对变电站出线开关的合闸操作，同时合上下游非故障区域的联络开关。对于不允许自动转供的线路，操作人员可选择自动或者半自动的方式完成负荷转供。

（4）解除故障区间。现场的故障抢修完成后，操作人员可点击“解除故障区间”按钮，此时对故障区间的送电操作闭锁功能解除（不能向故障区间送电），可完成对原“故障区间”的操作，即合上故障区域的上游开关。

（5）故障恢复。将运行方式恢复至故障发生前。

2. 馈线自动化启动条件

（1）配电线事故启动条件：

1）状变跳闸产生停电区间启动 FA；

2）状变跳闸启动 FA，遥控引起的跳闸不启动 FA；

3）配合启动的保护信号有过流、速断、接地、变电站事故总；

4）保护先于断路器跳闸，两者时间相差在 30s 以内启动 FA；

5）断路器跳闸先于保护，两者时间相差在 5s 以内启动 FA；

6）电容器组及备用线跳闸不启动 FA；

7）所属配电线挂有检修牌或者保持牌者不启动 FA；

8）环网运行不启动 FA。

（2）开闭站出线事故启动条件：

1）状变跳闸产生停电区间启动 FA；

2）状变跳闸启动 FA，遥控引起的跳闸不启动 FΛ；

3）配合启动的保护信号有过流、速断、零序保护、零序Ⅰ段保护、零序Ⅱ段保护；

4）保护先于断路器跳闸，两者时间相差在 30s 以内启动 FA；

5）断路器跳闸先于保护，两者时间相差在 5s 以内启动 FA；

6）所属配电线挂有检修牌或者保持牌者不启动 FA。

3.2.6.3　电压时间型馈线自动化

电压时间型馈线自动化采用电压-时间型开关，其特性是电压为来电延时合闸，无压立即分闸；时间分为 X 时限和 Y 时限。

（1）X 时限/XL（合闸延时）：指从分段器电源侧加压开始，到该分段器合闸的延时时间，即电压特性“来电延时合闸”中持续时间。

（2）Y 时限（故障检测时限）：合闸后，如果 Y 时间内一直可检测到电压，则 Y 时间后发生失电分闸，分段器也不闭锁，当重新来电时，经过 X 时限，还会合闸。合闸后，如果没有超过 Y 时限又失压，则分段器分闸，闭锁分状态。

电压时间型馈线自动化中开关需多次重合，导致冲击一次设备，因此不适用于电缆网，且需对变电站出线开关重合闸次数重新整定。

1. 闭锁机制

电压时间型馈线自动化的闭锁机制包含以下三种方式：

（1）Y 时限闭锁：故障点上游开关，Y 时限计时未完成，线路失压，启动 Y 时限闭锁。

（2）残压闭锁：故障点下游开关，上游开关合于故障点，有残压，启动残压闭锁。

（3）加压闭锁：联络开关，XL 时限计时未完成，失压侧又来电，启动加压闭锁。

电压时间型开关有两套功能，一套是面向处于常闭状态的分段开关（S 模式），如图 3-28 所示；另一套是面向处于常开状态的联络开关（L 模式），如图 3-29 所示。

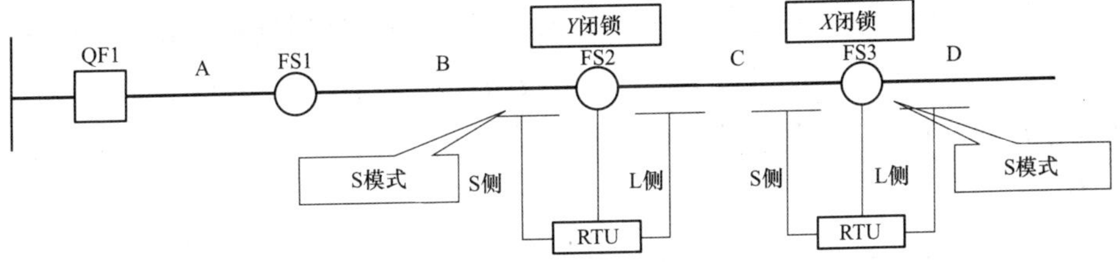

图 3-28　分段开关（S 模式）闭锁

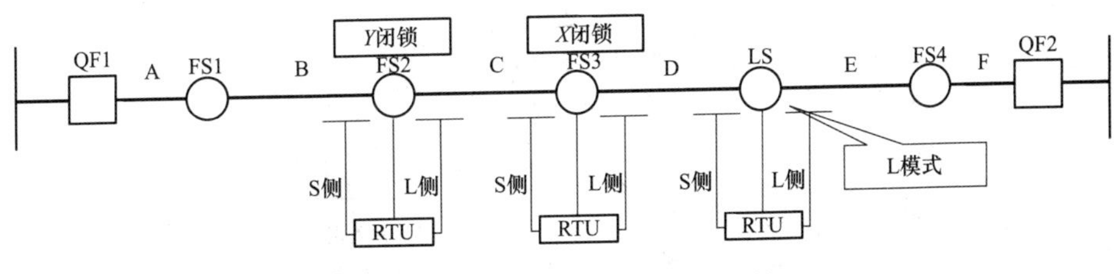

图 3-29　联络开关（L 模式）闭锁

（1）分段开关（S 模式）：

1）通过延时，错开 S 侧和 L 侧的供电时间（X 时限）；

2）在 S 侧的供电时间里重合失败，则判断故障在 S 侧，启动 X 闭锁；

3）在 L 侧的供电时间里重合失败，则判断故障在 L 侧，启动 Y 闭锁；

4）若在 X 时限内，另一侧也来电，启动两侧电压闭锁，防止合环。

（2）联络开关（L 模式）：

1）当检测到单侧失电后，启动 XL 延时计数；

2）XL 延时完毕后，若故障侧仍未供电，则判定故障在除本开关近区外的其他区段，令联络开关合闸；

3）在 XL 延时中，若有短时电压出现在停电侧，则判定故障在本开关近区，启动瞬时加压闭锁，联络开关闭锁在分闸状态；

4）若在 XL 时限内，另一侧恢复供电，启动两侧电压闭锁，禁止合闸，防止合环。

2. 时限整定原则

（1）保证任一时刻没有两个或两个以上开关同时合闸。出现事故后，如果有两个以上的开关同时合闸，会导致事故区间扩大。

（2）联络开关 XL 时限大于两侧故障隔离的时间。如果 XL 小于故障隔离时间，当联络开关合闸后会导致对侧线路停电。

3.2.6.4 智能分布式馈线自动化

智能分布式 FA 不依赖于配电主站或子站的干预，在配电线路故障时，各智能分布式配电终端仅通过与相邻智能分布式配电终端之间的对等通信收集故障信息，根据故障处理逻辑实现故障隔离和非故障区域恢复供电，事后故障处理结果上报给配电主站或子站。智能分布式 FA 模式要求通信系统具有对等式通信功能，对于馈线终端的通信要求实现点对点通信，同时智能分布式终端可以实施对配电线路正常运行工况的在线监测。

智能分布式 FA 用于对供电可靠性有特殊需求的场合，目前应用并不广泛。

1. 系统构成

智能分布式 FA 的系统构成如图 3-30 所示。

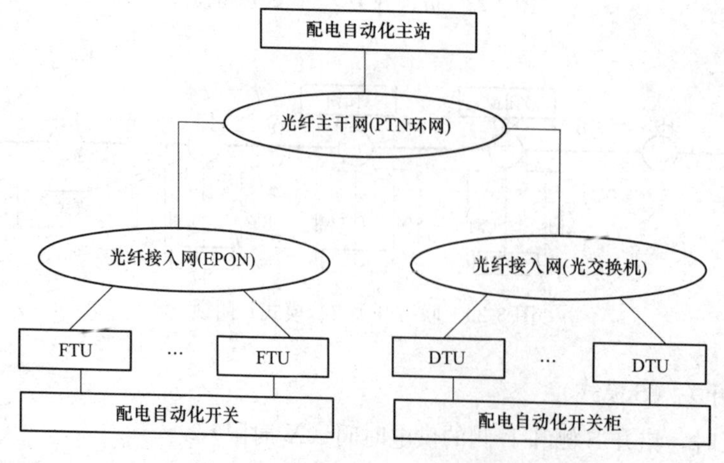

图 3-30　智能分布式 FA 系统构成

2. 技术原理

(1) 判断故障区域依据：若一个配电区域内相邻开关只有一个检测到故障电流且自身为合位，则故障发生在该配电区域内部，如图 3-31 所示。

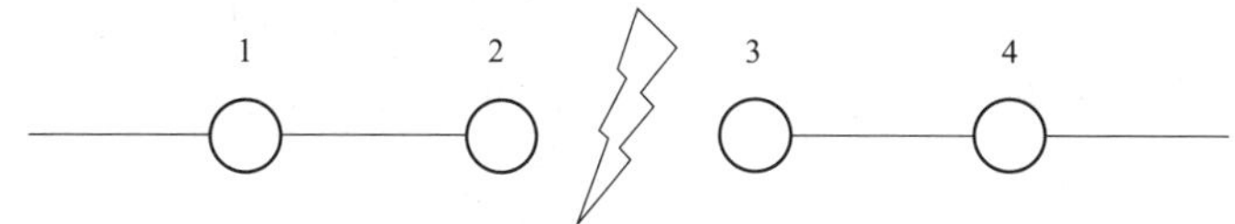

图 3-31　故障区域开关判断示意图

(2) 故障区域开关判断一：与开关 2 相邻的开关 1 同时检测到故障电流，而开关 3 未检测故障电流，可判断开关 2 处于故障区域内。

(3) 故障区域开关判断二：与开关 3 相邻的开关 2 和开关 4，只有开关 2 检测到故障电流，而开关 3 和开关 4 未检测故障电流，可判断开关 3 处于故障区域内。

3. 技术特点

(1) 不依赖配电自动化主站系统，也不对开关特性提出特别要求，基于智能终端间对等通信可实现故障的就地定位、隔离，故障处理速度快。

(2) 故障隔离后，依赖配电自动化主站系统实现非故障区段的供电（转供电）及恢复正常供电模式。

(3) 与一次配电网络拓扑相关度低，适用各种配电网线路网架结构。

(4) 原理简洁、通用性强，充分简化每个配电自动化终端的保护逻辑，从而增强了保护的可靠性。

(5) 无需电流方向的参与，具备故障电流方向无关性。

(6) 依赖通信，尤其是智能终端之间的对等通信，对通信可靠性要求极高。

3.3　配电网抢修指挥系统

配电网生产抢修指挥平台是配电网生产抢修指挥中心业务应用的信息化支撑平台，该平台整合配电自动化信息、PMS/GIS 信息、95598 信息、CIS 信息、用电信息采集信息、GPS 信息、视频等信息，以生产和抢修指挥为应用核心，实现生产指挥、故障抢修指挥、日常办公等应用。

3.3.1　配电网抢修

配电网抢修工作内容涉及客户报修响应、抢修指挥和配电网运行控制三个方面。

(1) 客户报修响应：主要负责抢修工单受理、处置等工作。

(2) 抢修指挥：主要负责抢修队伍、车辆、物资等抢修资源的管理和统一调配。

(3) 配电网运行控制：主要负责负荷转移、设备操作许可、安全隔离等工作。

目前配电网抢修工作主要有分署、合署、全业务管理三种模式。

（1）分署管理模式：在地市检修公司设置抢修机构或班组，统一负责客户报修响应与抢修指挥业务，由调控中心负责运行控制业务，检修公司与调控中心配合完成配电网抢修业务。

（2）合署管理模式：在不改变调度、运检、营销人员隶属关系前提下，通过集中合署办公的方式组建配电网抢修指挥机构，优化配电网抢修工作流程，强化相关专业横向协作，提高配电网抢修工作效率。

（3）全业务管理模式：在地市检修公司设立配电网抢修指挥中心，负责客户报修响应、配电网抢修指挥和运行控制等抢修全业务。

三种管理模式的优缺点比较见表 3-4。

表 3-4　　三种管理模式的优缺点比较

管理模式	优　点	问　题
分署管理	保证专业垂直管理，便于提高专业水平	易产生多头管理、工作流程不畅等问题
合署管理	兼顾专业垂直管理和业务协同需求	不利于人员管理、责任落实和绩效考核
全业务管理	以效率和服务为导向，中间环节少，业务协作效率高，信息系统一体化程度高	对人员综合素质、现场工作经验以及配电网基础管理要求高

从社会对供电服务质量需求看，全业务管理模式有利于优化工作流程，缩短管理层级，最大限度减少用户故障停电时间，实现停电抢修信息主动推送，满足用户日益提高的服务要求。

3.3.2　用户产权运维归属

380V 低压将电能输送到终端用户。城市终端用户包括居民楼、物业设施、商业设施、农业用户等。城市架空线路低压电网主要由低压主干配电线、楼内外线路、楼（房）内开关、计量装置、支持物、分支箱等组成。电缆网低压电网由低压电缆、分支箱、计量装置、楼（房）内开关、楼内外线路等组成。

（1）与低压架空用户抢修指挥业务相关的主要是三部分设备，即低压接户线、用户公共产权线路和计量装置。这三部分设备的产权、运维归属与 95598 报修工单处理密切相关。

1）低压接户线。从公司配电系统供电到用户装置的分支线路一般称为接户线。架空线路上指的是低压配电架空线路引至建筑物外墙第一支持物之间的线路。接户线为公司产权。

2）用户公共产权线路。接户线以下引入室内至计量装置之间的一段线路为用户公共产权线路。在城市配电网中，包含楼内外线路、楼内总开关等设备。该段线路产权在不同地区范围内和不同的用户模式下，产权归属不同。

3）电能计量装置。计量装置包括各种类型电能表。计量装置及下口开关产权属于电

力公司。下口开关以下设备为进户线，产权属于用户。

各类产权分界如图 3-32～图 3-35 所示。

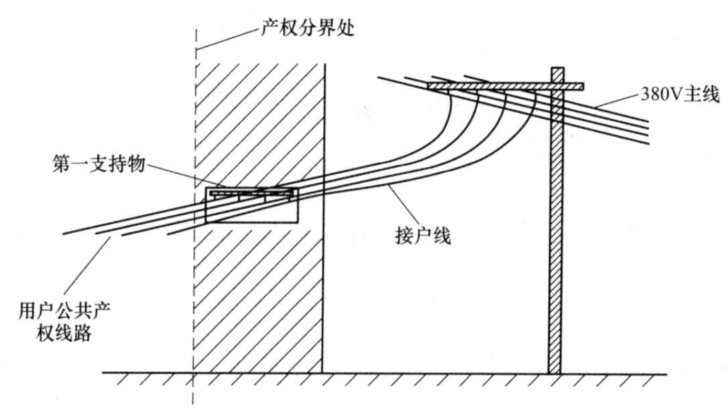

图 3-32　城市 380V 低压电网支持物类型分界图

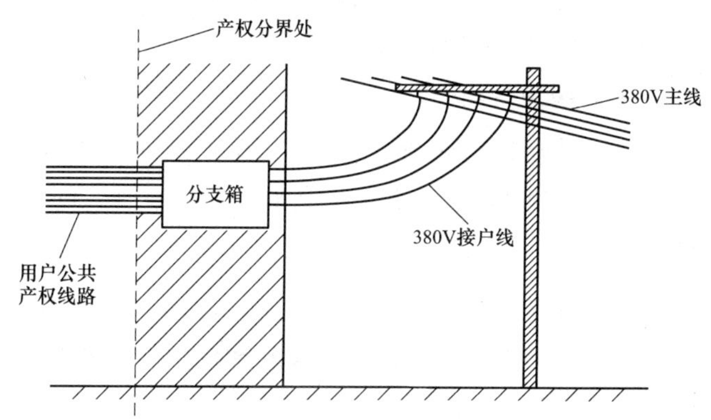

图 3-33　城市 380V 低压电网架空线路分支箱类型分界图

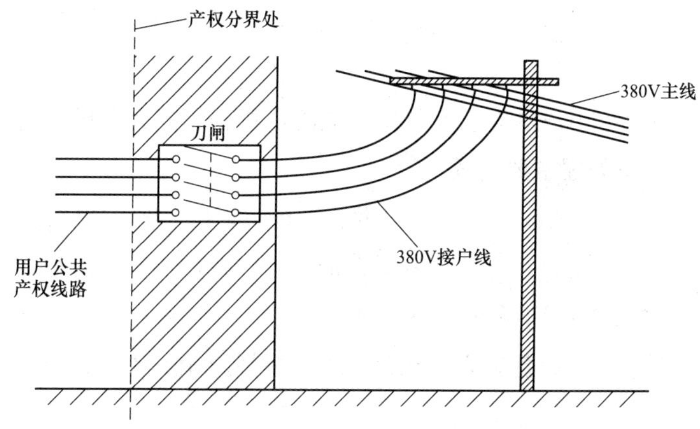

图 3-34　城市 380V 低压电网刀闸类型分界图

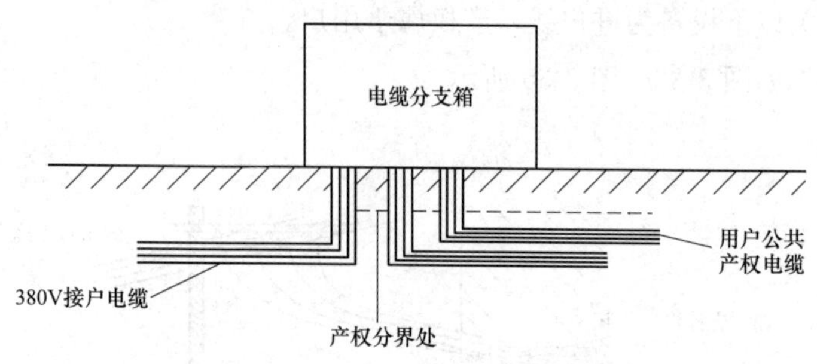

图 3-35　城市 380V 低压电网电缆分支箱类型分界图

（2）与低压电缆用户抢修指挥业务相关的主要是三部分设备：

1）配电开关柜出线柜至低压电缆分支箱之间线路及电缆分支箱，此段线路为公司产权。

2）用户公共产权线路，此段线路在不同的地区产权归属不同。在北京地区，产权归属为用户产权；在浙江、山东地区，产权归属为公司产权。

3）计量装置，产权归属为公司产权。

3.3.3　95598 客户报修故障研判

为避免重复下单，杜绝重复到达现场的情况，95598 客户报修工单需进行故障研判。当研判结果为计划停电、配电网故障、已知低压故障时无需派单；只有研判结果为未知低压故障时才进行派单。

研判出的故障类型主要有以下四种结果：

（1）用户故障：公变数据正常，计量表计电压正常且电流为零，同表箱内其他用户计量表计数据正常。

（2）用户进线故障：公变数据正常，计量表计电压、电流均为零，同表箱内其他用户计量表计数据为零。

（3）配变出线开关跳闸故障：公变电压正常，电流为零，计量表计电压、电流均为零。

（4）配电线故障：当用户电能表无电压、电流，且公用变无电压、电流。

3.3.4　95598 工单处理主要流程

95598 工单按照抢修、咨询、意见、投诉、表扬、举报、建议进行分类。抢修指挥班重点处理抢修类、咨询类工单，将其派发至各抢修单位处理。具体流程如图 3-36 所示。

3.3.5　配电网抢修指挥平台的基本功能

配电网抢修指挥平台分成基础应用平台、生产指挥应用、停电研判、抢修指挥、分析与决策五个部分。

基础平台作为配电网抢修指挥应用的支撑，主要包括系统管理、日志管理、权限管理、图摸库管理、报表管理、可视化应用支撑管理、多媒体应用支撑、与其他系统集成服

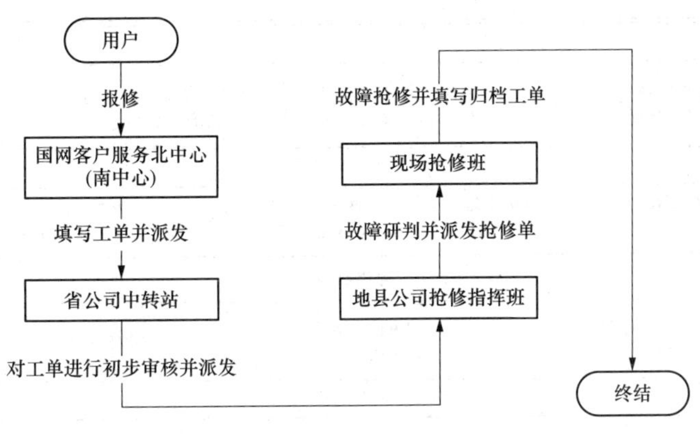

图 3-36　95598 工单处理流程图

务管理等功能。

生产指挥为正常生产提供指导、辅助决策分析，主要包括计划停电分析管理、故障预案管理、保电管理、配电网运行风险预警分析、设备在线监测和预警、停电计划优化辅助决策等功能。根据事故的处理过程分成生产抢修分析、生产抢修态势分析、生产抢修指挥等相关功能。

停电研判从各系统获得信息，识别停电，进行故障判定分析，主要包括客户故障报修分析、用电信息采集系统故障分析、故障识别分析等功能。

抢修指挥为故障抢修提供展现、辅助决策，实现快速、高效抢修，主要包括抢修调度管理、现场抢修作业终端应用管理、生产信息态势分析、视频监视、抢修资源调配优化辅助决策等功能。

分析与决策功能对关键指标进行监控与管理，对生产、抢修进行统计分析，主要包括配电自动化考核指标监测、可靠性指标监测、抢修综合统计分析、电压合格率监测、分析统计报表等。

配电网抢修指挥平台客户端以 B/S 方式运行，系统功能架构图如图 3-37 所示。

3.3.6　配电网抢修指挥平台的信息来源

配电网抢修指挥平台需要进行信息交互的相关系统包括配电自动化系统、调度自动化系统、调度运行管理系统、生产管理系统、地理信息系统、营销管理系统、95598 系统、用电信息采集系统等，并可根据应用需要预留与其他相关系统的接口，如图 3-38 所示。

配电网生产抢修指挥平台的信息集成是保证本功能规范实现的关键环节，必须利用信息交互总线，从上、下游已经建立的应用系统中获取相关的应用服务，达到信息共享的目标。

按照国网统一信息标准，各个应用系统之间的信息集成和业务应用必须依据“源端唯一、全局共享”原则进行。通过信息交互实现配电网抢修指挥平台与相关应用系统之间的资源共享和功能整合。

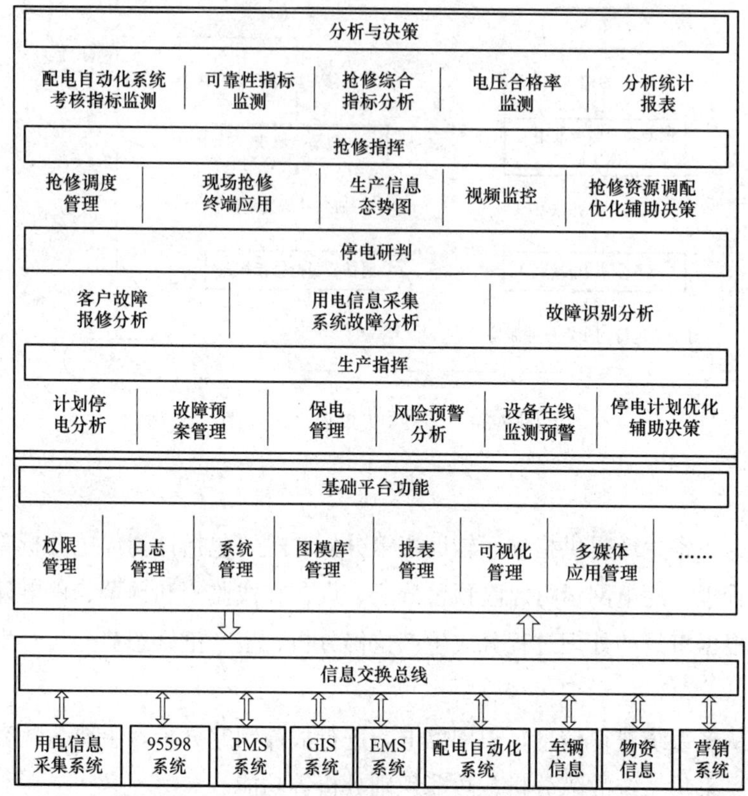

图 3-37　配电网抢修指挥平台系统功能架构图

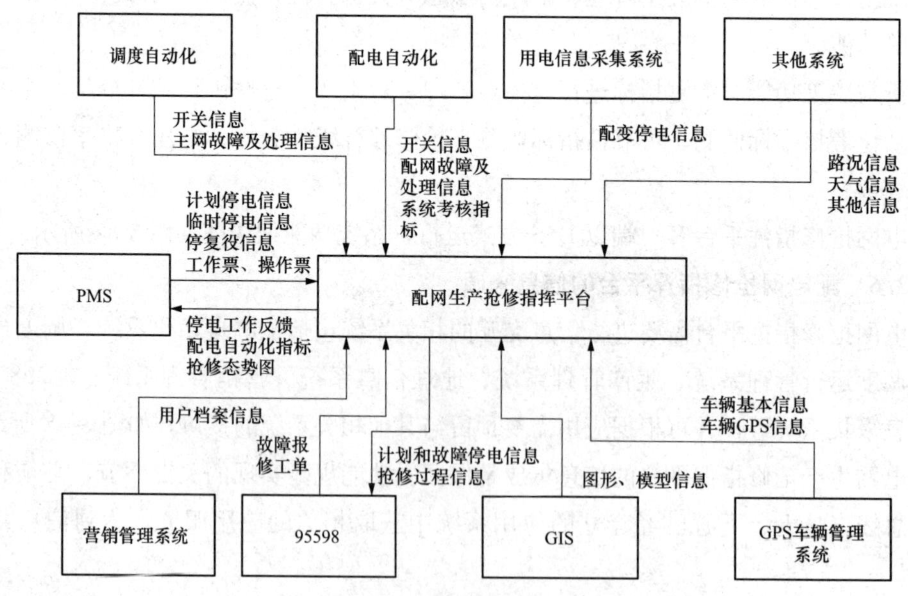

图 3-38　配电网抢修指挥平台的信息交互

（1）GIS 系统信息集成。配电网抢修指挥平台和 GIS 系统交互内容应包括：配电网生

产抢修指挥平台通过与 GIS 系统接口获取图模数据，在配电网抢修指挥平台上应可视化配电网拓扑信息、地图信息，同时依靠 GIS 拓扑信息进行电网拓扑模拟分析等。

（2）PMS 系统信息集成。配电网抢修指挥平台和 PMS 系统交互内容应包括：

1）配电网抢修指挥平台从 PMS 接口获取停电计划、工作票、调度指令票，以及设备缺陷、台账等信息，同时将故障及其故障处理等相关信息反馈回 PMS 系统。

2）配电网抢修指挥平台从 PMS 接口获取配电网设备在线测温数据、开闭所环境、SF_6 气体浓度数据等配电网在线监测信息。

（3）营销管理系统的信息集成。配电网抢修指挥平台和营销管理系统交互内容应包括：营销系统（CIS）为配电网抢修指挥平台提供设备台账查询服务、客户档案查询服务、重要客户信息等。

（4）95598 客服系统信息集成。配电网抢修指挥平台和 95598 系统交互内容应包括：

1）配电网抢修指挥平台实时接收 95598 系统配电网系统故障报修工单，反馈抢修过程信息给 95598 系统。

2）配电网抢修指挥平台具备与 95598 系统的接口，提供停电查询服务功能，也可提供停电分析结果发布功能。

（5）调度自动化系统信息集成。配电网抢修指挥平台和调度自动化系统交互内容应包括：配电网抢修指挥平台通过与调度自动化接口获取主网实时信息；调度自动化系统通过总线对外发布开关变位信息（实时）、故障信息（实时）、信息断面（定周期，如 30min 一次）。

（6）配电自动化系统信息集成。配电网抢修指挥平台和配电自动化系统交互内容应包括：配电自动化系统推送开关位置信息、故障及处理信息至配电网生产抢修指挥平台，配电网抢修指挥平台按需获取开关状态断面。

（7）用电信息采集系统信息集成。配电网抢修指挥平台和用电信息采集系统交互内容应包括：用电信息采集系统主动发现配电网供电异常，结合 PMS、GIS 平台实时分析故障点，推送故障点信息给配电网抢修指挥平台，辅助抢修指挥人员判断是否配变故障，对故障范围进行精确定位，为 95598 系统提供服务支撑。

（8）其他系统的信息集成。在条件允许的情况下，结合配电网抢修指挥平台的应用，可考虑与下述系统进行交互：

1）配电网抢修指挥平台与雷电管理系统交互，内容应包括雷电管理系统为配电网抢修指挥平台提供可以在地理图上标记的灾害点灾害分布情况。

2）配电网抢修指挥平台与气象信息系统交互，内容应包括气象信息系统为配电网抢修指挥平台提供天气、灾害等实时、历史气象信息。

3）配电网抢修指挥平台与交通信息系统交互，内容应包括交通信息系统为配电网抢修指挥平台提供实时交通、重点路段交通及交通管制、定制路段交通等信息。

4）配电网抢修指挥平台与物资相关系统交互，内容应包括物资系统为配电网抢修指挥平台提供各种生产、抢修物资的出入库，物资进货、退货以及库存等信息。

3.3.7 配电网故障抢修处理

配电网故障抢修流程如图3-39所示。

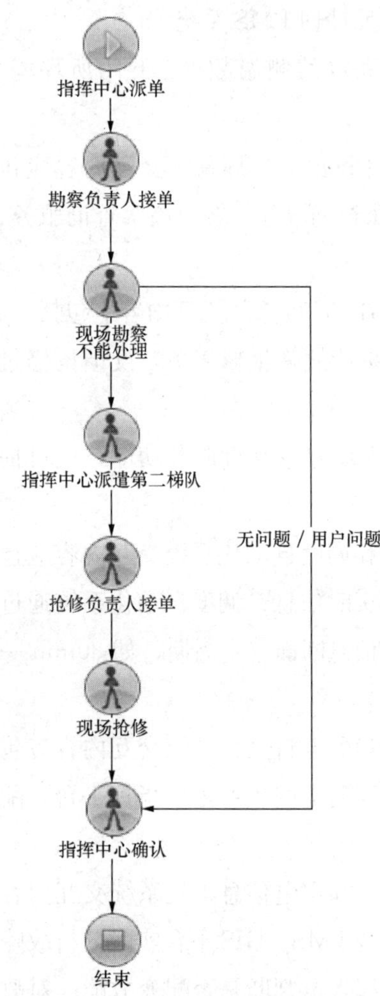

图3-39 配电网故障抢修流程

（1）指挥中心派单。故障推送到指挥平台后，指挥中心须派遣相应的抢修班组进行勘察、抢修。如果第一梯队可以处理故障，则无需派遣第二梯队。如果第一梯队处理不了，指挥中心根据第一梯队的勘察结果，派遣第二梯队进行抢修。抢修结束后，抢修结果反馈给指挥中心，指挥中心进行确认后将该工单终结，则抢修结束。

（2）勘察负责人接单。指挥中心将工单派遣给第一梯队相应的班组负责人后，此时抢修流程处在“勘察负责人接单”节点。

此时负责人须进行接单操作：填写签名、接单时间以及预计到达时间，点击“接单”。

（3）现场勘察。勘察负责人接单后，此时流程处于“现场勘察”节点。

勘察班组接单后，到现场进行现场勘察，并根据勘察结果填写工单勘察结果信息，包括出发时间、到达时间、故障设备类型、故障设备名称、故障描述等。

如果此故障勘察班组能处理，则在能否处理项选择“直接处理”或者“无问题/用户问题”；如果此故障勘察班组不能处理，则在能否处理项选择“不能处理”，此时勘察班组可以根据勘察结果推荐给第二梯队相应的特殊车辆、特种工器具、使用材料等。

（4）指挥中心派遣第二梯队。勘察班组现场勘察结束后，如果该故障勘察班组可以处理，则流程流转到“指挥中心确认”节点。如果勘察班组不能处理，则流程流转到“指挥中心派遣第二梯队”节点。

指挥中心派遣第二梯队时，系统默认仍派遣第一梯队的勘察班组，指挥中心可以选择其他班组级负责人，以及抢修车。选择合适的抢修班组、抢修负责人，以及抢修车后，点击“派单”。

（5）抢修负责人接单。指挥中心派遣第二梯队后，此时流程处于“抢修负责人接单”节点。

抢修负责人须进行接单操作，填写签名、接单时间、预计到达时间，点击“接单”。

（6）现场抢修。抢修负责人接单后，此时流程处于“现场抢修”节点。

抢修负责人接单后进行现场抢修，抢修结束后根据抢修结果填写处理情况，包括出发时间、到达时间、现场抢修记录、抢修结束时间、恢复送电时间等。完成后点击“工作结束”。

（7）指挥中心确认。无论需不需要派遣第二梯队，抢修流程最终回到“指挥中心确认”节点。

指挥中心对抢修结果进行确认，确认无误后，终结该流程。若确认有错误，则可退回到前节点进行修改。

3.4　其他支持系统

3.4.1　省地县一体化 OMS 系统

3.4.1.1　概述

为更好地推动电网创新发展、集约发展、安全发展，国家电网公司早在2010年的工作会议上就制定了建设“三集五大”体系的战略目标。对于调度专业来说，伴随着“大运行”体系建设的深入，调度机构需要面对业务升级与转型的巨大变革，国网省、省地县业务流程的高度融合，各级调度之间业务协同需求的不断增加，标准化、一体化要求的不断提高，都对尽快在全省调度范围内建设省地县一体化 OMS 系统提出了迫切的要求。

以“标准化、一体化建设，精益化、集约化管理”为建设目标，建设基于“大运行”体系的省地县一体化 OMS 系统，以为电网“大运行”体系实施提供全面的调度运行管理技术支撑。

根据 Q/GDW 680《智能电网调度技术支持系统》系列标准要求，智能电网调度技术支持系统（以下简称 D5000）由调度管理类（OMS）、实时监控与预警类、调度计划类、安全校核类四大类应用组成，四大类应用的数据交互通过系统平台实现。调度管理类应用将电力系统设备原始参数、设备限额信息、检修申请等提供给其他各类应用；同时从实时监控与预警类应用获取实时数据和历史数据，从调度计划类应用获取预测结果、发电计划、交换计划、检修计划等，系统结构如图3-40所示。

同时 OMS 系统作为 D5000 调度管理类应用的重要组成部分，除了在 D5000 系统内部实现与其他三类应用间的数据共享与交互，在系统外部作为对外窗口横向与公司 ERP 系统、PMS 系统等进行信息交互，交互关系如图3-41所示。

系统建设的总体思路为：以实现调度机构“标准化、一体化建设，精益化、集约化管理”为建设目标，采用软硬件全省集中部署模式，建设“省地县一体化”的电网调度运行管理系统，实现省、地、县（配）三级调度运行管理应用功能和流程的标准化、统一化、规范化，深化智能电网调度技术支持系统在浙江的应用，在 D5000 系统内部实现与其他应

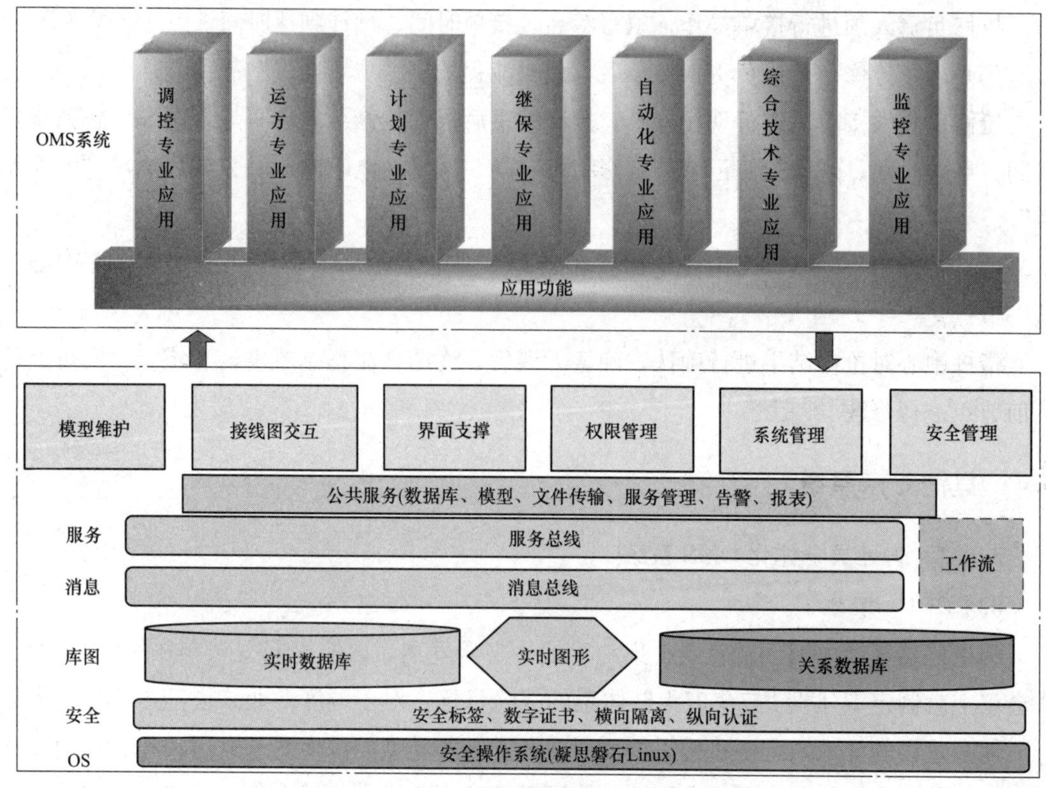

图 3-40　省地县一体化 OMS 系统结构图

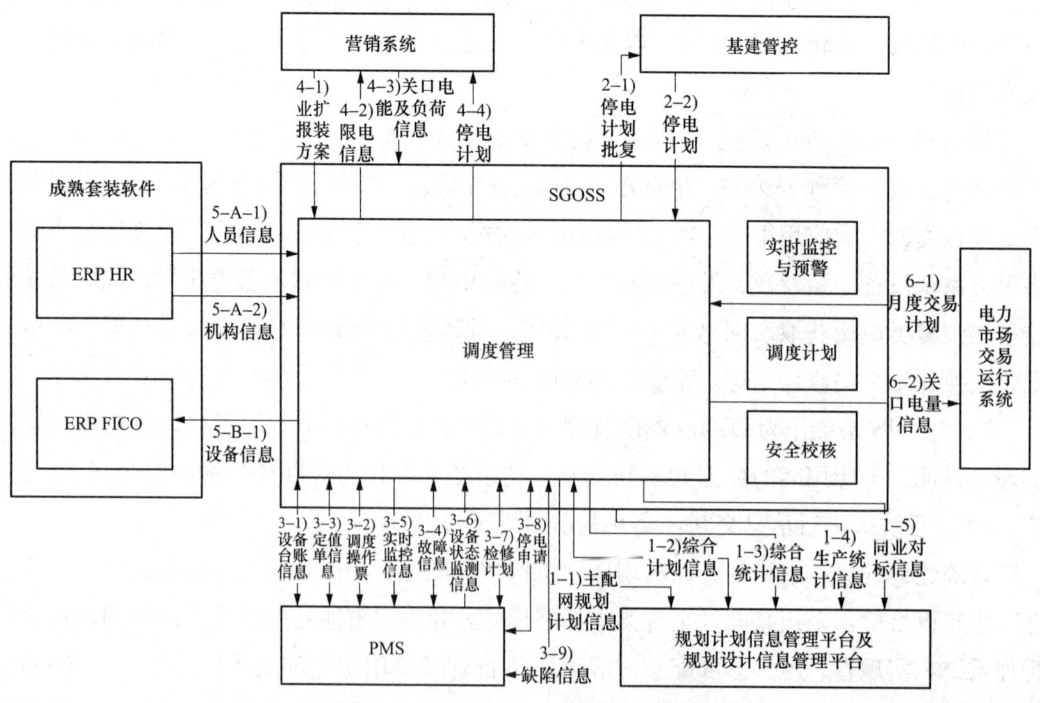

图 3-41　OMS 与其他系统交互关系图

用类的数据共享与交互，在系统外部横向通过与公司 PMS、ERP 等系统的数据接口实现基础信息管理的“源端维护，全局共享”，纵向通过与上级 OMS 系统交互实现电网调度工作的统一协调管理，全面支持“调控一体化”对调度监控业务融合需求，固化和落实调度机构内控机制要求，为“大运行”体系建设提供全面的调控运行管理技术支撑，更好地适应调度业务模式创新转型的要求。

为对调度核心业务的一体化提供全面技术支持，系统总体设计需要满足以下建设目标：

（1）适应“大运行”体系建设，调度和监控业务一体化支撑。系统应能适应变电设备运行监控业务与调度业务高度融合的一体化调控体系下的运行要求，充分考虑调度与监控业务的融合管理，实现调控与运维业务协同工作，为“大运行”体系建设的“调控一体化”提供业务一体化支撑。

（2）适应调度业务转型的发展要求，加强调度精细化管理。根据调度业务转型要求，调度 OMS 系统在设计实现时应加强对专业工作和流程的精细化管理，例如实现三级调度机构电网检修设备对象化，提高电网检修管理水平；贯彻调度三项分析制度要求，实现电网运行分析结果的全面整合、全景监视、多角度可视化展示与共享等。

（3）调度管理流程全省同质化、标准化、一体化管理。应满足电网调度机构“组织结构、管辖范围、业务流程、管理标准、技术平台”的“五统一”建设要求，把调度系统经过优化和完善的先进管理思想、理念、方法以及考核要求通过技术支持系统来实施和应用，实现省、地、县（配）级调度管理流程全省同质化、标准化、一体化。

（4）通过与公司其他信息系统集成，实现信息化的协调发展。系统在 D5000 系统内部实现与其他应用类的数据共享与交互，在系统外部横向通过与 PMS，ERP 等系统的数据接口实现基础信息管理的“源端维护，全局共享”，纵向通过与上级 OMS 系统交互实现电网调度工作的统一协调管理，从而满足信息系统集成建设的要求。

3.4.1.2　系统架构

系统设计从调控中心应用需求的根本出发，结合计算机、网络、通信等最新技术的发展，确定系统的体系架构。省地县一体化 OMS 系统将遵循基于组件的面向服务体系结构（SOA）的理念，采用具有生命力的、成熟有效的 IT 技术，构建一个面向应用、安全、可靠、开放、可扩展、组件重用、资源共享、易于集成第三方软件、软硬件平台高度开放、好用易用、维护最小化的支持系统，使其成为调控中心各专业人员最有力的工具和最友好的助手。

省地县一体化 OMS 系统在功能上划分为生产运行、专业管理、综合分析与评估、信息展示与发布、内部综合管理五大类，在专业上划分为调控专业应用、运方专业应用、计划专业应用、继保专业应用、自动化专业应用、监控专业应用、综合技术专业应用七大类。

省地县一体化 OMS 系统遵循智能电网调度技术支持系统总体设计和应用功能规范，系统基于 SOA 通过调用 Web Service 服务与实时监控与预警类应用、安全校核类应用和调度计划类应用进行数据交互；纵向通过基础平台提供的数据交换服务与上级 D5000 系统进行交互；横向按照浙江省电力公司统一的技术标准和接口标准实现与 PMS 系统、人力资源系统、SG-ERP、协同办公系统的数据共享和流程交互，采用标准 XML 或 E 文件的方式与营销系统进行数据交互。

系统的逻辑关系如图 3-42 所示。

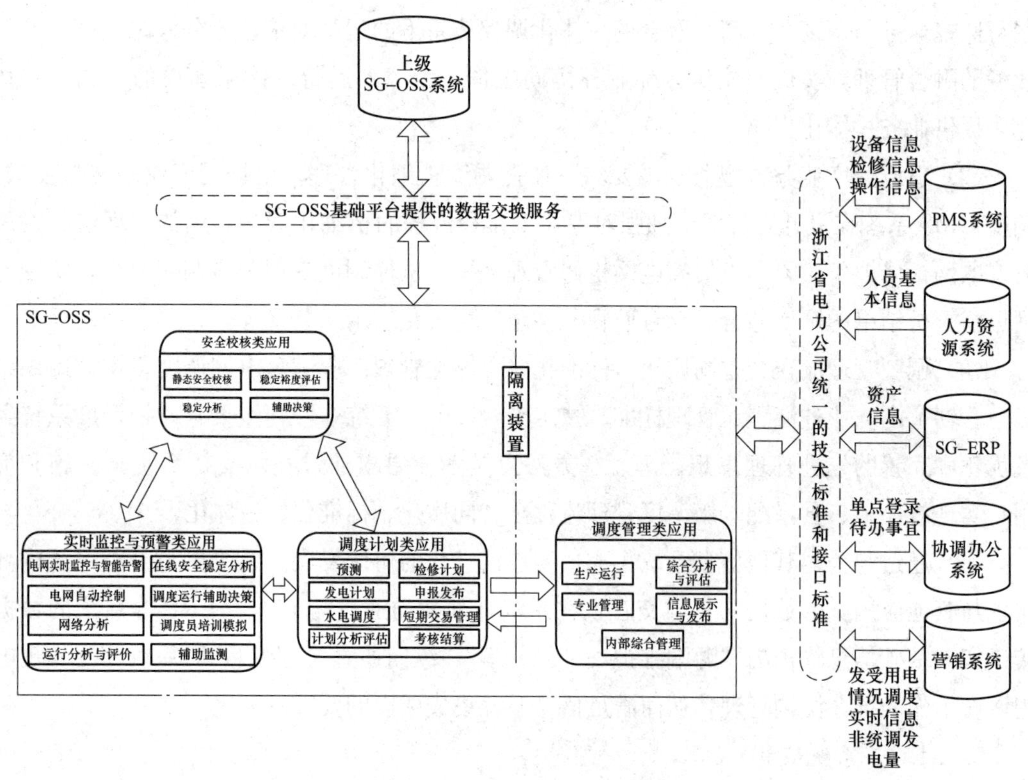

图 3-42 OMS 系统逻辑关系图

3.4.1.3 硬件架构

省地县一体化 OMS 系统的硬件部署将采用省调大集中的部署方式，原则上不在各地区调度机构配置数据库及应用服务器，但为了满足省地县一体化系统模型拼接、数据采集、统计分析等业务的需要，将在地调侧部署 2 台业务前置服务器，同时此服务器还可作为地区调度及所辖县级调度的调度网站服务器。而在省调侧方案计划采用 2 台高性能服务器组成数据库集群，采用 6 台服务器组成应用服务器集群，另外增加 2 台负载均衡设备以实现应用服务器集群的负载均衡。同时在省调侧会对应部署 2 台前置服务器，用于地调相关数据的收集与汇总，如图 3-43 所示。

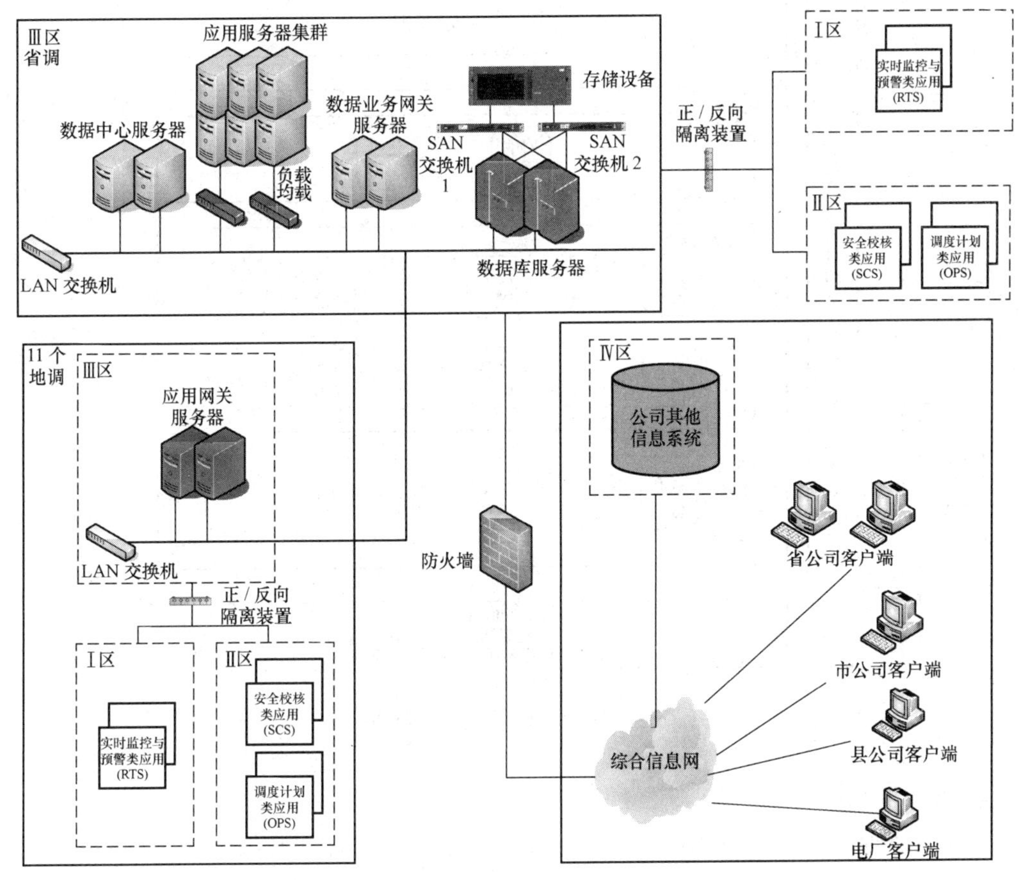

图 3-43　OMS 系统硬件架构

3.4.1.4　软件架构

1. 基础平台架构

省地县一体化 OMS 系统建设按照面向服务（SOA）的理念进行设计，在具体技术实现上采用基于多层体系结构，满足系统在健壮性、高性能、可维护性、可重用性等方面的要求。系统在总体结构上采用多层架构，分为表现层、业务逻辑层、数据访问层三个层次，每层的功能说明如下。

（1）表现层：负责应用程序的用户界面表示，主要包括用户界面的生成和用户操作的控制功能。

（2）业务逻辑层：负责应用程序所有业务数据的逻辑处理，对数据访问层和服务提供层提供的数据进行逻辑处理，并提供给表现层或其他服务使用。

（3）数据访问层：负责与后端数据库交互，为业务逻辑层或服务提供层提供读取和保存数据的中介服务，通过该层隐藏数据的存储方式。

系统软件结构如图 3-44 所示。

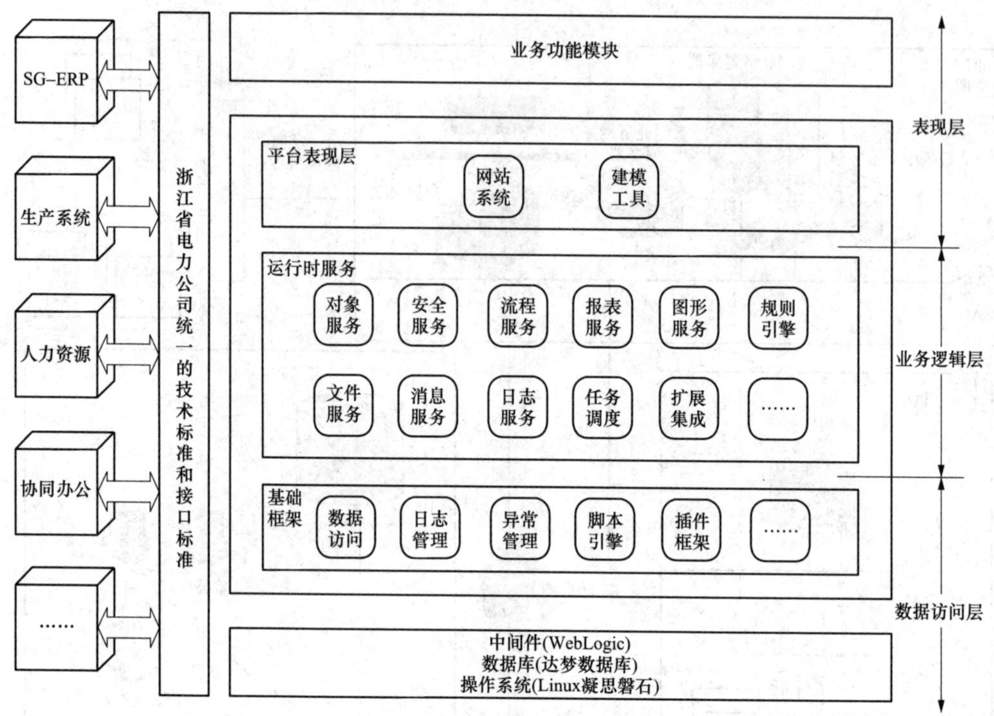

图 3-44　OMS 系统软件架构

2. 数据库架构

未来的省地县一体化 OMS 系统数据库，将划分为业务应用数据库与地县数据中心数据库两个部分。

(1) 业务应用数据库：主要用于存储全网设备对象、业务处理类数据、常用报表类数据等。其中全网设备对象将采用省调端从 EMS 直接获取，地调侧 CIM 解析的方式完成拼接入库。该全网对象在满足系统自身业务需求的基础上，还将作为未来调控中心与省公司其他系统设备对照的唯一标准。

(2) 地县数据中心数据库：主要用于存储从地县侧获取的调控生产原始数据，这些数据将成为省地县一体化 OMS 系统业务统计分析的数据来源。

3.4.2　调控云

3.4.2.1　概述

随着计算机硬件的性能高速发展、互联网的普及和大规模应用，计算资源呈现出从集中到分散再到集中的过程，从大服务器时代到个人 PC 互联网时代，又到云时代，计算资源的能力越来越强，合用成本越来越低。硬件及网络环境推动了 IT 构架的变革，如图 3-45 所示。

随着云时代的发展，各行各业的应用不断地往云平台中迁移，云的应用也越来越广泛。

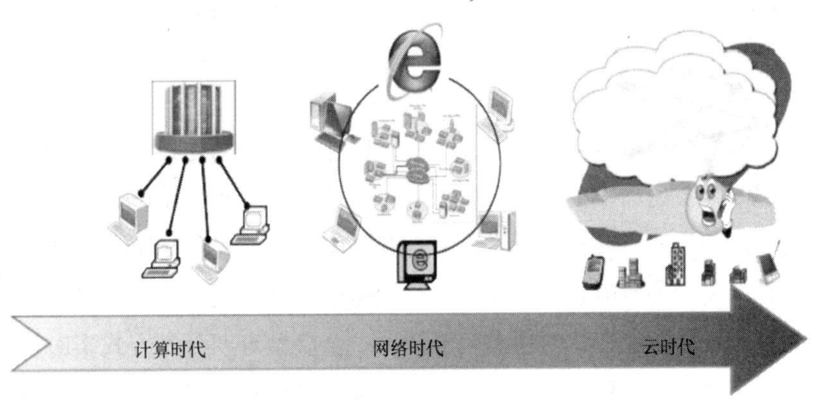

图 3-45　IT 构架的演变

按照国家电网有限公司规划，在“十三五”期间将全面建设公共服务云、企业管理云和生产控制云（以下简称调控云），如图 3-46 所示，分别为国家电网有限公司未来的公共服务、企业管理和调度控制提供相应的技术支撑。

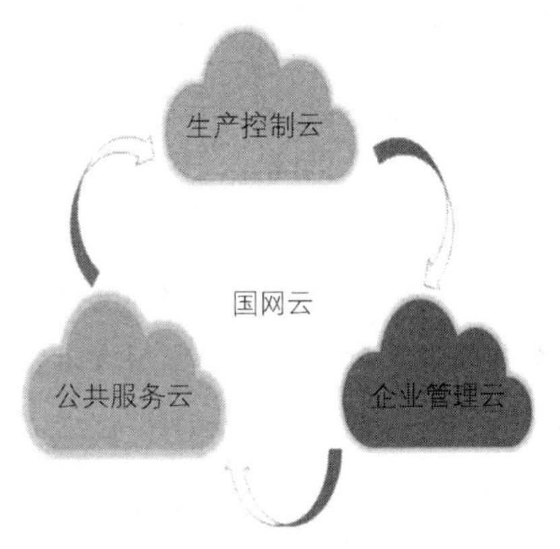

图 3-46　“一体化”云平台的组成

调控云的建设分四个阶段进行，按照研究-试点-推广的原则稳步推进，建成资源调配弹性灵活、数据应用规划统一、功能服务集中智能的调控云。

第一阶段（2016～2017 年）：试点建设国分云（指国网云平台下属华东、西北等五个区域分中心），建设模型管理和部分应用功能，部署调控云与数据源端的纵向同步功能。

第二阶段（2017～2018 年）：研发“电网模型”“运行数据”和“实时数据”云平台；开展省级云试点建设，建设基础设施和“电网模型”“运行数据”云平台及部分应用功能，部署两级云之间的纵向同步功能，实现两级云之间的数据交互与共享。

第三阶段（2018～2019 年）：开展省级云的“实时数据”云平台建设，拓展调控云应用功能，推广省级云建设。

第四阶段（2020 年）：完善和提升调控云建设，全面建成调控云技术体系。

3.4.2.2　建设背景

（1）调度自动化的发展需求。随着特高压交流电网建设的全面提速、新能源的快速发展及电力市场化改革的深入推进，电网调度运行进入了一个全新的阶段，电网一体化特征愈加明显，并对调度自动化提出了新的需求，主要体现在需提升信息感知能力、电网在线分析、调度管理精益化、数据深度应用等四个方面的能力。

（2）提升信息感知与同步的支撑能力。为了实现智能控制、故障协同等功能，信息感知是基础。信息感知主要是实现感知内容跨调度管理、跨电力范畴、跨专业管理的共享与同步。

（3）提升电网在线分析的支撑能力。针对电网在线分析的支撑能力提升，主要是解决电网实时全模型问题。当前电网在线分析软件使用的模型主要采用本地局部模型、外网等值模型、全模型定期分发等几种模式，但是这几种模式有明显的缺陷。例如：本地局部模型因为忽略了相邻电网的影响，边界线路计算误差较大；外网等值模型虽然能减少边界线路误差，但当潮流发生较大变化时误差仍然较大；全模型定期分发方式实时性不高。针对当前电网模型情况及电网自动发展的需求，需加强技术创新，实现基于实时电网全模型的在线分析，提升在线分析功能的实用化水平。

（4）提升调度管理精益化的支撑能力。调度既有一线生产任务也承担管理职责，而当前调度管理方面主要存在模型横向不统一、数据对象纵向不一致、对象关联性差、查询主题不明确等问题。例如：某一火电厂在计划系统中命名为“某火电厂”，但在管理系统中命名为“某电厂”；新设备投运、设备变更、设备退役等流程与模型维护关联性差。因而需开展数据标准化设计，建立规范的关联关系，实现跨机构、跨专业的基础信息运维、查询与应用。

（5）提升数据深度应用的支撑能力。调度运行数据累积已初具规模，但由于数据存储分布分散，数据分析、挖掘深度不够，难以适应当前调度管理以大数据为驱动的需要。主要表现在以下四个方面：①数据横向存储与各专业系统，纵向存储与各调度机构，数据存储的孤岛问题没有彻底解决（你存你的，我存我的）；②数据存储时间长短不一，未做到统筹规划，数据存储能力一方面不足，另一方面又重复存储（如 PMU 数据，故障录波数据，Ⅰ/Ⅲ区运行数据）；③数据未按照对象、事件分类，没有有效地开展数据的清洗、处理和加工，存在冗余与缺失并存的问题；④当前系统定制报表多，但是数据深度挖掘应用较少、挖掘深度不够，缺少通用挖掘算法。因而需建设大数据平台，开展基于数据的挖掘和深度应用。

3.4.2.3　整体架构

1. 网络架构

如图 3-47 所示，系统网络架构主要分成资源高速同步网和源数据及用户接入网两部分。

（1）资源高速同步网。新建带宽不低于千兆的资源高速同步网，用于调控云内部各节点以及节点内、双站点间的广域高速互联，支撑调控云数据同步。根据总体架构设计，为了安全，生产控制大区与管理信息大区各自独立建设资源高速同步网（资源高速同步网实时子域和管理子域），完全物理隔离，大区之间部署隔离装置，生产控制大区到管理信息大区的数据单向摆渡。

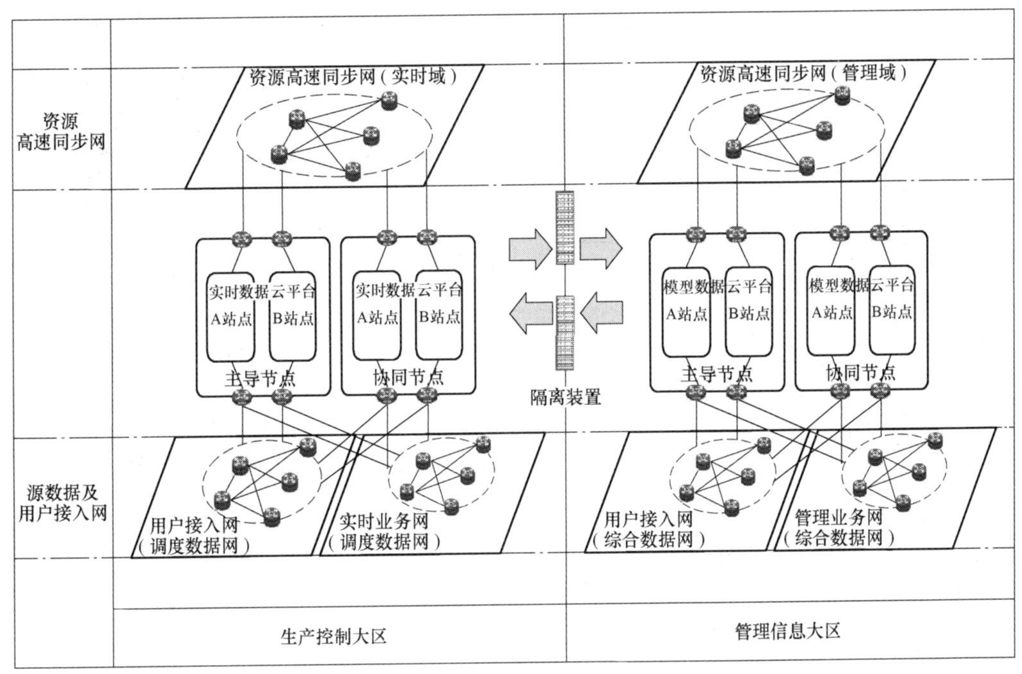

图 3-47　系统网络结构

（2）源数据及用户接入网。为源数据端（引入源数据端概念，本地业务系统为调控云提供数据）到调控云提供源数据网络通道。其中生产控制大区采用调度数据网现有网络，满足单位可划分独立 VPN。用户接入网为调控中心用户访问调控云提供网络通道，其中生产控制大区采用调度数据业务访问方面，保持现有生产控制大区的业务访问方式，通过 IP 地址方式访问调控云。

在管理信息大区采用综合数据网现有网络，并划分独立 VPN，满足信息安全防护规范要求。此外，在前期建设过程中，用户接入网与源数据端网按分区物理上合用一个网络。后期逐步实现用户接入网与源数据端网的分离，可以采用基于 VPN 的逻辑分离，或者直接物理分离。

2. 体系架构

由国分、省地两层，（1＋N）朵云构成，每朵云配置 A、B 两个读写分离、异地双活的云节点，如图 3-48 所示。

国分云为主导云（包含图 3-48 上这几个区域），负责管理公共信息（保证唯一性），侧重与国分省调主网业务相对应，部署 220kV 以上主网模型数据及其应用功能。

省地云（N）为协同云，侧重与省地县调省域业务相对应，部署 10kV 以上省网模型数据及其应用功能。

云节点 A、B 间采取数据高速同步，负载均衡的机制。

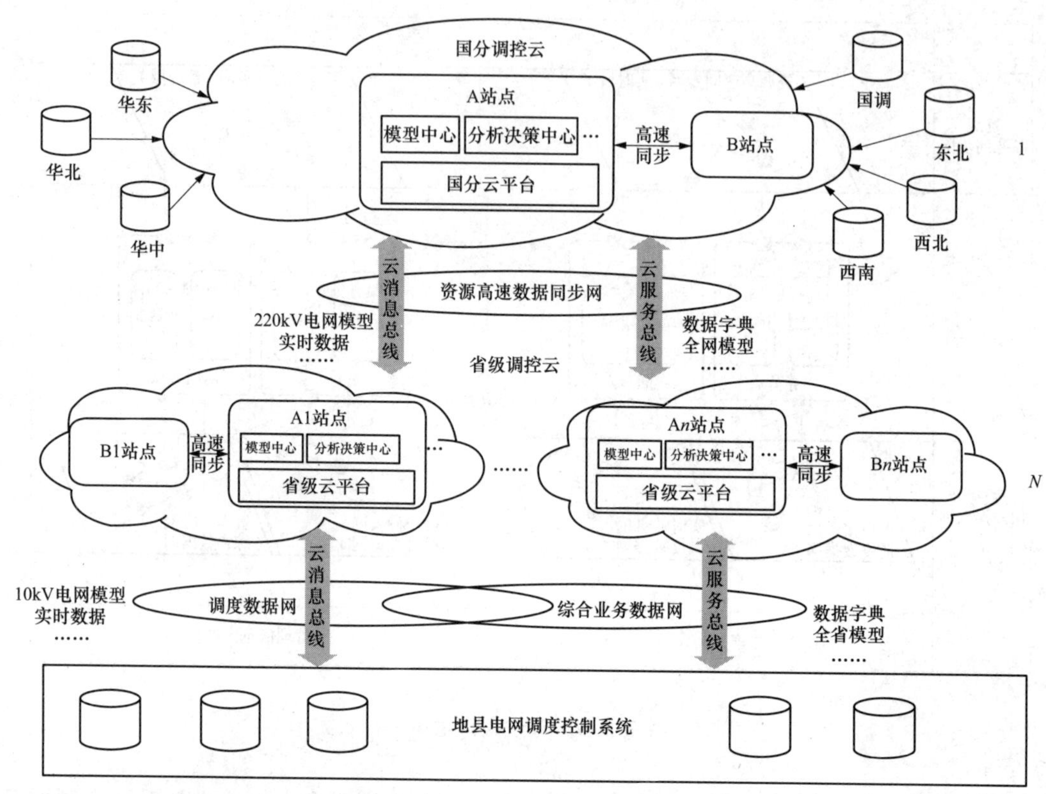

图 3-48　系统架构

云与云之间建设千兆资源高速同步网，实现云与云之间数据交互、业务共享。

3.4.2.4　调控云的组成

1. 调控云软件架构

调控云软件架构按照云计算典型分层设计自下而上进行层次划分，即分为 IaaS 层、PaaS 层和 SaaS 层，如图 3-49 所示，并配置云安全防护功能，实现组件开放、架构开放、生态开放。

（1）IaaS 层实现资源虚拟化，构建计算资源池、存储资源池和网络资源池。计算资源池主要通过对服务器虚拟化提供计算资源、存储资源池（包括服务器、集中式存储等）设备，通过存储虚拟化提升资源利用率。网络资源池主要包括路由器、交换机等设备，通过网络虚拟化提升网络流量的转发和控制能力。

（2）PaaS 层集成了调控云的核心组件，以国调发行的《电力调度通用数据对象结构化设计》为基础，包括公共组件、源数据端、模型数据云平台、运行数据云平台、实时数据云平台、大数据平台和横向数据同步等功能。

1）PaaS 的公共组件支持关系数据库、实时数据库、MPP 数据库、分布式文件系统、列式数据库等数据存储，供服务总线、消息总线等总线服务，配置纵向数据同步和横向数

据同步管理工具等。

2）模型数据云平台负责公共数据模型、电力一次设备模型、自动化设备模型、保护设备模型和电网模型、图形相关信息管理，提供源数据管理、字典数据管理、模型数据管理功能。

3）运行数据云平台由数据同步、数据存储、数据服务组成，实现运行数据的全生命周期管理。

4）实时数据云平台主要包括数据汇集存储、状态估计计算、运行环境管理及实时数据服务等模块，提供电网设备模型、节点支路模型、实时运行数据、状态估计数据，是支撑电网在线分析应用的重要基础。

5）大数据平台基于汇聚的海量数据，采用相关性分析、聚类分析、用户行为分析、机器学习等数据挖掘算法，探索发现隐藏在电网设备、运行和管理海量信息中的深层规律，为调度运行人员提供智能化的分析结果和调度辅助决策信息。

（3）SaaS 层实现调控云应用服务化，采用面向服务架构 SOA 实现应用的服务化部署，将应用功能都定义为独立的服务，并定义明确的接口。典型调控云应用包括数据查询与可视化、数据分析与展示类、电网分析类、大数据分析决策类、仿真培训类应用，应用可随需求而扩展。

2. 调控云安全

调控云安全通过建立安全防御系统，从“网络隔离、攻击防护、传输安全、应用安全和管理安全”等多个安全角度考虑，提供一个完整的安全架构，确保物理环境安全、虚拟化安全、网络安全、主机安全、应用安全和数据安全，如图 3-49 所示。

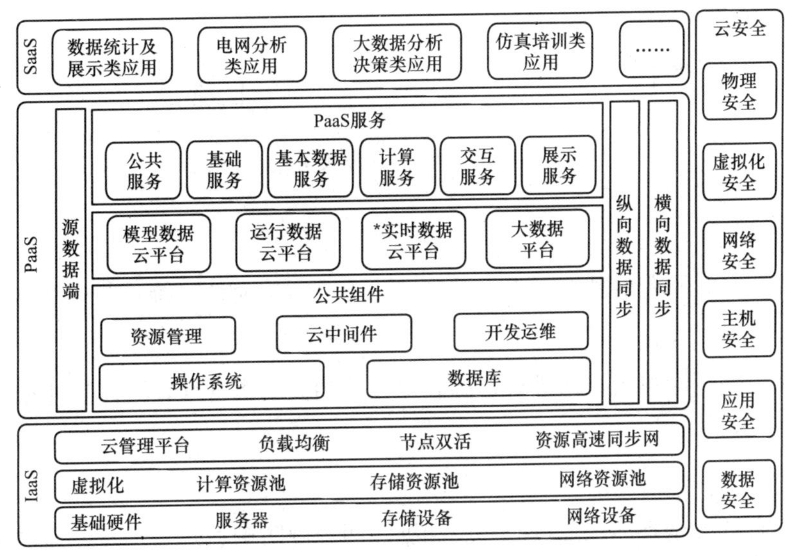

图 3-49　调控云软件架构

3.4.2.5　配电云支撑平台

配电云平台遵循 IEC 61968 的配电管理系统体系架构标准，基于组件化、服务化、动态化的设计思想，运用云计算的各种技术体系，按照微服务架构和分层结构风格进行设计。

1. 技术架构

平台的技术架构如图 3-50 所示，从数据、服务到系统，自下而上共分为八个层次，即数据来源层、数据接入层、数据存储层、基础服务层、计算服务层、应用服务层、应用系统层、用户交互层，同时系统各个组成部分横向接受统一的运行状态监控和分级的安全控制管理。

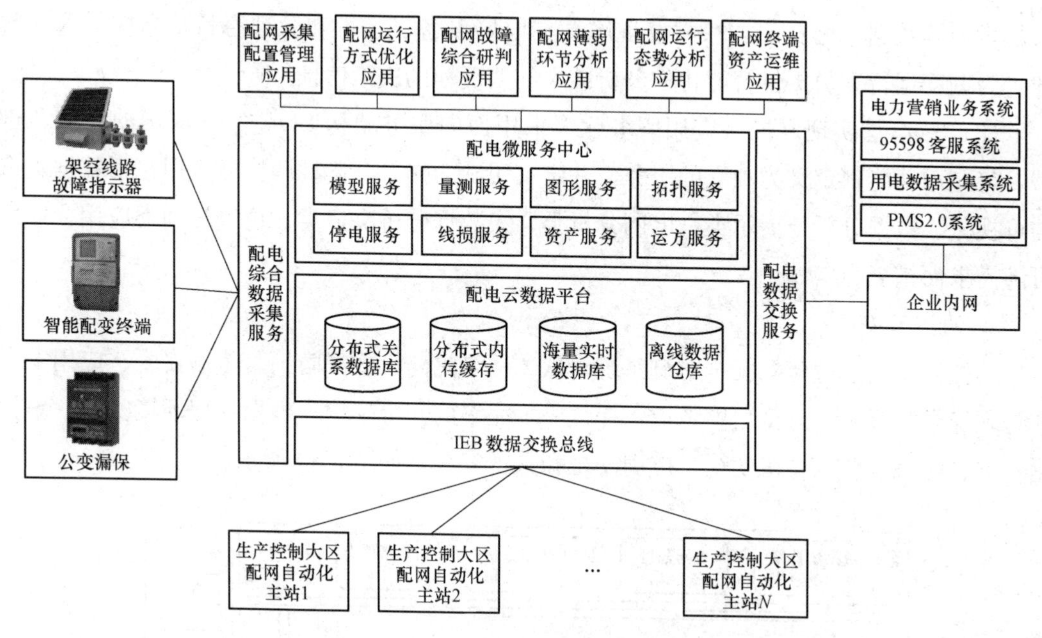

图 3-50　平台的技术架构图

2. 资源虚拟化

资源虚拟化是云平台的基石，为云平台的资源灵活扩充性、统一管理和计算/存储/网络的负载均衡提供了操作基础。

配电云平台使用阿里云技术进行资源虚拟化和相关资源管理，具体功能结构如图 3-51 所示。

3. 安全体系

配电云平台的安全整体保障按照分层和纵深两维度防御思想，基于安全域的划分进行多层面的综合防护，如图 3-52 所示。相对于传统管理，云安全体系功能更全面、管理更规范、故障恢复更快。

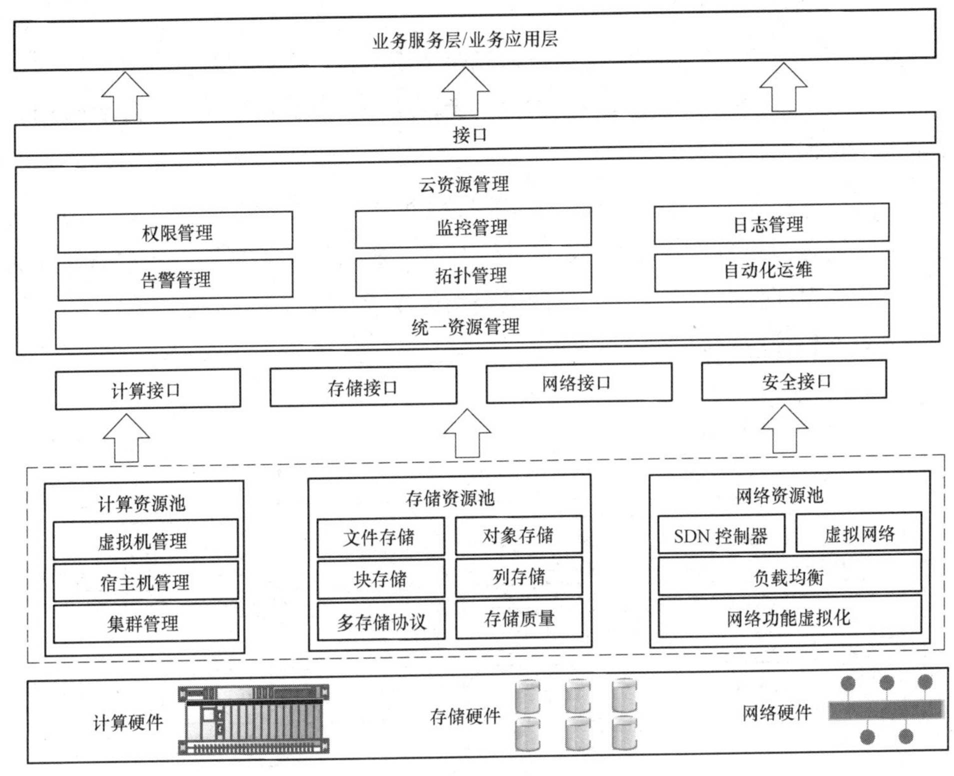

图 3-51　配电云平台功能结构图

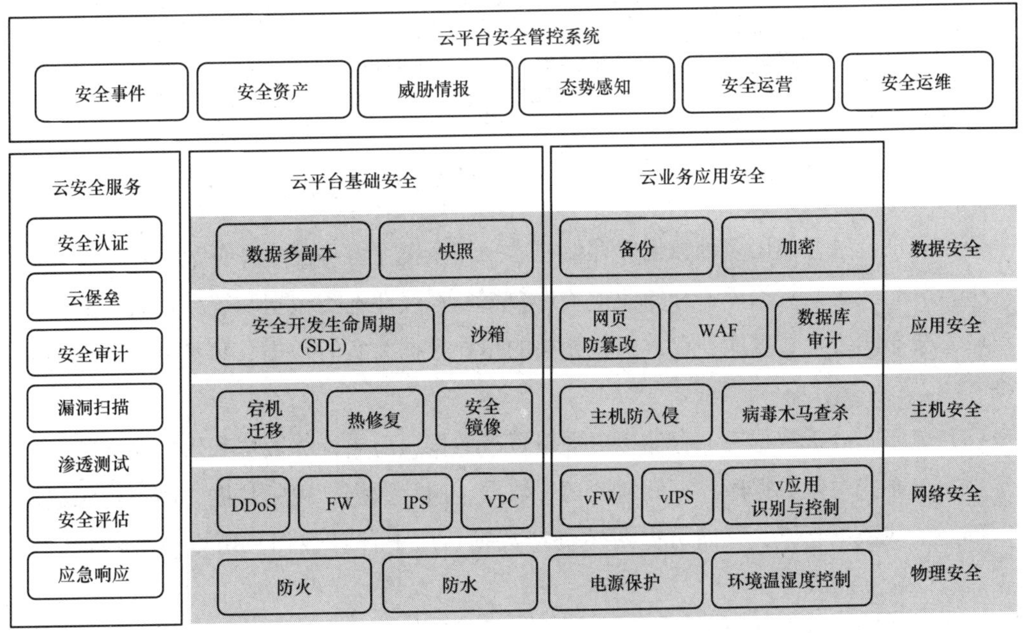

图 3-52　平台安全结构图

4. 海量数据平台

现行配电相关业务多，数据种类复杂，涵盖了模型数据、运行数据、日志数据、视频数据、图片数据、地理位置数据等，数据体量大，达到了PB(1PB=1024TB) 级别，是名副其实的海量数据。

配电云的数据处理要求能够处理PB级别的海量数据，而且处理速度要求具备秒级处理能力；能够处理如网络日志、视频、图片、地理位置信息等类型繁多的数据，提供多种展示方式；能够保证数据的真实性，杜绝数据伪造或者虚构。

其海量数据处理架构如图3-53所示。

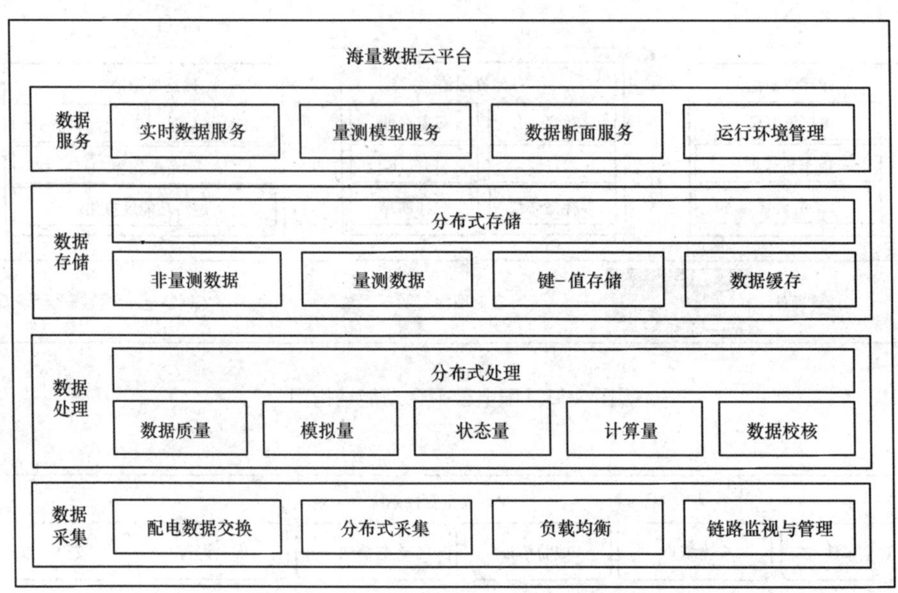

图3-53　平台海量数据处理架构图

数据云平台融合使用多种数据库存储技术来完全覆盖各种配电业务数据：

(1) 分布式关系数据库：存储图模资产数据、在线业务类数据和统计报表类数据。

(2) 分布式缓存数据库：存放图模相关的拓扑数据、实时数据、事件数据和仿真计算数据。

(3) 分布式分析数据库：存储历史图模资产数据、历史计算数据和历史业务数据。

(4) 分布式对象数据库：存储地图切片数据、照片数据、视频数据、静态资源数据。

(5) 离线数据仓库：存储历史图模资产数据、历史计算数据、历史业务数据和日志数据。

5. 模型管理平台

模型管理平台用来构建和管理配电网统一模型数据。统一模型是整个配电云平台的数据基础，模型基于国网SG-CIM3.0规范，建立涵盖变电、配电、低压、用户（营销

采集）等各专业领域的一体化配电网资源、资产、图形、拓扑模型和配电网量测量模型。

配电网统一模型中的所有电网模型遵循 SG-CIM3.0 规范和 IEC 61970 量测规范，提供元数据、字典管理功能。对全网设备按调度管辖统一编码，实现设备 ID 唯一。

模型管理平台如图 3-54 所示，在数据存储层基础上构建，提供字典管理、元数据管理、图模管理和模型数据管理功能，并提供基于 IEC 标准服务接口的基础数据服务。

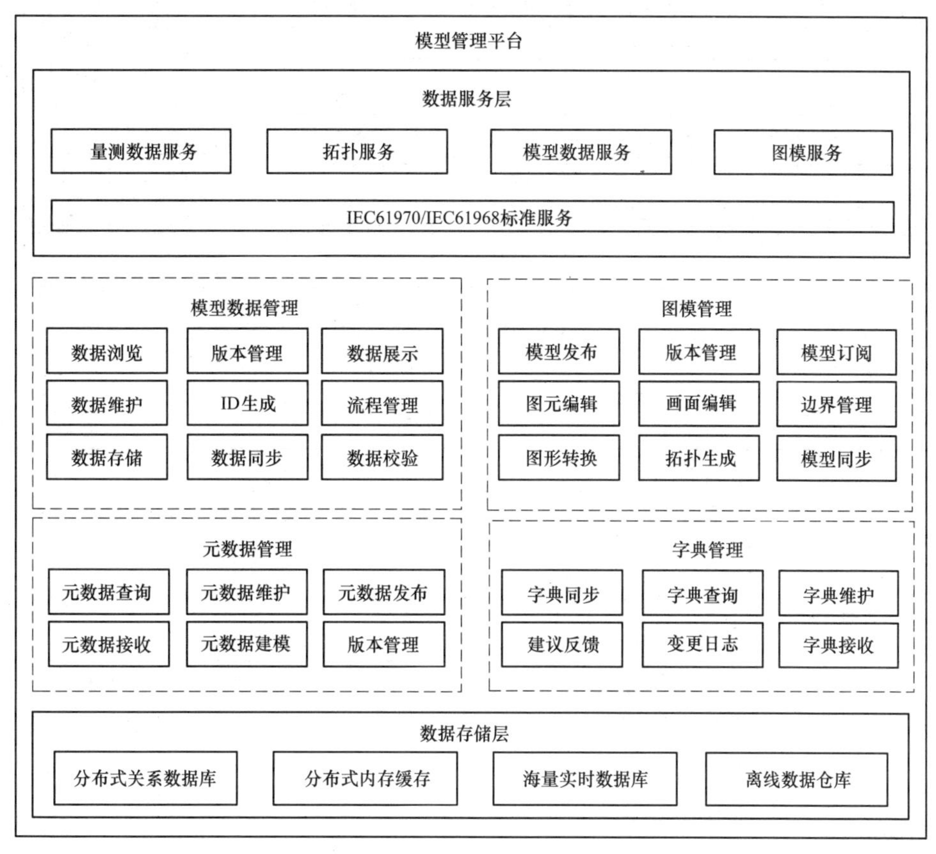

图 3-54　模型管理平台架构图

6. 微服务平台

现有系统的修改和发布代价非常大，因此在配电云服务平台使用微服务技术，是以数据为基础建立的能够快速开发和部署微服务的支撑平台。微服务平台包括基础公共服务、服务监督和管理、业务服务和服务接口，其架构如图 3-55 所示。

微服务中心提供配电模型访问服务、配电量测访问服务、拓扑计算服务和配电图形服务四大类服务。

云支撑平台功能如表 3-5 所示。

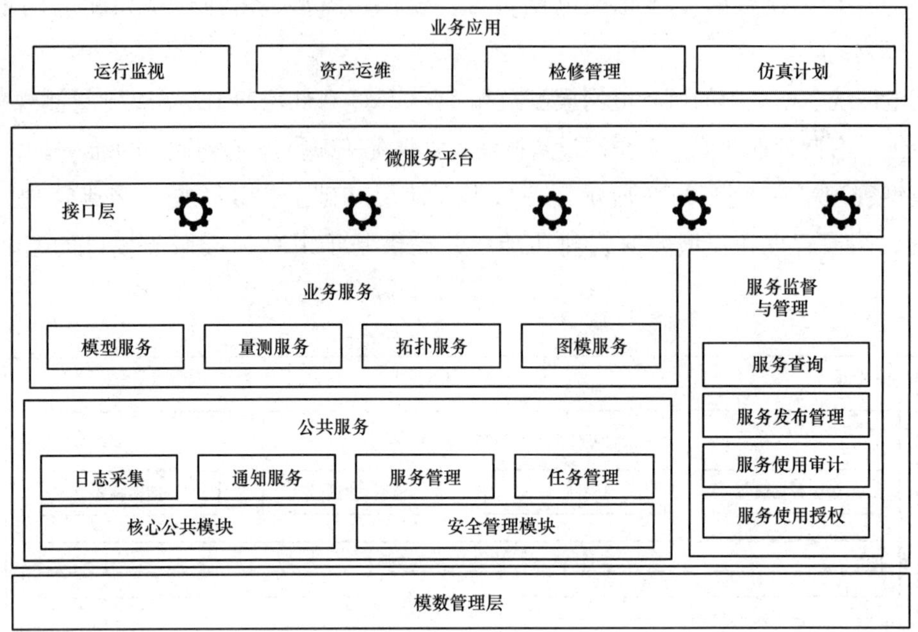

图 3-55　微服务平台架构图

表 3-5　云支撑平台功能

主站功能名称	功 能 简 介
数据存储中心	配电数据存储管理是支撑平台的核心，包括了数据存储、管理、维护、分析等功能。提供海量数据的存储、分析、处理能力，完全涵盖配电自动化业务数据类型
配电统一数据模型服务	基于国网 SG-CIM3.0 规范构建，形成涵盖变电、配电、低压、营销采集等各专业领域的一体化配电网资源、资产、图形、拓扑模型和配电网量测模型
配电微服务中心	配电微服务中心在浙电云服务平台上，使用微服务技术以数据为基础建立能够快速开发和部署微服务的支撑平台。本期微服务中心提供配电网模型访问服务、配电量测访问服务、拓扑计算服务和配电图形服务四大类服务
配电综合数据采集服务	配电综合数据采集服务包括海量数据存储和计算分析、实时数据库开发实现、数据采集和数据接入三部分
配电数据交互服务	配电数据交互服务是利用企业服务总线或信息交换总线与各配电相关业务系统进行数据交换，包括 PMS2.0 系统、电力营销业务系统、用电数据采集系统等
生产控制大区数据交互服务	生产控制大区数据交互服务是生产控制大区与信息管理大区数据打通后，在信息管理大区中通过 kafka 与云支撑平台进行数据交互，将生产控制大区中的设备运行数据和故障研判结果推送到支撑平台
配变运行监测微服务	基于云服务平台，通过 storm、spark 等大数据分析工具，实时分析配变运行监测并进行相关预警
配电网线路在线监测微服务	基于配电网线路在线监测实现各类检测数据及故障录波数据等大数据的云平台存储、并通过大数据分析技术对在线监测数据进行智能分析，进一步完善线路相间短路、接地等故障发现、定位、分析等功能

续表

主站功能名称	功　能　简　介
剩余电流动作保护器监测微服务	基于云服务平台，实现剩余电流监测保护器各类运行监测数据的云平台存储和算法优化，提高故障抢修速度，减轻工作复杂度，降低投诉风险
配电网故障综合研判微服务	实时获取配电自动化系统开关故障告警、95598 报修信息、公变停电告警、专变停电告警、线路故障指示器告警、智能总保报警等数据实现对现场故障信息的综合推演和判断，并将结果送主动抢修应用，进行可视化展示

3.4.3　泛在电力物联网

3.4.3.1　概述

泛在电力物联网是指综合应用“大云物移智”等信通新技术，与新一代电力系统相互渗透和深度融合，实时在线连接能源电力生产和消费各环节的人、机、物，全面承载并贯通电网生产运行、企业经营管理和对外客户服务等业务，支撑我国能源互联网高效、经济、安全运行的基础设施。

泛在电力物联网就是围绕电力系统各环节，充分应用移动互联、人工智能等现代信息技术、先进通信技术，实现电力系统各环节万物互联、人机交互，具有状态全面感知、信息高效处理、应用便捷灵活特征的智慧服务系统，包含感知层、网络层、平台层、应用层四层结构。通过广泛应用大数据、云计算、物联网、移动互联、人工智能、区块链、边缘计算等信息技术和智能技术，汇集各方面资源，为规划建设、生产运行、经营管理、综合服务、新业务新模式发展、企业生态环境构建等各方面，提供充足有效的信息和数据支撑。

承载电力流的坚强智能电网与承载数据流的泛在电力物联网，相辅相成、融合发展，形成强大的价值创造平台，共同构成能源流、业务流、数据流“三流合一”的能源互联网。

泛在电力物联网建设在现有基础上，从全息感知、泛在连接、开放共享、融合创新四个方面进行提升，支撑“三型两网、世界一流”战略目标。

（1）提高全息感知能力：实现能源汇集、传输、转换，利用各环节设备、客户的状态全感知、业务穿透。

（2）提高泛在连接能力：实现内部设备、用户和数据的即时连接，实现电网与上下游企业、客户的全时空泛在连接。

（3）提高开放共享能力：更好发挥带动作用，为全行业和更多市场主体发展创造更大机遇，实现价值共创。

（4）提高融合创新能力：推动“两网”深度融合与数据融通，提高管理创新、业务创新和业态创新能力。

3.4.3.2　技术架构

从技术视角看，泛在电力物联网包括感知层、网络层、平台层、应用层四个层次，如图 3-56 所示。通过应用层承载对内业务，对外业务的建设内容；通过感知层、网络层和平台层承载数据共享、基础支撑的建设内容；技术攻关和安全防护的建设内容贯穿各层次。

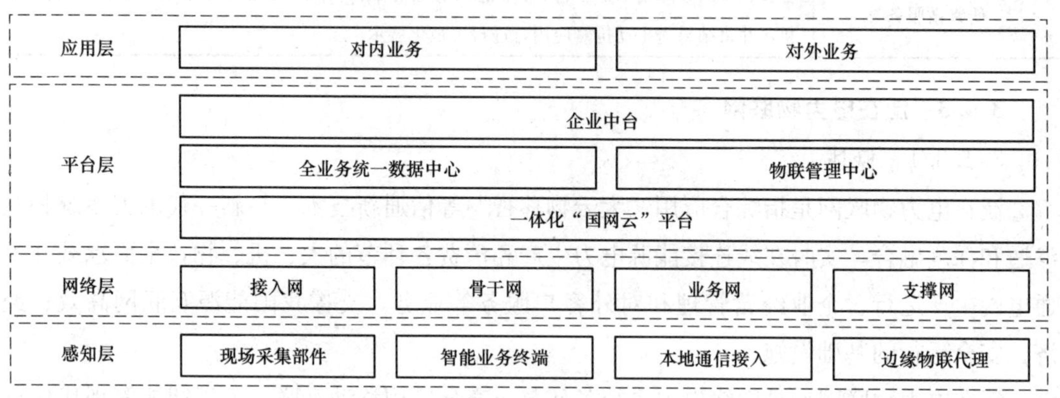

图 3-56　泛在电力物联网技术架构

（1）感知层：通过传感器技术实现对设备身份与状态参量的感知，重点是统一标准，推动跨专业间数据同源采集，实现配电侧、用电侧采集监控深度覆盖，提升终端智能化和边缘计算水平。

（2）网络层：通过电力专网、电力 APN 等内网实现数据交互。

（3）平台层：实现大规模终端统一物联管理和全业务统一数据中心，通过“国网云”平台，提升数据高效处理和云雾协同能力。

（4）应用层：通过业务系统、人工智能诊断系统，实现数据管理与分析，全面服务能源互联网生态，支撑各类应用快速构建。

3.4.3.3　泛在物联网在电力系统的应用

泛在电力物联网与新一代电力系统相互渗透，深度融合。人、机、物随时随地、实时在线的互联互通，既包括传统电网设备、信息系统和内部员工，也包括源网荷协调互动参与各方、电力上下游企业和各类外部服务对象等。提供信息通信基础平台和设施支撑，实现数据的一次采集多处应用，推动业务系统从垂直结构向水平化演进，引导电力业务系统向架构更优化、运行更高效、决策更智能、附加值更高的方向发展。进一步推动“大云物移智”的应用，新一代电力系统将在电网形态上产生变革。

泛在物联网与智能电网的关系如图 3-57 所示。

智能电网与物联网在本质内涵、技术特征及建设目标上具有高度的一致性，二者的深度融合将产生世界上规模最大、最智能、信息感知最全面的物联网。

物联网是智能电网的重要支撑技术。物联网技术可全方位提高智能电网各环节信息感

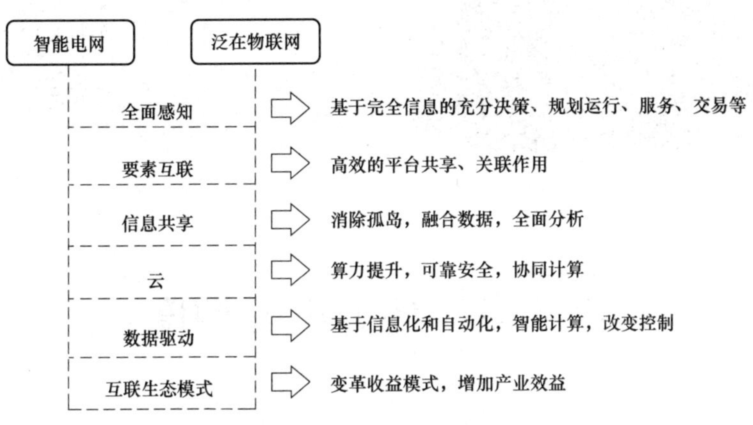

图 3-57 泛在物联网与智能电网关系

知深度和广度，有助于提升电网系统的分析、预警、自愈及灾害防范能力。智能电网是物联网的重要应用领域。现有的输变电状态监测、配电自动化、用电信息采集、统一视频监控等，都是不同形态物联网的应用，物联网技术在电网的应用领域及规模不断扩大。

基于泛在电力物联网构建与物理世界实时、完整映射的数字世界，形成双平面平行系统，实现电网全环节、全过程、全业务的数字化刻画与描述。数字平面驱动物理电网的高度智能，衍生电网的再生价值，打造高数字化、高智能化的能源互联网企业。

以大电网为核心，以能量流和信息流为纽带，以大数据和人工智能技术为支撑，打造能源互联网的全景安全防御与智能调控体系，实现能源互联网的全面运行状态感知、安全态势量化评估、广域智能协同控制、全域自然人机交互，实现能源供需的实时匹配和智能响应，提高安全经济运行、现代科技管理和多元价值服务的质量水平。

“三型两网”战略下的泛在物联网建设，与坚强智能电网发展紧密结合，构建能源互联网，通过互联网新技术的应用，实现全面感知、精准预测和智能决策，带来质量变革；实现体制创新、快速响应，带来效率变革；实现技术创新和模式分时新，带来动力变革。

第4章　地方电源调度

本书所述的地方电源是指县调调度管辖范围内电压等级为0.4～35kV，且总装机容量在6MW及以下的发电设备，其能量来源主要包括水能、风能和太阳能，以及生物质能、地热能和潮汐能等其他能源。本章将对各种地方电源的特点、接入准则及调控管理原则进行详细阐述。

4.1　地方电源概述

地方电源一般以较低的电压等级就近接入用户内部电网或公共配电网，与传统的大容量电源直接并入高电压等级电网不同。地方电源形式多种多样，包括同步发电机类型电源、异步发电机类型电源、变流器类型电源等，各种地方电源都有其运行特性和并网方式。

地方电源具备其特有的优势：

(1) 经济性：由于电源位于用户侧，靠近负荷中心，因此大大减少了输配电网络的建设成本和损耗；同时，电源规划和建设周期短，投资见效快，投资风险较小。

(2) 环保性：广泛利用清洁可再生能源，减少化石能源的消耗和有害气体的排放。

(3) 灵活性：多采用性能先进的中小型模块化设备，开停机快速，维修管理方便，调节灵活，且各电源相对独立，可满足削峰填谷、对重要用户供电等不同的需求。

(4) 安全性：发电形式多样，能够减少对单一能源的依赖程度，在一定程度上缓解能源危机的扩大；同时，电源位置分散，不易受意外灾害或突发事件的影响，具有抵御大规模停电的潜力。

地方电源在用以满足电力系统和用户特定需求的同时，其特殊的供电结构也会对电网的安全稳定运行带来一定影响。

4.1.1　水力发电

4.1.1.1　水力发电基本原理

水力发电过程其实是一个能量转换的过程。其基本原理为：通过在天然河流上修建水工建筑物，集中水头，然后利用引水道将高位的水引导至相对位置较低的水轮，将势能转

变为旋转机械能并带动与水轮机同轴的发电机发电，从而实现能量转换。水电站要完成将水的势能转化为电能的过程，除了需要形成集中水头、引导水流的水工建筑物外，还需要水轮机、发电机、变压器等在内的机电设备。其中，水轮机、发电机和变压器统称为水电站的三大主设备。

4.1.1.2　水力发电的特点

（1）水能可再生。水能来自河川天然径流，而河川天然径流主要是由自然界气、水循环形成，水的循环使水能可以再生循环使用。

（2）水能易调节。电能不能储存，生产和消费是同时完成的。水能则可存在水库里，根据电力系统的要求进行生产，水库相当于电力系统的能量储存仓库。

（3）机组工作灵活。水力发电机组设备简单，操作灵活可靠，增减负荷十分方便，可根据用户的需要迅速投入或停机，易于实现自动化，最适于承担电力系统的调峰、调频任务和担任事故备用、负荷调整等功能。水电站是电力系统动态负荷的主要承担者，可增加电力系统的可靠性，动态效益突出。

（4）水力发电生产成本低、效率高。水力发电不消耗燃料，不需要开采和运输燃料所投入的大量人力和设施，设备简单运行人员少，厂用电少，设备使用寿命长，运行维修费用低。水电站的电能生产成本低廉，只有火电站的 1/5～1/8，且水电站的能源利用率高，可达 85%以上，而火电站燃煤热能效率只有 40%左右。

（5）有利于改善生态环境。水力发电不污染环境，广大的水库水面面积调节了所在地区的小气候，调整了水流的时空分布，有利于改善周围地区的生态环境。

4.1.1.3　小水电的特点

小水电和大中型水电站一样，都是水力发电，但它不是小型化的大水电。小水电本身具有以下特点：

（1）分散性，即单站容量不大，但其资源到处存在。

（2）对生态环境负影响很小。

（3）简单性，即技术是成熟的，无须复杂昂贵的技术。

（4）当地化，即当地群众能够参与建设，并可尽量使用当地材料建设。

（5）标准化，即较易于实现设计标准化和机电设备标准化，以降低造价、缩短工期。

小水电的规划、设计、施工、设备制造和运行管理要适应这些特点，方能达到技术先进、运行可靠、投资经济和成本低廉。

小水电多存在于山区和丘陵地带，可就近接到 10kV 馈线，实现并网发电。然而山区负荷分散、负荷密度低，变电站偏少，使得 10kV 馈线供电距离往往长达 10～20km。而沿线并网的小水电根据雨量情况发电，发电时馈线沿线电压偏高；不发电时馈线末端电压偏低。因此，10kV 馈线电压水平随着小水电出力的变化呈现越上限或越下限两个极端，严重影响配电网的正常运行和沿线居民的正常用电需求。

4.1.1.4　小水电电网特点

小水电以分布式发电的形式在配电网大规模并网发电，改变了传统的配电网运行方式，从原来的无源网络变为有源网络、单向潮流变为双向潮流，尤其是沿线电压分布不均和电压大幅波动的情况日益凸显。小水电电网主要有以下几个特点：

（1）系统布局不合理。由于目前许多农村配电网为树形延伸拓扑结构，整体结构并不完善，用电负荷增加时，电网上的消耗增加，故障率也增高。有些地方小水电的建设和发展在配电网形成之后，小水电一般直接就近接到已有配电网内。随着小水电的建设，原有的配电网线路当作小水电的输电线路来使用，由于导线截面不大，线路的损耗加剧，直接影响到小水电的经济效益及电能质量。

（2）继电保护装置不配套。地方小水电系统因设备简单，继电保护装置也较简单，一般均不设专门的继保机构，整个系统的继电保护从型式选择、整定计算以及各级之间的相互配合等的设计、安装、调试工作无专人负责。如果配电网的继电保护整定是在小水电投入使用之前进行，则小水电投入后网络结构及潮流流向均会改变，而原有的继电保护装置整定值没有及时相应调整，容易造成保护装置的误动、拒动或者越级跳闸等，造成不应有的停电。

（3）小水电在不同售电协议下，不受电网的统一调度管理，其相对独立的运行特征表现为“无序并网”行为，对现有配电网的稳定运行造成极大冲击。其中，小水电无序并网的电压控制问题成为实际运行控制和管理中的难点。电网的电压过高或过低，容易引起潮流的不合理分布，导致整个电网的经济运行水平下降，还会影响用电设备的安全运行，很可能使设备损坏，电力质量下降，发电量降低等。在国家要求大力发展新能源的前提下，在小水电资源丰富地区，尤其需要对大量的小水电并网实现有序管理。

4.1.1.5　水力发电并网的影响

水力发电受季节性的影响较大，具有随机波动性以及不可控性，大量水电并网将对电网产生不利影响；水电接入电网后对系统造成的电压、网损等问题，对电网安全运行提出更高的要求。水电大量并网对电力系统的影响主要有：

（1）降低系统供电的可靠性。

（2）造成电力系统网络损耗增大，影响电网经济运行。

（3）系统发生扰动时，电压波动变大，影响系统电压的稳定性。

（4）对系统保护的影响。

4.1.2　风力发电

4.1.2.1　风力发电的结构与原理

风力发电是指利用流动的空气带动风机叶片旋转，再通过齿轮箱将叶片吸收的风能所转化的机械能进一步加强，以此来带动发电机发电。传统风力发电机组由叶片、偏航系统、齿轮箱、发电机、机舱和塔架等部分组成，其中叶片、齿轮箱和发电机是最基本的

部件。

叶片的主要功能是利用流动的空气带动自身转动，进而带动电机转动将机械能转变为电能，是风力发电过程中的第一步。齿轮箱的主要功能是将叶片吸收的风能所转化的机械能进一步加强，以适应风力发电机组发电所需的最低标准。风力发电机组中的发电机是将叶轮转动的机械动能转换为电能的部件。发电机是相对复杂的一个部件，若使用同步电机，则需要一个稳定的转速使电能频率和电网同步，但是由于技术上的困难，大部分的风力发电机组选择使用异步电机。而异步电机调节无功功率较为困难，不利于电网的运行，于是实现有效无功功率调节的双馈异步电机应运而生。而为了节省变速箱成本，又有使用无齿轮箱的直驱式电机，主要是永磁直驱式风机。

根据发电机类型的不同，风力发电机组主要分为双馈异步式和永磁直驱式两种。

4.1.2.2　风力发电的特点

1. 风力发电的优点

(1) 风能是最具商业潜力、最具活力的可再生能源之一，使用清洁，成本较低，取用不尽。

(2) 风力发电在为经济增长提供稳定电力供应的同时，可以有效缓解空气污染、水污染和全球变暖问题，大规模推广风电可以为节能减排做出积极贡献。

(3) 在各类新能源开发中，风力发电是技术相对成熟、并具有大规模开发和商业开发条件的发电方式，风力发电的成本也在持续下降。

2. 风力发电的缺点

(1) 风力发电在生态上的问题是可能干扰鸟类，如美国堪萨斯州的松鸡在风车出现之后已渐渐消失。目前的解决方案是离岸发电，离岸发电价格较高但效率也高。

(2) 有些地区风力发电的经济性不足。许多地区的风力有间歇性，更糟糕的情况是如台湾等地在电力需求较高的夏季及白日是风力较少的时段，必须等待压缩空气等储能技术发展才能大规模应用风力发电。

(3) 风力发电需要大量土地兴建风力发电场，才可以生产比较多的能源。进行风力发电时，风力发电机会发出庞大的噪声，所以要找一些空旷的地方来兴建。

总的来说，风力发电具备众多优势，但目前的风力发电技术还未成熟，存在发电效率低、占地面积大、噪声影响等问题。但不可否认的是，风力发电机组装机容量在全球范围内快速增长，风力发电是未来电力结构中不可或缺的一部分。

4.1.2.3　风力发电并网影响

由于风速变化是随机的，因此风电场出力也是随机的，这种特点使其容量可信度低，给电网有功、无功平衡调度带来困难。风力发电不可控和不确定的特点，使其无法满足并网稳定性、连续性和可协调性等要求，输出功率的不断变化也易对电网造成冲击。

在风电容量比较高的电网中，可能产生电能质量问题，如电压波动和闪变、频率偏差、谐波问题等。更重要的是需分析稳定性问题，即系统静态稳定、动态稳定、暂态稳定、电压稳定等。当然，相同装机容量的风电场在不同接入点对电网的影响是不同的，在短路容量大的接入点对系统影响小，反之则影响大。

分析风电并网对电网的影响，还需考虑风电场无功问题。风电场无功消耗包括异步发动机消耗、风机出口升压变压器消耗、风电场升压站主变压器消耗等，如有必要，可采用动态电压控制设备。

4.1.3 太阳能发电

4.1.3.1 太阳能发电原理

太阳能是一种辐射能，它必须借助能量转换器件才能变换为电能。这种把辐射能变换成电能的能量转换器件就是太阳能电池。太阳能电池是利用光电转换原理使太阳的辐射光通过半导体物质转变为电能的器件，这种光电转换过程通常叫作光生伏打效应，太阳能电池又称为光伏电池。

当太阳光照射到由P、N型两种不同导电类型的同质半导体材料构成的P-N结上时，在一定条件下，太阳能辐射被半导体材料吸收，形成内建静电场；如果从内建静电场的两侧引出电极并接上适当负载，就会形成电流，这就是太阳能电池的基本原理。单片太阳能电池就是一薄片半导体P-N结，标准光照条件下，额定输出电压为0.48V。为了获得较高的输出电压和较大容量，往往把多片太阳能电池连接在一起。目前太阳能电池的光电转换率一般在15%左右，个别发达国家的实验室太阳能电池光电转换率已经达到30%左右。

4.1.3.2 太阳能发电的特点

1. 太阳能发电的优点

太阳能发电被称为最理想的新能源，与常用的发电系统相比，太阳能光伏发电的优点主要体现在：

（1）无枯竭危险，安全可靠，无噪声，无污染排放外。

（2）不受资源分布地域的限制，可利用建筑屋面的优势。

（3）建设周期短，获取能源花费的时间短。

（4）无须消耗燃料和架设输电线路即可就地发电供电。

（5）能源质量高。

利用太阳能来发电也具有一些局限性，如设备成本高、太阳能利用率较低、不能广泛应用等。

2. 太阳能发电的缺点

（1）照射的能量分布密度小，即要占用巨大面积。

（2）获得的能源同四季、昼夜及阴晴等气象条件密切相关。

4.1.3.3　太阳能发电应用领域

（1）用户太阳能电源：①小型电源 10～100W 不等，用于边远无电地区如高原、海岛、牧区、边防哨所等军民生活用电，如照明、电视、收录机等；②3～5kW 家庭屋顶并网发电系统；③光伏水泵，解决无电地区的深水井饮用、灌溉。

（2）交通领域，如航标灯、交通/铁路信号灯、交通警示/标志灯、路灯、高空障碍灯、高速公路/铁路无线电话亭、无人值守道班供电等。

（3）通讯/通信领域，包括太阳能无人值守微波中继站、光缆维护站、广播通讯寻呼电源系统、农村载波电话光伏系统、小型通信机、士兵 GPS 供电等。

（4）石油、海洋、气象领域，如石油管道和水库闸阴极保护太阳能电源系统、石油钻井平台生活及应急电源、海洋检测设备、气象/水文观测设备等。

（5）家庭灯具电源，如庭院灯、路灯、手提灯、野营灯、登山灯、垂钓灯、黑光灯、割胶灯、节能灯等。

（6）光伏电站，如 10kW～50MW 独立光伏电站、风光（柴）互补电站、各种大型停车场充电站等。

4.1.3.4　太阳能光伏发电系统的构成

太阳能光伏发电系统由太阳能电池组、太阳能控制器、蓄电池（组）组成。如输出电源为交流 220V 或 110V，还需要配置逆变器。各部分的作用如下：

（1）太阳能电池板：太阳能发电系统中的核心部分，也是太阳能发电系统中价值最高的部分。其作用是将太阳的辐射能力转换为电能，或送往蓄电池中存储起来，或推动负载工作。

（2）太阳能控制器：其作用是控制整个系统的工作状态，并对蓄电池起到过充电保护、过放电保护。在温差较大的地方，合格的控制器还应具备温度补偿功能。其他附加功能如光控开关、时控开关都应当是控制器的可选项。

（3）蓄电池：一般为铅酸电池，小微型系统中也可用镍氢电池、镍镉电池或锂电池。其作用是在有光照时将太阳能电池板所发出的电能储存起来，到需要的时候再释放出来。

（4）逆变器：太阳能的直接输出一般都是 12、24、48VDC，为能向 220VAC 的电器提供电能，需要将太阳能发电系统所发出的直流电能转换成交流电能，因此需要使用 DC-AC 逆变器。

4.1.3.5　太阳能发电对电网的影响

光伏发电受天气影响较大，发电功率随着光照的不同有巨大的起伏：在晴朗的天气，光伏发电峰值在中午 11～15 点会达到最高值；而在阴雨多云天气以及夜晚降到低谷。

电网的效益决定了光伏发电并入电网的有效性。由于光伏发电具有很大的随机性，光伏发电系统也不具备电力调峰和调频的功能，因此当用户负荷处于高峰期的时候，光伏发电的发电效率可能正处于低谷期，这就需要光伏发电系统增加更多的备用机组来保证用电高峰期间电力的正常供应。增加的发电设备和配套设施会使发电的成本大量的增加。此外，一般电网都需要负荷预测来进行发电控制，一个良好的规划能极大地提高电网的效益。但是光伏发电系统的特性会给负荷预测带来较大的困难。

不仅仅是光伏发电系统，很多种新能源都具有这样的问题。解决这种问题的方法是通过常规的机组与新能源机组的有效搧配，并且对机组选址进行优化，同时加强对电力的存储能力。

4.1.4 生物质能发电

4.1.4.1 生物质能发电的原理

生物质能发电是利用生物质所具有的生物质能进行的发电，它直接或间接地来源于绿色植物的光合作用。生物质能作为太阳能的一种表现形式，是取之不尽、用之不竭的。生物质能发电主要利用农业、林业和工业废弃物、甚至城市垃圾为原料，采取直接燃烧或气化等方式发电，包括农林废弃物直接燃烧发电、农林废弃物气化发电、垃圾焚烧发电、垃圾填埋气发电、沼气发电。近年来，国内外能源和电力供求日趋紧张，作为可再生能源的生物质能越来越凸显出其必要性。生物质能作为一种洁净又可再生的能源，是唯一可替代化石能源转化成气态、液态和固态燃料以及其他化工原料或者产品的碳资源。

4.1.4.2 生物质能发电特点

由于生物资源分散、不易收集、能源密度较低等自然特性，生物质能发电有以下特点：

(1) 生物质能发电的核心是生物质能的转化技术，且转化设备必须安全可靠、维修保养方便。

(2) 利用当地生物资源发电的原料必须具有足够的储存量，以保证持续供应。

(3) 所有发电设备的装机容量一般较小，且多为独立运行方式。

(4) 利用当地生物质能资源就地发电、就地利用，不需外运燃料和远距离输电，适用于居住分散、人口稀少、用电负荷较小的农牧区及山区。

(5) 生物质发电所用能源为可再生能源，污染小、清洁卫生，有利于环境保护。

4.1.4.3 生物质能利用形式

目前生物质能发电的主要形式有直接燃烧发电技术、甲醇发电技术、生物质气化发电技术、沼气发电技术和生物质燃气发电技术等，其中生物质气化发电和沼气发电技术是主流生物质能利用形式。

1. 生物质气化发电

生物质气化方式有生物化学法和热化学法两种。

生物化学法主要指利用细菌将原料（有机废物）分解为淀粉和纤维素等，然后将它们直接转化为脂肪酸（乙酸等），紧接着通过甲烷化细菌的厌氧消化法得到沼气等可燃气体。

热化学法就是将温度加热到 600℃以上，在缺氧的条件下对有机质进行干馏，使固体

全部转化为气体燃料。将这些可燃气体供给内燃机或燃气轮机，带动发电装置对外提供动力，即为生物质气化发电。

2. 沼气发电技术

沼气发电是随着沼气综合利用不断发展而出现的一项沼气利用技术，它利用厌氧发酵技术。沼气来自畜禽粪污或是含有机物的工业废水，经过厌氧发酵产生以 CH_4 和 CO_2 为主体的混合气体。CH_4 含量的多少决定沼气热值的高低，影响沼气的发电效率。其发电过程就是将有机废水以及畜禽粪便进行发酵，生产沼气，再供给内燃机或燃气轮机带动发电机发电。

沼气属于生物质能，是一种可回收利用的清洁能源。它具有较高的热值，抗爆性能较好，燃烧清洁，可利用来进行取暖、炊事、照明、发电等。

4.1.4.4　生物质能发电发展前景

目前生物质能发电在我国尚且处于项目示范阶段，从发电工程的规划、建设、验收和并网等过程都没有制定明确的管理标准，不利于生物质能发电技术的推广和发展。由于单位造价和燃料成本要高于传统火电厂，目前来看上网电价无法支撑生物质能发电企业的正常运转发展。

虽然当前环境下，生物质能发电技术无法得到很好的推广利用，但是预计不远的未来政策上良好的宏观环境将会逐渐形成，技术上生物质能利用水平也将不断提高。中国生物质能产业发展的重点将会是沼气及沼气发电、液体燃料、生物质固体成型燃料以及生物质发电并举前进；将有更多的大型企业参与；生物质能产业必将成为中国国民经济新的增长点。

4.2　地方电源接入电网的技术原则

4.2.1　地方电源接入电网基本要求

（1）并网点的确定原则为电源并入电网后能有效输送电力并能确保电网的安全稳定运行。

（2）当公共连接点处并入一个以上的电源时，应总体考虑它们的影响。

（3）地方电源接入系统方案应明确用户进线开关、并网点位置，并对接入地方电源的配电线路载流量、变压器容量、开关短路电流遮断能力进行校核。

（4）地方电源可以专线或 T 接方式接入系统。

（5）地方电源并网电压等级可根据各并网点装机容量进行初步选择，推荐如下：8kW 及以下可接入 220V；8～400kW 可接入 380V；400～6000kW 可接入 10kV；5000～30 000kW以上可接入 35kV。最终并网电压等级应根据电网条件，通过技术经济比选论证确定。若高低两级电压均具备接入条件，优先采用低电压等级接入。

4.2.1.1　地方电源接入系统相关定义

（1）地方电源的并网点：对于有升压站的地方电源，并网点为地方电源升压站高压侧母线或节点；对于无升压站的地方电源，并网点为地方电源的输出汇总点。如图 4-1 所示，A1、B1、C1 点分别为地方电源 A、B、C 的并网点。

（2）地方电源的接入点：指电源接入电网的连接处，该电网既可能是公共电网，也可能是用户电网。如图 4-1 所示，A2、B2 、C2 点分别为地方电源 A、B、C 的接入点。

（3）地方电源的公共连接点：指用户系统（发电或用电）接入公用电网的连接处。如图 4-1 所示，C2、D 点均为公共连接点，A2、B2 点不是公共连接点。

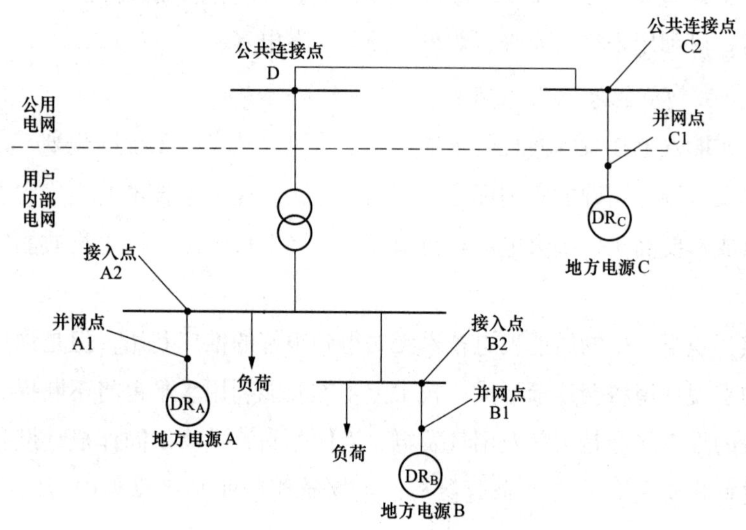

图 4-1　地方电源接入系统相关定义

4.2.1.2　地方电源接入电网的接线方式

（1）专线接入：指地方电源接入点处设置地方电源专用的开关设备（间隔），如地方电源直接接入变电站、开闭站、配电室母线，或环网柜等方式。

（2）T 接：指地方电源接入点处未设置专用的开关设备（间隔），如地方电源直接接入架空或电缆线路方式。

4.2.2　电能质量要求

4.2.2.1　一般性要求

地方电源发出电能的质量，应考虑其电压和频率有效值的变化、闪变、谐波、三相电压不平衡、暂态和瞬态过电压等参数变化幅度满足相应的国家标准。

通过 10(6)～35kV 电压等级并网的变流器类型地方电源应在公共连接点装设满足 GB/T 19862《电能质量监测设备通用要求》规定的 A 级电能质量在线监测装置；电能质量监测历史数据应至少保存一年。

4.2.2.2　谐波

地方电源接入配电网时，其注入公共连接点的谐波电流参数应满足 GB/T 14549《电能质量　公共电网谐波》的规定，即不大于表 4-1 中的规定值。表 4-1 中的允许值是此待接入电源的协议容量与公共接入点上所有电源容量之比。

表 4-1　　注入公共连接点的谐波电流允许值

标准电压 (kV)	基准短路容量 (MVA)	谐波次数及谐波电流允许值（A）											
		2	3	4	5	6	7	8	9	10	11	12	13
0.38	10	78	62	39	62	26	44	19	21	16	28	13	24
6	100	43	34	21	34	14	21	11	11	8.5	16	7.1	13
10	100	26	20	13	20	8.5	15	6.4	6.8	5.1	9.3	4.3	7.9
35	250	15	12	7.7	12	5.1	8.8	3.8	4.1	3.1	5.6	2.6	4.7
—	—	14	15	16	17	18	19	20	21	22	23	24	25
0.38	10	11	12	9.7	18	8.6	16	7.8	8.9	7.1	14	6.5	12
6	100	6.1	6.8	5.3	10	4.7	9	4.3	4.9	3.9	7.4	3.6	6.8
10	100	3.7	4.1	3.2	6	2.8	5.4	2.6	2.9	2.3	4.5	2.1	4.1
35	250	2.2	2.5	1.9	3.6	1.7	3.2	1.5	1.8	1.4	2.7	1.3	2.5
标准电压 20kV 的谐波电流允许值参照 10kV 标准执行													

地方电源接入后，所接入公共连接点各次间谐波电压含有率应满足 GB/T 24337《电能质量　公用电网间谐波》的要求，如表 4-2 所示。

表 4-2　　间谐波含有率限值表（%）

电压等级	频率（Hz）	
	<100	100～800
1000V 及以上	0.2	0.5
1000V 以下	0.16	0.4

接于公共接入点的单个地方电源引起的各次间谐波电压含有率须满足表 4-3 要求。此限值可根据接入点的实地情况做适当变动，但必须满足间谐波含有率限值的要求。

表 4-3　　单一地方电源间谐波电压限值表（%）

电压等级	频率（Hz）	
	<100	100～800
1000V 及以上	0.16	0.4
1000V 以下	0.13	0.32

4.2.2.3　电压偏差

地方电源并网后，所接入公共连接点的电压偏差应满足 GB/T 12325《电能质量　供电电压偏差》的规定，即：

（1）35kV 及以上地方电源电压正、负偏差绝对值之和不超过标称电压的 10%（如供电电压上下偏差同号时，按较大的偏差绝对值作为衡量依据）。

（2）20kV 及以下三相供电电压偏差为标称电压的±7%。

（3）220V 单相供电电压偏差为标称电压的+7%，−10%。

（4）对公共接入点短路容量较小，供电距离较长，以及对供电电压偏差有特殊要求的地方电源，由供用电双方协商决定。

4.2.2.4　电压波动和闪变

地方电源并网后，所接入公共连接点处的电压波动和闪变应满足 GB/T 12326《电能质量　电压波动和闪变》的规定。

地方电源单独引起公共连接点处的电压波动限值 d 与电压变动频度 r 和电压等级有关，见表 4-4。

表 4-4　　电压波动限值

r/(次/h)	d(%)	
	35kV 及以下	35kV 以上
$r\leqslant1$	4	3
$1<r\leqslant10$	3	2.5
$10<r\leqslant100$	2	1.5
$100<r\leqslant1000$	1.25	1

电力系统公共连接点由地方电源接入所引起的短时间闪变值和长时间闪变值应满足表 4-5 的规定。

表 4-5　　各级电压下的闪变限值

系统电压等级	1000V 以下	1000V～35kV	35kV 以上
短时闪变值	1.0	0.9(1.0)	0.8
长时闪变值	0.8	0.7(0.8)	0.6

地方电源在公共连接点单独引起的电压波动必须满足表 4-4 所列限值，电压闪变必须满足表 4-5 所列限值，同时应根据电源安装容量占供电容量的比例及系统电压等级，按照 GB/T 12326 的规定分别按三级做不同的处理。

4.2.2.5　电压不平衡度

地方电源并网后，所接入公共连接点的三相电压不平衡度不应超过 GB/T 15543《电能质量　三相电压不平衡》规定的限值，公共连接点的三相电压不平衡度不应超过 2%，短时不超过 4%；低压系统零序电压限值暂不规定，但各相电压必须满足 GB/T 12325 的要求。其中由各地方电源引起的公共连接点三相电压不平衡度不应超过 1.3%，短时不超过 2.6%。

由接于公共连接点的各地方电源引起的该点负序电压不平衡度，允许值一般为 1.3%，短时不超过 2.6%。根据连接点的负荷状况以及邻近发电机、继电保护和自动装置安全运行要求，该允许值可作适当变动，但必须满足 GB/T 15543 所述要求。

4.2.2.6　直流分量

变流器类型地方电源接入后，向公共连接点注入的直流电流分量不应超过其交流额定值的 0.5%。

4.2.2.7　电磁兼容

地方电源设备产生的电磁干扰不应超过 GB/T 17626《电磁兼容试验和测量技术》的要求。同时，地方电源应具有适当的抗电磁干扰能力，应保证信号传输不受电磁干扰影响，执行部件不发生误动作。

4.2.3　地方电源启停要求

4.2.3.1　一般性要求

通过 380V 电压等级并网的地方电源的启停方式应与电网企业协商确定；通过 10(6)～35kV 电压等级并网的地方电源启停应执行电网调度机构的指令。

4.2.3.2　投入要求

(1) 地方电源投入时需要考虑所接入配电网的频率、电压偏差和负载情况等，当配电网处于非正常运行状态，不具备地方电源接入条件时，地方电源不应投入。

(2) 同步发电机类型地方电源应配置自动同期装置，投入时地方电源与配电网的电压、频率和相位偏差应在规定范围内。

(3) 地方电源投入时不应引起配电网电能质量的大幅度波动。

4.2.3.3　切除要求

除发生故障或接收到来自于电网调度机构的指令以外，地方电源同时切除引起的功率变化率不应超过电网调度机构规定的限值。

4.2.3.4　恢复并网

系统发生事故并脱离电网时，在电网电压和频率恢复到正常运行范围之前地方电源不允许并网。在电网电压和频率恢复正常后，通过 380V 电压等级并网的地方电源需要经过一定延时时间后才能重新并网，并网延时由电网调度机构给定；通过 10(6)～35kV 电压等级并网的地方电源恢复并网应经过电网调度机构的允许。

4.2.4　功率控制和电压调节

4.2.4.1　有功功率控制

通过 10(6)～35kV 电压等级并网的地方电源（除 10(6)kV 电压等级并网的分布式光

伏发电、风电、海洋能发电项目外）应具有有功功率调节能力，输出功率偏差及功率变化率不应超过电网调度机构的给定值，并能根据电网频率值、电网调度机构指令等信号调节电源的有功功率输出。

4.2.4.2　电压/无功调节

（1）地方电源参与配电网电压调节的方式包括调节电源的无功功率、调节无功补偿设备投入量以及调整电源变压器的变比。

（2）通过380V电压等级并网的地方电源，在并网点处功率因数应满足0.95（超前）～0.95（滞后）范围内可调。

（3）通过10(6)～35kV电压等级并网的地方电源，在并网点处功率因数和电压调节能力应满足以下要求：

1）同步发电机类型地方电源应具备保证并网点处功率因数在0.95（超前）～0.95（滞后）范围内连续可调的能力，并可参与并网点的电压调节。

2）异步发电机类型地方电源应具备保证并网点处功率因数在0.98（超前）～0.98（滞后）范围内自动调节的能力，有特殊要求时，可做适当调整以稳定电压水平。

3）变流器类型地方电源应具备保证并网点处功率因数在0.98（超前）～0.98（滞后）范围内连续可调的能力，有特殊要求时，可做适当调整以稳定电压水平。在其无功输出范围内，应具备根据并网点电压水平调节无功输出，参与电网电压调节的能力。其调节方式和参考电压、电压调差率等参数应可由电网调度机构设定。

备注：

1）风电场地方电源应具备保证并网点处功率因数在0.95（超前）～0.95（滞后）范围内连续可调的能力，并可参与并网点的电压调节。

2）光伏地方电源应具备保证并网点处功率因数在0.98（超前）～0.98（滞后）范围内连续可调的能力，并可参与并网点的电压调节。

4.2.5　运行适应性

4.2.5.1　一般要求

（1）地方电源并网点电压在85%～110%标称电压之间时，应能正常运行。

（2）当地方电源并网点频率在49.5～50.2Hz范围之内时，地方电源应能正常运行。

（3）当地方电源并网点的电压波动和闪变值满足GB/T 12326、谐波值满足GB/T 14549、间谐波值满足GB/T 24337、三相电压不平衡度满足GB/T 15543的要求时，地方电源应能正常运行。

4.2.5.2　低电压穿越

通过10(6)kV电压等级直接接入公共电网，以及通过35kV电压等级并网的地方电源，应具备以下低电压穿越能力。

（1）风电场的低电压穿越要求（见图4-2）：

1）风电场并网点电压跌至 20%标称电压时，风电场风电机组应具备不脱网连续运行 0.625s 的能力。

2）风电场并网点电压在发生跌落后 2s 内能够恢复到标称电压的 90%时，风电场风电机组应备不脱网连续运行。

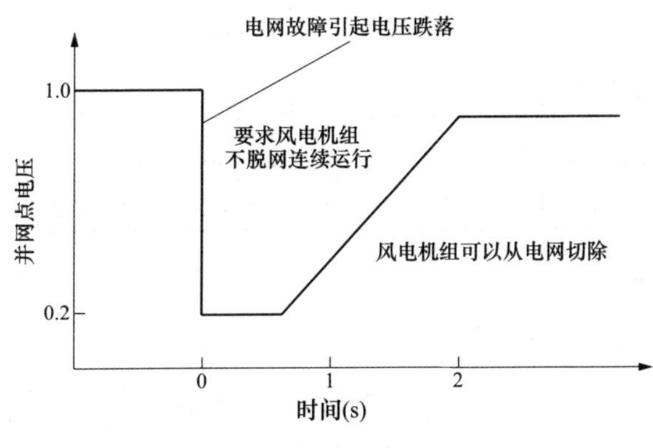

图 4-2　风电场的低电压穿越要求

（2）光伏发电站的低电压穿越要求：

1）光伏发电站并网点电压跌至 0 时，光伏发电站应具备不脱网连续运行 0.15s 的能力。

2）光伏发电站并网点电压跌至曲线 1 以下时（见图 4-3），光伏发电站可以从电网切出。

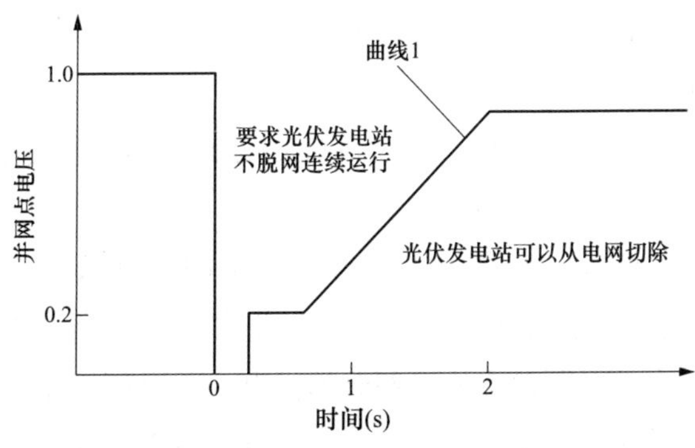

图 4-3　光伏发电站的低电压穿越要求

4.2.5.3　频率适应性

通过 10(6)kV 电压等级直接接入公共电网，以及通过 35kV 电压等级并网的地方电源应具备一定的耐受系统频率异常的能力，应能够在表 4-6 所示电网频率范围内按规定运行。

表 4-6　　地方电源的频率响应时间要求

频率范围（Hz）	要　求
f<48	变流器类型地方电源根据变流器允许运行的最低频率或电网调度机构要求而定；同步发电机类型、异步发电机类型地方电源每次运行时间一般不少于 60s，有特殊要求时，可在满足电网安全稳定运行的前提下做适当调整
48≤f≤49.5	每次低于 49.5Hz 时要求至少能够运行 10min
49.5≤f≤50.2	连续运行
50.2≤f≤50.5	频率高于 50Hz 时，地方电源应具备降低有功输出的能力，实际运行可由电网调度机构决定；此时不允许处于停运状态的地方电源并入电网
f>50.5	立即终止向电网线路送电，且不允许处于停运状态的地方电源并网

4.2.6　安全性要求

4.2.6.1　一般性要求

地方电源应具备相应继电保护功能，以保证配电网和发电设备的安全运行，确保维修人员和公众人身安全。其保护装置的配置和选型应满足所辖电网的技术规范和反事故措施要求。

（1）接有地方电源的 10kV 配电台区，不应与其他台区建立低压联络（配电室、箱式变低压母线间联络除外）。

（2）地方电源的接地方式应与配电网侧的接地方式相协调，并应满足人身设备安全和保护配合的要求。

（3）通过 10(6)～35kV 电压等级并网的地方电源，应在并网点安装易操作、可闭锁、具有明显开断点、带接地功能、可开断故障电流的开断设备。

（4）通过 380V 电压等级并网的变流器类型地方电源，应在并网点安装易操作、具有明显开断指示、具备开断故障电流能力的开关，开关应具备失压跳闸及检有压合闸功能。

4.2.6.2　防雷与接地

地方电源的防雷和接地应符合 GB 14050《系统接地的型式及安全技术要求》和 DL/T 621《交流电气装置的接地》的相关要求。

（1）系统接地的基本要求。为保证自动切断供电措施的可靠和有效，要求做到：

1）当电气装置中发生了带电部分与外露可导电部分（或保护导体）之间的故障时，所配置的保护电器应能自动切断发生故障部分的供电，并保证不出现这样的情况：一个超过交流 50V（有效值）的预期接触电压会持续存在到足以对人体产生危险的生理效应（在人体一旦触及它时），(在与系统接地型式有关的某些情况下不论接触电压大小，切断时间允许放宽到不超过 5s)。

2）电气装置中的外露可导电部分，都应通过保护导体或保护中性导体与接地极相连，以保证故障回路的形成。

（2）系统防雷的基本要求。根据 GB 50057《建筑物防雷设计规范》，各类防雷建筑物应采取防直击雷、防雷电感应和防雷电波侵入的措施；装有防雷装置的建筑物，在防雷装

置与其他设施和建筑物内人员无法隔离的情况下，应采取等电位连接。

4.2.6.3 安全标识

（1）对于通过380V电压等级并网的地方电源，连接电源和电网的专用低压开关柜应有醒目标识。标识应标明“警告”“双电源”等提示性文字和符号。标识的形状、颜色、尺寸和高度参照GB/T 2894《安全标志及其使用导则》执行。

（2）10(6)～35kV电压等级并网的地方电源应根据GB/T 2894规定，在电气设备和线路附近标识“当心触电”等提示性文字和符号。

4.2.7 继电保护与安全自动装置

4.2.7.1 一般性要求

地方电源的保护应符合可靠性、选择性、灵敏性和速动性的要求，其技术条件应满足GB 14285《继电保护和安全自动装置技术规程》的要求。

地方电源的保护装置主要包括主保护、后备保护和辅助保护。

（1）主保护是满足系统稳定和设备安全要求，能以最快速度有选择地切除被保护设备和线路故障的保护。

（2）后备保护是主保护或断路器拒动时用以切除故障的保护。后备保护可分为远后备和近后备两种方式。远后备是当主保护或断路器拒动时，由相邻电力设备或线路的保护实现后备；近后备是当主保护拒动时，由该电力设备或线路的另一套保护实现后备的保护，当断路器拒动时，由断路器失灵保护来实现后备保护。

（3）辅助保护是为补充主保护和后备保护的性能或当主保护和后备保护退出运行而增设的简单保护。

4.2.7.2 电压和频率保护

（1）通过10(6)kV电压等级直接接入公共电网，以及通过35kV电压等级并网的地方电源，其电压保护配置应满足低电压穿越能力要求。

（2）通过380V电压等级并网，以及通过10(6)kV电压等级接入用户侧的地方电源，当并网点处电压超出表4-7规定的电压范围时，应在相应的时间内停止向电网线路送电。此要求适用于多相系统中的任何一相。

表4-7　电压保护动作时间要求

并网点电压	要　求
$U<50\%U_N$	最大分闸时间不超过0.2s
$50\%U_N \leqslant U<85\%U_N$	最大分闸时间不超过2.0s
$85\%U_N \leqslant U \leqslant 110\%U_N$	连续运行
$110\%U_N<U<135\%U_N$	最大分闸时间不超过2.0s
$135\%U_N \leqslant U$	最大分闸时间不超过0.2s

注 1. U_N为地方电源并网点的电网额定电压。

2. 最大分闸时间是指异常状态发生到电源停止向电网送电时间。

（3）通过380V电压等级并网，以及通过10(6)kV电压等级接入用户侧的地方电源，当并网点频率超过48～50.5Hz运行范围时，应在0.2s内停止向电网送电。

（4）通过10(6)kV电压等级直接接入公共电网，以及通过35kV电压等级并网的地方电源，其频率保护配置应满足频率适应性的要求。

4.2.7.3　线路保护

通过10(6)～35kV电压等级并网的地方电源，并网线路可采用两段式电流保护，必要时加装方向元件。当依靠动作电流整定值和时限配合不能满足可靠性和选择性要求时，宜采用距离保护或光纤电流差动保护。

4.2.7.4　防孤岛保护

（1）地方电源应具备快速监测孤岛且立即断开与电网连接的能力，防孤岛保护动作时间不大于2s。其防孤岛保护应与配电网侧线路重合闸和安全自动装置动作时间相配合。

（2）通过380V电压等级并网的地方电源接入容量超过本台区配变额定容量25%时，配变低压侧应配备低压总开关，并在配变低压母线处装设反孤岛装置。低压总开关应与反孤岛装置间具备操作闭锁功能，母线间有联络时，联络开关也应与反孤岛装置间具备操作闭锁功能。

4.2.7.5　自动重合闸

（1）通过10(6)～35kV电压等级并网的地方电源采用专线方式接入时，专线线路可不设或停用重合闸。

（2）接有通过10(6)～35kV电压等级并网的地方电源的公共电网线路，投入自动重合闸时，宜增加重合闸检无压功能；不具备检无压功能时，应校核重合闸时间是否与地方电源并、离网控制时间配合（重合闸时间宜整定为$2+\Delta t$，Δt为保护配合级差时间）。

4.2.8　通信与信息

4.2.8.1　基本要求

（1）通过10(6)～35kV电压等级并网的地方电源（除10(6)kV电压等级并网的分布式光伏发电、风电、海洋能发电项目），应具备与电网调度机构之间进行数据通信的能力，能够采集电源的电气运行工况并上传至电网调度机构，同时具有接受电网调度机构控制调节指令的能力。

（2）通过10(6)～35kV电压等级并网的地方电源（除10(6)kV电压等级并网的分布式光伏发电、风电、海洋能发电项目），与电网调度机构之间通信方式和信息传输应符合《电力监控系统安全防护规定》的要求。传输的遥测、遥信、遥控、遥调信号可基于DL/T 634.5104《远动设备及系统　第5-104部分：传输规约　采用标准传输协议集的IEC 60870-5-101网络访问》和DL/T 634.5101《远动设备及系统　第5-101部分：传输规约基本远动任务配套标准》通信协议。

(3) 通过380V电压等级并网的地方电源，以及通过10(6)kV电压等级并网的分布式光伏发电、风电、海洋能发电项目，可采用无线公网通信方式（光纤到户的可采用光纤通信方式），但应采取信息通信安全防护措施。

4.2.8.2　正常运行信息

在正常运行情况下，地方电源向电网调度机构提供的信息至少应当包括：

(1) 通过10(6)～35kV电压等级并网的地方电源（除10(6)kV电压等级并网的分布式光伏发电、风电、海洋能发电项目），应能够实时采集并网运行信息，并上传至相关电网调度部门；配置遥控装置的地方电源，应能接收、执行调度端远方控制解/并列、启停和发电功率的指令。

(2) 通过380V电压等级并网的地方电源，以及10(6)kV电压等级并网的分布式光伏发电、风电、海洋能发电项目，可只上传电流、电压和发电量信息，条件具备时，预留上传并网点开关状态能力。

4.2.9　电能计量

(1) 地方电源接入配电网前，应明确计量点。计量点设置除应考虑产权分界点外，还应考虑地方电源出口与用户自用电线路处。

(2) 每个计量点均应装设双向电能计量装置，其设备配置和技术要求符合DL/T 448《电能计量装置技术管理规程》的相关规定，以及相关标准、规程要求。电能表采用智能电能表，技术性能应满足国家电网有限公司关于智能电能表的相关标准。

(3) 计量装置应安装于公共位置并考虑相应的封闭措施，便于计量设备的检查和管理。

(4) 用于结算和考核的地方电源计量装置，应安装采集设备，接入用电信息采集系统，实现用电信息的远程自动采集。

(5) 地方电源并网前，应由具备相应资质的单位或部门完成电能计量装置的检定、安装、调试，电源产权方应提供工作上的方便。电能计量装置投运前，应由电网企业和电源产权归属方共同完成竣工验收。

4.2.10　并网检测

4.2.10.1　检测要求

(1) 通过380V电压等级并网的地方电源，应在并网前向电网企业提供由具备相应资质的单位或部门出具的设备检测报告，检测结果应符合Q/GDW 480—2010的相关要求。

(2) 通过10(6)～35kV电压等级并网的地方电源，应在并网运行后6个月内向电网企业提供运行特性检测报告，检测结果应符合Q/GDW 480—2010的相关要求。

(3) 地方电源接入配电网的检测点为电源并网点，应由具有相应资质的单位或部门进行检测，并在检测前将检测方案报所接入电网调度机构备案。

(4) 当地方电源更换主要设备时，须重新提交检测报告。

4.2.10.2 检测内容

检测应按照国家或有关行业对地方电源并网运行制定的相关标准或规定进行，应包括但不仅限于以下内容：

(1) 功率控制和电压调节；

(2) 电能质量；

(3) 运行适应性；

(4) 安全与保护功能；

(5) 启停对电网的影响。

4.3 地方电源的接入与调度

4.3.1 水电电源的接入与调度

4.3.1.1 水电并网管理规定

(1) 水电站并网前应取得有关政府部门颁发的立项依据，并得到相关电网接入批复，作为并网双方签订并网调度协议的依据。新建发电机组在完成启动试运行前必须取得电力业务许可证（发电类），并报所属电力调度机构备案。

(2) 电力调度机构应综合考虑水电站规模、接入电压等级和消纳范围等因素确定其调度关系。水电站要求并入电网运行时，应事先向相应的电力调度机构提出并网申请，签订并网调度协议，完成有关各项技术措施（如运行方式要求，满足电网安全稳定要求的继电保护及安全自动装置、通信和自动化设备等），具备并网条件者方可并网，否则电力调度机构可拒绝其并网运行。

(3) 水电站一、二次设备须符合国家标准、电力行业标准和其他有关规定，按经国家授权机构审定的设计要求安装、调试完毕，经国家规定的基建程序验收合格，具备并网运行技术条件，涉网设备应按规定验收合格。

4.3.1.2 水电并网流程

水电站并网前应根据相关规定和要求，提交水电站详细的相关资料，同时提前 3 个月向当地电力调度机构提交水电站并网申请书。

水电站并网前应根据电力调度机构的相关规定，与电力调度机构签订并网调度协议。

电力调度机构应按管辖范围编制并网水电站新设备启动方案，并对水电站及其设备进行调度命名管理。启动前，水电站设备状态已按调度启动方案调整完毕，设备投产启动范围内的全部设备已具备启动条件，并向有关调度正式汇报后方可进行启动工作。水电站并网应按照经相关调度机构认可的启动方案工作，同时遵守执行值班调控员的指令进行并网调试，并网调试中的设备视为运行设备。新设备投入电网运行应经申请批准，并得到值班调控员的指令方可进行，禁止擅自将新设备投入电网运行。

4.3.1.3　水电运行原则

DL/T 1040《电网运行准则》中规定的水电运行原则为：

（1）遵照 GB 17621《大中型水电站水库调度规范》确保大坝安全，防止洪水漫坝、水淹厂房事故的发生。

（2）水电站发电运行服从电网调度机构的统一调度。

（3）严格执行经审批的水库综合利用方案。

（4）优化水库调度，充分利用水能资源。

（5）实施联合调度的梯级水电站，其电力调度工作应由电力调度机构负责，并组织实施。

为实现水电站的经济运行，提高水能利用率，电力调度机构应指导水电站相关工作，并制定管辖范围内水电站的长中短期水库调度运行方式。

电力调度机构应依照节能发电调度原则，编制水电站发电计划：

（1）无调节能力的水能发电机组按照“以水定电”的原则安排发电负荷。

（2）对承担综合利用任务的水电站，在满足综合利用要求的前提下安排水电机组的发电负荷，并尽力提高水能利用率。对流域梯级水电站，应积极开展水库优化调度和水库群的联合调度，合理运用水库蓄水。

4.3.1.4　水电调度管理

电力调度机构应根据相关法律规定，对水电站进行调度管理。水电站应服从电力调度机构的统一调度，遵守调度纪律，严格执行电力调度机构制定的有关标准和规定。

水电站应配合电力调度机构保障电网安全，严格按照电力调度机构的指令参与电力系统运行控制。水电站应根据电网运行需要、水电站特性和水库控制要求，充分发挥在电网运行中的调峰、调频、调压、事故备用和黑启动等作用。

水电站应按要求配合电力调度机构做好场站运行、水资源、气象资源等信息的采集上传、统计分析和信息报送等工作。

浙江电网小水电（由地县级调度机构调度）并网电压等级和容量大小不尽相同，差异较大，并网电压等级有 10、35、110kV，发电业务许可豁免范围为单站装机容量 6MW（不含）以下。

所有并入电网的小水电必须服从电网的统一调度管理，服从调度命令，电力调度机构要积极优化小水电运行方式，有库容调节的水电站，应严格按照地县调控中心发布的发电厂日有功、无功功率曲线运行，径流水电站视水情合理发电。事先经地县调控中心批准的小水电开停机计划，在机组开停机前还须向调控中心值班人员申请，由值班调控员视电网情况决定是否开停机。

小水电汛期要及时与调度沟通，特别是连续下大雨水库水位急升时，需将详细情况（水位、来水量、机组情况等）及时向值班调控员汇报，尽可能减少弃水造成的不必要损失。若出现弃水，小水电需将弃水信息及时汇报值班调控员，并向调度机构报送弃水的情况，地县调控中心要记录弃水信息。

4.3.1.5　水电事故或紧急情况下的处置原则

在电力系统事故或紧急情况下，电力调度机构有权限制水电站出力或暂时解列水电站来保障电力系统安全。事故处理完毕，系统恢复正常运行状态后，电力调度机构应及时恢复水电站的并网运行。

水电站机组在紧急状态或故障情况下退出运行或通过安全自动装置切出，以及因频率、电压等系统原因导致机组解列时，不得自行并网，应立即向值班调控员汇报，并将集中并列方式改变为手动状态，必须经值班调控员同意后方可按指令重新并网。水电站在运行中发现设备异常时，应立即向值班调控员汇报，并迅速将故障设备隔离。

4.3.2　风电电源的接入与调度

4.3.2.1　风电的并网条件

依据 NB/T 31047《风电调度运行管理规范》规定，风电场并网前应提交详细的相关资料，资料应符合有关规定要求并经调控管理部门认可，同时应提前向相应电网调度机构提交风电场并网申请书。另外，还需满足以下条件：

（1）风电场所采用机型应通过国家授权的有资质的监测机构的并网检测，并向电网调度机构提供相应的检测报告。

（2）风电场并网前应与电网调度机构签订并网调度协议，并网流程符合电网调度机构的相关规定。

（3）风电场应配备风电功率预测系统，并按照要求向电网调度机构提交短期和超短期（未来 15min～4h）预测结果。

（4）风电场应保证人员和组织机构齐全、相关的管理制度齐全，满足所接入电网的安全管理规定。

4.3.2.2　风电运行原则

依据 NB/T 31047，风电场调控运行管理主要原则有：

（1）电网正常和非正常运行方式安排均应综合考虑管辖风电场运行方式状况。电网出现特殊运行方式，可能影响风电场正常运行时，电网调度机构应将有关情况及时通知风电场。

（2）系统运行方式发生变化时，电网调度机构应综合考虑系统安全稳定性、电压约束因素以及风电场特性和运行约束，通过计算分析确定允许风电场上网的最大有功功率。运行方式计算分析时，应按照全网风电功率预测最大出力和最小出力两种情况，考虑风电功率波动对系统安全稳定性的影响。

4.3.2.3　风电调控运行管理

（1）电网调度机构应综合考虑风电场规模、接入电压等级和消纳范围等因素确定对风

电场的调度关系。

(2) 电网调度机构应依法对风电场进行调度；风电场应服从电网调度机构的统一调度，遵守调度纪律，严格执行电网调度机构制定的有关标准和规定。

(3) 风电场运行值班人员应严格、迅速和准确地执行电网调度值班调控员的调度指令，不得以任何借口拒绝或拖延执行。

(4) 电网调度机构调度管辖（许可）范围内的设备，风电场必须严格遵守调度有关操作制度，按照调度指令执行操作，并如实告知现场情况，答复电网调度机构值班调控员的询问。

(5) 电网调度机构调度管辖（许可）范围内的设备，风电场运行值班人员操作前应报电网调度机构值班调控员，得到同意后方可按照电力系统调度标准及风电场现场运行标准进行操作。

4.3.2.4　风电事故或紧急情况下的处置原则

在电力系统事故或紧急情况下，电网调度机构有权限制风电场出力或暂时解列风电场来保障电力系统安全。事故处理完毕，系统恢复正常运行状态后，电网调度机构应及时恢复风电场的并网运行。

风电场及风电机组在紧急状态或故障情况下退出运行，以及因频率、电压等系统原因导致机组解列时，应立即向电网调度机构汇报，不得自行并网，经电网调度机构同意后按调度指令并网。风电场应做好事故记录，并及时上报电网调度机构。

4.3.3　分布式光伏电源的接入与调度

4.3.3.1　分布式光伏并网条件

根据国家电网有限公司企业标准 Q/GDW 1997《光伏发电调度运行管理规范》，对分布式光伏并网管理要求为：

(1) 新设备投运前，电力客户经供电公司营销部向调控机构提供所投运主设备的参数资料，一、二次系统图，保护装置说明书，设备命名建议等技术资料。

(2) 电力客户新建设备经验收合格，具备完整的验收报告。

(3) 新设备投运前，电力客户向调控机构提供变电站现场运行规程、有关新建设备的继电保护定值及用户内部启动方案，同时向调控机构提出新设备投运申请报告。

(4) 电力客户完成与调控机构调度协议的签订，双方已在协议中明确新设备投运后的运行方式及注意事项等。

(5) 电力客户完成新建设备启动前的调试、试验及参数测试工作，需停电接入电网时，停电工作需经供电公司营销部向调控机构申报并纳入月度、周停电计划。

(6) 电力通信通道及自动化信息接入工作已经完成，调度通信、自动化设备及计量装置运行良好，通道畅通，实时信息满足调度运行的需要。

4.3.3.2 分布式光伏并网流程

光伏电源并网前应按照相关规定和要求，向调控机构提交并网申请书及详细资料，并进行文档备案。电力调控机构应参考电力客户图纸资料及设备命名，对电力客户新投运设备进行调度命名，同时明确调度关系。光伏电源应根据已确认的调试项目和调度计划，与电网调度机构协商后确定分批调试计划，光伏电源具体调试操作应按照调度指令进行。

4.3.3.3 分布式光伏运行管理原则

分布式光伏涉网设备应按照并网调度协议约定，纳入电力调控机构调度管理。分布式光伏发电站一般应由所接入电网的电力调度机构或上一级电力调度机构负责实施调度管理。接入配电网的分布式光伏，应按照容量和电压等级，遵循分散布置、分层控制、分级调度的原则，其运行应按当地电力部门批准的运行方案实施，当地电力部门负责分布式光伏的运行和控制。

4.3.3.4 分布式光伏调度管理原则

分布式光伏发电站应服从电力调控机构的统一调度，遵守调度纪律，严格执行调度指令。分布式光伏发电站应保证人员和组织机构齐备，管理制度齐全，满足所接入电网的安全管理规定。在调度调管范围内的分布式光伏设备，未获电力调控机构值班调控员的指令，分布式光伏运行值班人员均不得自行操作；当危及人身及设备安全时，按照现场规程先行处理，但事后应立即汇报值班调控员。分布式光伏应接受营销用电检查和电网调度运行考核。

电力调控机构值班调控员在值班期间是电网运行的指挥者，在调管范围内行使调度权。分布式光伏并网线路停电或发生故障时，随时都有来电的可能，此时允许运行值班人员拉开进线断路器、隔离开关，确保与电网隔离，避免向电网反送电并向电力调控机构值班调控员汇报。电力调控机构值班调控员应核实停电或故障线路所接所有分布式光伏确已解列，没有向电网反送电可能。

10(6)～35kV 接入的分布式光伏，其分布式光伏运行值班人员应参加由电力调控机构组织的调度运行技术培训。凡与电力调控机构值班调控员直接进行调度业务联系的运行值班人员，须取得相应资质并相应办理手续后方能与值班调控员进行电力调度业务联系。

4.3.3.5 事故或紧急情况下的处置原则

光伏发电站调度运行管理事故或紧急控制要求如下：

(1) 在电力系统事故或紧急情况下，电网调度机构有权限制光伏电站出力，或暂时解列光伏电站来保障电力系统安全。事故处理完毕，系统恢复正常运行状态后，电网调度机构应及时恢复光伏发电站的并网运行。

(2) 光伏发电站因故退出运行时，应立即向电网调度机构汇报，不得自行并网，经调度机构同意后按调度指令并网。光伏发电站应做好事故记录并及时上报电网调度机构。

第5章　配电网运行操作和事故处理

与输电网相比，配电网由于分布面积广，运行环境较为复杂，更容易受到地域设施、环境和天气等因素的影响，设备故障率居高不下，影响对用户的正常供电。这就需要调控运行人员具备相应的故障应急处置能力实现快速、准确、高效率的处置，及时恢复有关用户供电，尽最大可能减少配电网故障造成的影响和损失。本章将详细介绍配电网运行操作、故障处理的基本思路和基本原则，结合配电网最常见的母线故障、线路故障等各类常见的故障给出相应的处理原则，旨在为系统故障处理提供处置原则和处理思路，提升调控运行人员配电网故障响应速度和处理能力。

5.1　配电网运行操作的基本原则

5.1.1　配电网设备状态的定义

配电网设备运行状态分为运行、热备用、冷备用、检修四种状态，其中：

（1）运行状态是指断路器、隔离开关均在合闸位置的状态。

（2）热备用状态是指断路器在分闸位置、隔离开关处于合闸位置，断路器一经合闸设备即转入运行的状态。

（3）冷备用状态是指断路器、隔离开关均在分闸位置。

（4）检修状态是指断路器、隔离开关均在分闸位置，设备的接地开关处于合闸（或挂上接地线），并悬挂“设备检修，禁止合闸”的警示牌。

根据设备的不同，检修状态又可分为开关检修和线路检修，其中：

1）线路检修是指线路的断路器、母线（包括旁路母线）及线路隔离开关都在断开位置，如有线路压变者应将其隔离开关拉开或取下高低压熔丝。线路接地开关在合上位置（或装设接地线），并取下该线路断路器的母差保护和失灵保护压板。

2）开关检修是指断路器及其两侧隔离开关均拉开，断路器操作回路熔丝取下，断路器两侧或一侧合上接地开关（或装设接地线）。

对于配电自动化设备，以10kV开关站为例，其自动化开关的六种典型运行状态定义如下：

（1）运行：一次设备断路器“合”位，断路器“三遥”功能投运状态。

（2）热备用：一次设备断路器“分”位，断路器“三遥”功能投运状态。

（3）运行非自动：一次设备断路器“合”位，断路器遥控功能退出状态。

（4）热备用非自动：一次设备断路器“分”位，断路器遥控功能退出状态。

（5）冷备用：一次设备断路器“分”位，隔离开关“分”位，断路器遥控功能退出状态。

（6）检修：一次设备断路器“分”位，接地开关“合”位，断路器遥控功能退出状态。

5.1.2 配电网运行操作一般原则

电力系统中，凡并（接）入电网运行的发电厂和变电站，均应服从调度指挥，严肃调度纪律，由电力调度机构按相关合同或协议对其进行统一的调度管理。在调度管辖范围内的任何操作，均应按照值班调控员的操作指令执行。值班调控员是电网运行、操作和事故处理的统一指挥人，按照规程规定的调度管辖范围行使指挥权，并接受上级调度值班调控员的指挥。

有权接受调控员操作指令的对象包括调度管辖范围内的发电厂值长、发电厂值班员、变电站运维正值值班员、配电操作人员、客户变电站值班人员以及经各级供电公司批准的有关人员，其人员名单应由有关部门及时报调控备案。调度管辖范围内的联系对象在正式上岗前必须经过电力调控管理知识培训，考试合格后方可持证上岗。

值班调控员发布的配电网操作指令分为口头和书面两种形式。正常情况下，应由上一值通过系统或电话预先发布操作指令票，预发时应明确操作目的和内容，预告操作时间；在事故处理或紧急情况下，符合安规要求的单项操作可采用口头指令方式下达，但发令、受令双方均应做好记录。

值班调控员下达的操作任务分为综合操作、单项操作和逐项操作三种。其中综合操作指令指的是仅对一个单位下达的而不需要其他单位协同进行的综合操作指令，具体操作项目、顺序由现场运维人员按现场运规典票拟写操作任务书；单项操作指令指的是仅对一个单位下达的单一操作指令；逐项操作指令指的是按操作任务顺序逐项下达，受令单位按指令的顺序逐项执行的操作指令。

值班调控员发布操作指令的规范和要点如下：

（1）值班调控员应根据调度典型操作任务发布操作指令，明确操作目的和要求。不论采用何种发令形式，都应使现场值班人员理解该项操作任务目的与要求，必要时提出注意事项。

（2）为了保证配电网操作的正确性，值班调控员对所有计划操作均应先拟写操作指令票，进行调度联系和发布调度指令时，应做好记录及断路器（隔离开关）置位、挂摘牌等；事故处理时允许不拟写指令票。

(3) 在发布和接受调度操作指令前，双方必须互报单位和姓名。

(4) 严格执行发令、复诵、监护、录音、汇报和记录制度，并使用普通话、规范的调度术语和设备双重名称。

(5) 发令和受令双方在每一步操作中均应明确发令时间和结束时间。发令时间是值班调控员正式发布操作指令的时间和依据；结束时间是现场接令人员向调度汇报操作执行完毕的汇报时间和根据。接令方未接到发令时间以及发令方未收到完成时间汇报时，均不得进行后续相关操作。

值班调控员发布操作许可令需遵循的规范和要点如下：

(1) 值班调控员根据调度联系对象相关人员的操作要求，采用操作许可方式将属于调度管辖范围内的设备停（复）役操作，并对操作许可指令及设备状态正确性负责，不许可检修工作。检修工作由提出操作相关人员负责许可，并对检修工作内容正确性负责。

(2) 值班调控员进行操作许可，仅需指明待操作设备的最终状态，待操作人员复诵正确后，发出许可时间。

(3) 操作人员应根据值班调控员许可执行相应的操作，并对操作的正确性、工作的安全性负责。操作完毕后，操作人员向值班调控员汇报“××设备已改为××状态”，双方应做好记录及断路器（隔离开关）置位、挂牌等。现场运维人员完成安全措施后，自行许可检修工作，并对检修工作内容正确性负责。

(4) 检修完毕后，运维人员以“××设备检修工作结束，××设备具备复役条件”的形式向值班调控员汇报，并申请操作许可复役操作。值班调控员确认检修工作已完毕且电网运行方式允许后，按照操作许可设备复役，并做好记录及断路器（隔离开关）置位、摘牌等。

(5) 操作人员应根据值班调控员许可执行相应的操作，并对操作的正确性负责。

(6) 在设备停复役操作过程中，如遇该设备异常，操作人员应立即汇报值班调控员，由值班调控员决定是否收回操作许可，或者改为指令操作。设备异常处理完毕后，操作人员经汇报后，可以继续完成操作。

如果配电网调度联系对象接令人认为所接受的调度指令不正确时，应立即向发布该调度指令的值班调控员报告提出并说明理由，由发令的值班调控员决定该调度指令的执行或者撤消；当值班调控员确认并重复该指令时，接令值班人员必须执行；如对值班调控员的指令不理解或有疑问时，必须询问清楚后再执行；如执行该指令确将危及人身、电网或设备安全时，受令人应拒绝执行，同时将拒绝执行的理由及修改建议上报给发令的调控员以及本单位直接领导；如有无故拖延、拒绝执行调度指令，破坏调度纪律，有意虚报或隐瞒情况的现象发生，将追究相关人员责任，严肃处理。

值班调控员发令及联系对象接令的流程如图 5-1 所示。

用户变（发电厂）、变电站现场值班人员应根据值班调控员发布的操作指令票，结合

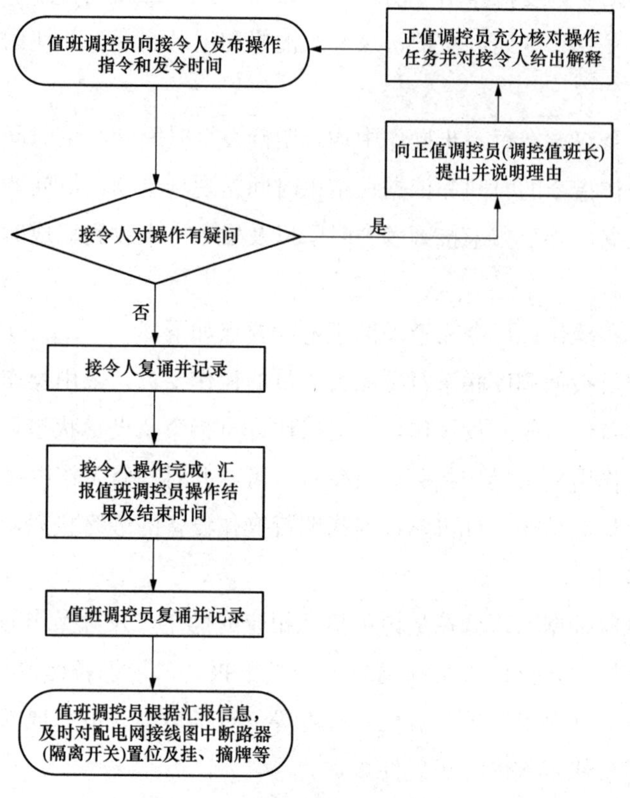

图 5-1　接发令流程

现场实际情况，按照有关程序规定负责填写具体的操作票，并对票中一次及二次部分操作内容和顺序的正确性负责。

值班调控员进行系统设备遥控操作和倒闸操作时应做到：

（1）充分考虑对电网系统实际运行方式、潮流、电压、线路容量限额、主变中性点接地方式、继电保护及安全自动装置、一次相位的正确性、雷季运行方式等方面的影响。

（2）明确操作目的，严格遵守相关规章制度，认真执行操作监护制，考虑操作过程中的危险点预控措施，必要时做好事故预想或指出需要注意的事项。

（3）若操作指令对其他调度管辖的系统有影响时，应在发布操作指令前通知有关调控机构值班人员。

（4）原则上新建、扩建、改建设备的投运，或检修后可能引起相序或相位错误的设备送电时，应核对相序、相位是否正确。

（5）在配电网调控操作过程中，值班调控员应根据现场汇报信息，及时对配电网接线图中断路器（隔离开关）置位及挂、摘牌等信息进行核对检查，确保设备状态与现场实际保持一致。

（6）复役操作前，值班调控员还应根据设备停役申请、新设备投运申请执行情况，完

成配电网接线图调度审核更新。

可由值班副职调控员进行遥控操作的操作项目包括：

（1）拉合断路器的单一操作。

（2）调节有载调压变压器分接开关。

（3）远方投切电容器、电抗器。

（4）远方投切具备遥控条件的继电保护及安全自动装置软压板。

（5）紧急情况下，根据调度指令进行开关遥控操作。

在遥控操作结束后应判断遥控操作是否成功，一般情况下可通过在监控系统上检查遥信信号、遥测信号、状态指示，观察两个及以上指示同时发生对应变化后，才能确认该设备已操作成功；若调控员对遥控操作结果有疑问，应查明情况，必要时应通知现场运维人员核对设备状态。判断遥控操作是否成功的过程如图 5-2 所示。

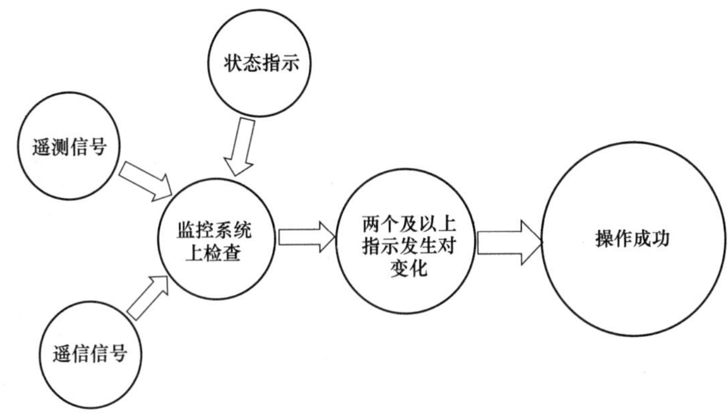

图 5-2　遥控操作判断过程

发生以下情况时不得进行遥控操作：

（1）设备未通过遥控验收。

（2）设备存在缺陷或异常不允许进行遥控操作时，如控制回路故障、断路器或操动机构压力闭锁、操动机构电源异常或故障、操作断路器的监控信息与实际不符等。

（3）设备正在进行检修时（遥控验收除外）。

（4）自动化系统或通信系统异常影响设备遥控操作时。

（5）有操作人员巡视或有人工作时。

调控值班员在遥控操作中监控系统发生异常或遥控失灵时应立即停止操作，涉及监控主站系统的缺陷应及时通知自动化值班人员协调处理，检查是否由于通信通道异常引起；对遥控失灵的情况，应通知运维人员至现场检查，调控值班员可在运维人员确认现场设备无异常后下令就地操作。遥控操作流程如图 5-3 所示。

值班调控员在配电网进行正常的倒闸操作时，应尽可能避免在以下情况下进行：①值

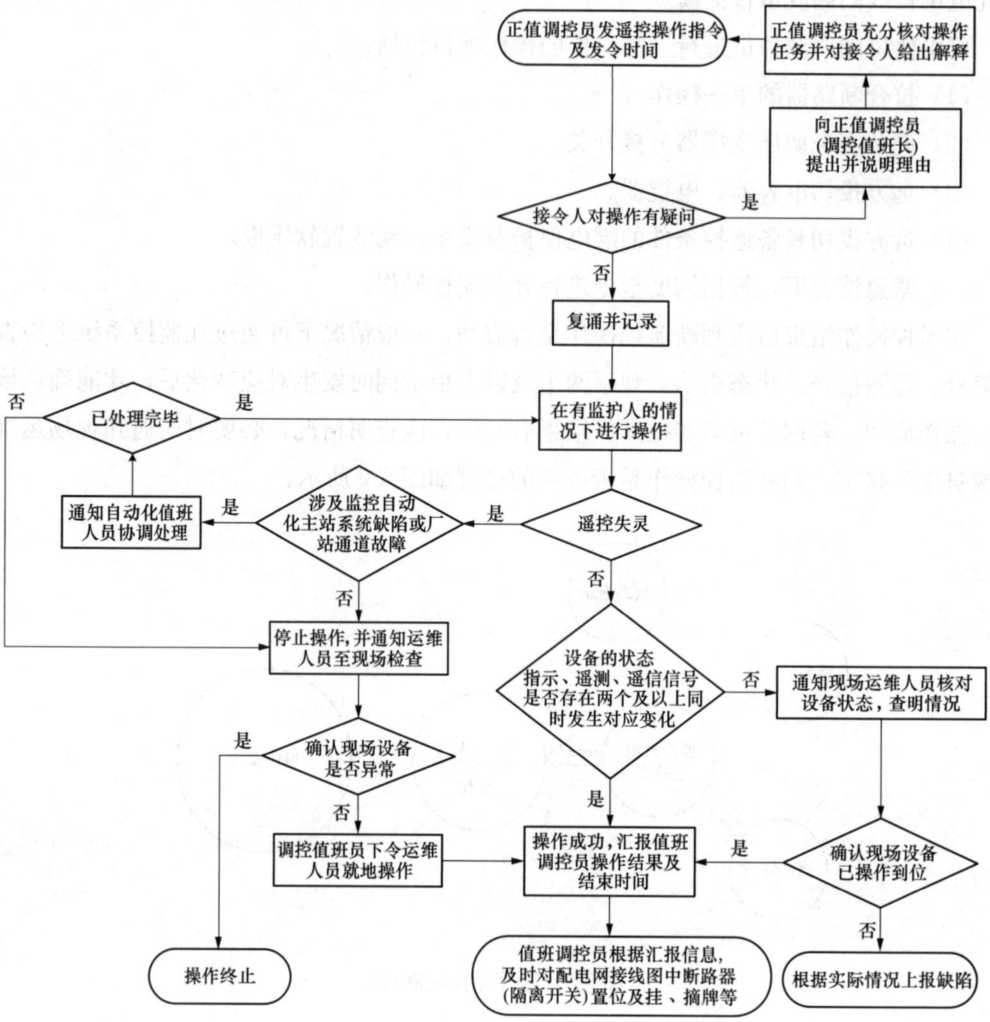

正值调控员发遥控操作指令及发令时间
正值调控员充分核对操作任务并对接令人给出解释
向正值调控员(调控值班长)提出并说明理由
接令人对操作有疑问
是
否
复诵并记录
在有监护人的情况下进行操作
已处理完毕
是
否
通知自动化值班人员协调处理
涉及监控自动化主站系统缺陷或厂站通道故障
是
否
遥控失灵
是
否
停止操作,并通知运维人员至现场检查
设备的状态指示、遥测、遥信信号是否存在两个及以上同时发生对应变化
否
是
通知现场运维人员核对设备状态，查明情况
确认现场设备是否异常
是
否
调控值班员下令运维人员就地操作
操作成功,汇报值班调控员操作结果及结束时间
确认现场设备已操作到位
是
否
操作终止
值班调控员根据汇报信息,及时对配电网接线图中断路器(隔离开关)置位及挂、摘牌等
根据实际情况上报缺陷

图 5-3　遥控操作流程

班人员交接班时；②电网接线极不正常时；③电网高峰负荷时；④雷雨、大风等恶劣气候时；⑤联络线输送功率超过稳定限额时；⑥电网发生事故时。条件允许时，一切重要供电区域的倒闸操作应尽可能安排在负荷低谷时进行，以减少对电网和用户用电的影响。

5.1.3　配电网基本操作

5.1.3.1　电网的并列和解列操作

电网的并列和解列操作应遵循以下原则：

（1）并列时，相序相同、频率相等、电压相等或偏差尽量小（事故时为了加速并列，允许频率差不超过 0.5Hz）。

（2）解列时，应先将解列点有功功率调整至零，电流调至最小，使解列后的两个电网频率、电压均在允许的范围内。

其中，变压器并列运行需要满足以下条件：

（1）并列时，联结组别相同、电压比相同、短路电压相等（指铭牌值）。

（2）电压比和短路电压不同的变压器通过计算，任一台变压器都不会过负荷的情况下，才可以并列运行。

5.1.3.2　系统的合解环操作

（1）合环操作必须相位相同，操作前应考虑合环点两侧的相角差和电压差，无电压相角差，电压差一般允许在20%以内，以确保合环时环路电流不超过继电保护、系统稳定和设备容量等方面的限额。对于比较复杂环网的合环操作应事先进行计算或试验（如调控员潮流计算），以决定是否可行。

（2）涉及上级管辖或许可设备的合环操作，在操作前应经上级值班调控员的同意；当上级值班调控员得知系统发生故障造成下级管辖电网不满足合环条件时，应主动告知下级值班调控员。

（3）解环操作时，应先检查解环点的有功、无功潮流，确保解环后电网各部分电压在规定的范围内，以及各环节潮流的重新分布不超过继电保护、电网稳定和系统设备容量等方面的限额。

（4）如估计潮流较大，有可能引起过流动作时，合解环前可采取下列措施：

1）将可能动作的保护停用。

2）在预定解列的断路器设解列点，并通知运行值班员在现场注意潮流变化和保护动作情况。

3）合环开关两端电压差调至最小。

4）如果压差较大，估算环流较大时，可用改变系统参数来降低环流或同时采用上述办法。

5.1.3.3　断路器操作

断路器可以分、合负荷电流和各种设备的充电电流以及额定遮断容量以内的故障电流。

（1）断路器合闸前应检查继电保护已按规定投入；断路器合闸后，应检查电流、有功、无功表计指示及指示灯是否正常。

（2）断路器使用自动重合闸，当超过断路器跳合闸次数时应停用该断路器的重合闸。

（3）断路器操作时，若远控失灵，应根据现场规定进行近控操作。

（4）当发现油断路器缺油、液压机构压力下降超过规定、空气开关的压缩空气压力不足，以及 SF_6 开关气体压力下降超过规定时，现场应将该断路器改非自动，禁止用该断路器切断负荷电流，并尽快处理。

10kV 柱上断路器只能进行系统正常情况下的转移负荷和合解环操作，以及正常线路检修所需的停送电操作，其他情况下的操作一般需停电进行。若线路故障抢修后，工作负责人确认已无接地及短路故障，则可用柱上断路器直接对线路恢复送电，以提高供电可靠率。

5.1.3.4 隔离开关的操作范围

（1）在电网无接地时拉、合电压互感器。

（2）无接地故障时，拉、合变压器中性点接地开关或消弧线圈。

（3）在无雷击时拉、合避雷器。

（4）拉、合35kV及以下母线的充电电流。

（5）拉、合电容电流不超过5A的空载线路。

5.1.3.5 母线操作

（1）有检修工作的母线送电之前，应检查母线设备良好，尽量避免用隔离开关向不带电母线充电，并应使用具有速断保护的断路器或外电源断路器对母线充电。如必须用隔离开关时，应检查母线绝缘必须良好，必要时应考虑有关线路保护的配合。

（2）防止出现铁磁谐振或因母线三相对地电容不平衡而产生的过电压。

（3）为防止充电至故障母线可能造成系统失稳，必要时先降低有关线路的潮流。

（4）10kV及以上母线上已有一组电容器在运行时，应避免在空母线时合上同一母线上第二组电容器，以防止倒送电，引起电容器断路器跳闸；电容器组的回路中有串联电抗器的可不受此限制。

5.1.3.6 变压器的操作

（1）变压器并列运行时需满足联结组别相同、电压比相同、短路电压相等（指铭牌值）；对于电压比和短路电压不同的变压器，在任一台变压器都不会过负荷情况下允许并列运行，必要时应先进行计算。

（2）变压器投运时，应选择励磁涌流影响较小的一侧送电，先从高压侧充电，后合负荷侧断路器，停电时操作顺序相反。

（3）新投产或检修后可能影响相位正确性的变压器应进行定相和核相。

（4）新投产变压器进行充电时，应将变压器的全部保护装置投入跳闸；待充电正常、核相正确、带负荷之前再将相关保护停用。

（5）若要向空载变压器充电时，应注意：

1）充电断路器应有完备的继电保护，并有足够的灵敏度，同时应考虑励磁涌流对系统继电保护的影响。

2）充电前应检查电源电压，使充电的变压器各侧电压不超过相应分接头电压的5%。

3）变压器各侧中性点接地开关均应合上。

（6）配电变压器的停送电操作应满足以下原则：

1）凡属供电企业管辖的配电变压器（包括已运行和新建配电变压器），停送电操作应由设备运维人员按调度指令执行。

2）在故障处理时，设备运维人员可对变压器进行停电处理，应及时通知值班调控员，值班调控员应做好相关记录；但送电操作应由设备运维人员按调度指令执行。

3）变压器停电操作顺序为先停低压侧，后停高压侧，送电操作顺序为先送高压侧，后送低压侧。

4）变压器停送电操作应由两人进行，一人操作，一人监护。

5）操作时，必须使用绝缘手套以及合格的绝缘棒，操作人员应戴安全帽。雨天操作应穿绝缘靴并使用有防雨罩的绝缘棒。

（7）变压器中性点接地开关切换应满足以下原则：

1）防止操作过电压而损坏变压器。

2）电网不失去中性点。

3）变压器中性点接地开关切换时应采用先合后拉的操作方式；运行中的变压器中性点接地开关如需倒换，应先合上另一台变压器的中性点接地开关，再拉开原来一台变压器的中性点接地开关。

4）运行中的三绕组变压器，若一侧断路器拉开，则该侧中性点接地开关应合上。

5）零序保护切换至中性点接地的变压器。

5.1.3.7　线路操作

（1）线路停电时应注意：

1）正确选择解列点或解环点，并应考虑减少电网电压波动，调整潮流、稳定要求等。

2）对馈电线路一般先拉开受端断路器，再拉开送电端断路器；送电顺序相反。

3）对超长线路应防止线路端断开后，线路的充电功率引起发电机的自励磁。

（2）线路送电时应注意：

1）应避免由发电厂侧先送电。

2）充电断路器必须具备完整的继电保护（应有手动加速功能），并具有足够的灵敏度，同时必须考虑充电功率可能引起的电压波动或线路末端电压升高。

3）对超长线路进行送电时，应考虑线路充电功率可能使发电机产生自励磁，必要时应调整电压和采取防止自励磁的措施。

4）为防止因送电到故障线路而引起失稳，对稳定有要求的线路先降低有关发电厂的有功功率。

5）充电端应有变压器中性点接地。

6）对末端接有变压器的长线路进行送电时，应考虑末端电压升高对变压器的影响，必要时应经过计算。

（3）线路停、送电操作，应考虑因机构失灵而引起非全相运行造成系统零序保护的误动作，正常操作必须采用三相联动方式。

（4）线路的停复役操作应包括其线路电压互感器在内，当线路电压互感器高压侧与线路之间有隔离开关时，则应由调控发令；若电压互感器高压侧与线路之间无隔离开关时（包括仅有高压熔丝），则由现场值班人员根据实际情况自行操作。对于装设在出线上的电容式电压互感器或耦合电容器的电压抽取装置，应视为线路电压互感器，其操作由现场变电运行值班员自行负责。

（5）对于线路改检修的操作，值班调控员只有在各侧均改为冷备用后，才可将各侧改为线路检修。对于不能确定冷备用状态的10(20)kV线路，应确认线路断路器（隔离开关）实际位置后再操作。

1）配电自动化断路器（负荷开关）的检修操作，值班调控员应充分考虑断路器（负荷开关）状态及来电可能，应将对侧断路器（负荷开关）改为冷备用或热备用非自动（自动化功能闭锁）状态，方能将本侧断路器（负荷开关）操作至检修状态，同时调控员应及时在配电网接线图上及时挂牌。线路停役过程中严禁线路一侧为热备用（自动化功能投入）状态，另一侧直接改到检修状态。工作结束后，设备运维人员应与值班调控员核对设备相关信息及自动化设备状态正常后，方可进行操作。线路复役过程中严禁线路一侧为检修状态，另一侧直接改到热备用（自动化功能投入）状态。

2）柱上断路器（负荷开关）因无固定接地开关，且无法有效辨别电源侧或负荷侧，故不具备检修状态。断路器（负荷开关）冷备用状态仅适用于带隔离开关的断路器（负荷开关）；未装设隔离开关的断路器（负荷开关）不具备冷备用和检修状态，一般采用拉开××断路器（负荷开关）、合上××断路器（负荷开关）的指令形式。拉开装设在线路上的第一个线路断路器（负荷开关），若断路器（负荷开关）具备正常的负荷开断能力，原则上不需要变电站出线断路器（负荷开关）配合改为热备用。

（6）对于备用线路一般应保持在充电运行状态，即电源侧断路器（负荷开关）运行，负荷侧断路器（负荷开关）热备用（负荷侧无断路器（负荷开关）只有隔离开关时，隔离开关应拉开），对馈电线路停电操作时，严禁在公告时间之前发令操作；临时停电抢修，值班调控员停电前应通知重要客户，停电后应及时发布停电信息。

（7）有消弧线圈运行的配电网，当进行线路停役或复役操作时，应同时考虑消弧线圈分接头的调整操作（消弧线圈置“自动”位置除外）。

（8）新建、改建或检修后的线路第一次送电时，尽可能以额定电压对线路进行冲击合闸，并经核相正确后方可投入电网运行。

（9）对于线路带电作业，应在良好天气情况、正常运行方式或做必要的运行方式调整后进行；在系统运行方式比较薄弱、重要保供电及节日运行方式下，不宜进行带电作业。带电作业工作负责人在带电作业工作开始前，应与值班调控员联系。需要停用重合闸的作业和带电断、接引线应由值班调控员履行许可手续。能遥控操作时由值班调控员遥控操作，无法遥控时由值班调控员发令，变电运维人员现场操作。在下列情况下进行带电作业应停用重合闸，并不准强送电：

1）中性点有效接地系统中有可能引起单相接地的作业。

2）中性点非有效接地系统中有可能引起相间短路的作业。

3）直流线路中有可能引起单极接地或者极间短路的作业。

4）工作票签发人或工作负责人认为需停用重合闸或直流再启动保护的作业。

在带电作业过程中如设备突然停电，作业人员应视设备仍然带电，工作负责人应尽快与调度联系，值班调控员未与工作负责人取得联系前不得强送电。带电工作结束后应及时向值班调控员汇报。

5.1.3.8　核相操作

新设备或检修后相位可能变动的设备投入运行时，应校验相序相同后才能进行同期并列，校核相位相同后才能进行合环操作。

35、10(20)kV 线路或变压器核相应先进行同电源核相，后进行不同电源核相。

5.1.3.9　消弧线圈操作

（1）消弧线圈的调整应以过补偿的运行方式为基础，但消弧线圈的容量不足或其他特殊情况下允许短时采用欠补偿的运行方式。禁止在接近谐振点运行。

（2）当电网的运行方式改变时，应该及时正确地调整消弧线圈的分接头。分接头的选择应满足以下要求：

1）在正常运行情况下，中性点的长时间位移电压不应超过系统相电压的 15%。

2）当系统发生单相接地故障时，故障点残流不宜超过 10A，必要时可将系统分区运行。

（3）电网在过补偿运行时，增加线路长度应先调整消弧线圈再进行线路操作；减少线路长度时，先操作线路，再调整消弧线圈。如电网在欠补偿运行，操作顺序与上述相反。

（4）在正常情况下，必须根据消弧线圈的信号和接地电压表的指示情况，证明网络中确实不存在接地时，方准操作（断开或投入）消弧线圈。

（5）消弧线圈由一台变压器倒至另一台变压器运行时，应按先拉后合的顺序操作，不得将一台消弧线圈同时接于两台变压器上运行。

（6）除有载消弧线圈外，调整消弧线圈分接头位置时，必须将消弧线圈退出运行。严禁无载消弧线圈在带电运行状态下调整分接头。

（7）当未补偿的电流超过允许值，同时中性点又没有出现过大的电压偏移时，在 30min 以内一般可不调整消弧线圈。但在操作过程中已发生过中性点有较大的电压偏移的网络，不论时间长短，均应先调整消弧线圈再进行操作。有载消弧线圈可直接调整分接头，而无载消弧线圈应先改变电网的运行方式后调整消弧线圈。

5.1.3.10　电容器操作

（1）电容器的投切应根据系统的无功分布及电压情况来决定。

（2）当运行电压超过电容器铭牌额定值 10%时，电容器必须切断。

（3）电容器组断路器拉闸后至再次合闸，其间隔时间不得小于5min。

（4）发现电容器温度过高、箱壳膨胀变形、漏油严重以及瓷头破碎、内部放电等异常情况时，应及时停电处理。

5.1.3.11 电抗器操作

（1）电抗器的投切应根据系统的无功分布及电压情况来决定。

（2）电抗器应尽量减少投切次数和频度。

（3）新投运或长期（持续3个月以上）不投入的电抗器，首次投入后应试运行24h；电抗器正常运行期间应定期测温。

（4）干式电抗器本体出现冒烟、起火、沿面放电等情况，应隔离故障后方可灭火。

5.1.3.12 压变操作

（1）启用压变应先一次后二次，停用则相反。

（2）压变停用或检修时，其二次空气开关应分开、二次熔断器应取下，防止反送电，同时停用该压变所带保护及自动装置，以防止误动；还应考虑故障录波器的交流电压切换开关投向运行母线压变。

（3）单母线压变停役要考虑对有关保护及母线绝缘监视装置的影响，尽可能调整运行方式。无法调整时，则需停用有关保护。

（4）双母线或单母线分段的母线压变正常停役操作，一般要在母线并列运行方式下进行。当两组母线分列运行时，则需先将两组母线操作到并列运行后，方可停一组压变。

（5）双母线运行的压变二次并列开关，正常运行时应断开；倒母线时，应在母联断路器运行且改非自动后，为防止电压中间继电器承受过大的压变不平衡负荷，将压变二次开关投入。倒母线结束，在母联断路器改自动之前，停用该并列开关。

（6）双母线运行，一组压变因故需单独停电时，应先将母线压变经母联断路器一次并列且投入压变二次并列开关后再进行压变的停电。

（7）双母线运行，两组压变二次并列的条件是：一次必须先经母联断路器并列运行，二次侧有故障的压变与正常二次侧不能并列。

（8）母线压变和避雷器共用一把隔离开关时，雷季期间一般不允许停用。特殊情况下，在天气晴好时允许短时间停用。

5.1.4 配电网设备操作注意事项

5.1.4.1 以下情况不得进行遥控操作

（1）设备未通过遥控验收。

（2）设备存在缺陷或异常不允许进行遥控操作时，如控制回路故障、断路器或操动机构压力闭锁、操动机构电源异常或故障、操作断路器的监控信息与实际不符等。

（3）设备正在进行检修时（遥控验收除外）。

（4）自动化系统或通信系统异常影响设备遥控操作时。

（5）有操作人员巡视或有人工作时。

5.1.4.2　将运行中的设备停电检修需注意

（1）把各方面的电源完全断开（任何运行中的星形接线设备的中性点应视为带电设备），禁止在只经断路器断开电源的设备上工作。

（2）应拉开隔离开关，手车开关应拉至试验或检修位置，应使各方面有一个明显的断开点，若无法观察到停电设备的断开点，应有能够反映设备运行状态的电气和机械指示。

（3）与停电设备有关的变压器和电压互感器应将设备各侧断开，防止向停电设备反送电。

5.1.4.3　下列情况应停用线路重合闸装置

（1）线路带电作业有要求。

（2）不能满足重合闸要求的检测条件。

（3）断路器速断容量不允许重合。

（4）超过断路器跳合闸次数。

（5）重合闸装置不能正常工作。

（6）可能造成非同期合闸。

（7）其他应停用线路重合闸装置的情况。

5.2　配电网故障处理的基本原则

5.2.1　配电网事故处理原则

县（配）调值班运行人员是负责配电网运行监视、异常和故障处理的主体。配电网是个复杂、多变的网络，且存在各种不可控因素，如天气、外力破坏等，所以应该首先正确认识其客观规律，进行科学管理，通过技术升级、自动化改造等手段，一体化信息化监控配电网。在故障发生之前进行设备消缺，对存在不能及时消除的安全隐患，要采取相应措施加以管控，防止其发展为缺陷，再进一步发展为故障，影响配电网的正常运行。县（配）调值班运行人员在进行故障处置时，应符合以下总原则：

（1）尽速限制事故的发展，消除事故的根源，解除对人身和设备安全的威胁。

（2）尽可能保持正常设备的运行和重要用户及所（厂）用电的正常供电。

（3）尽速恢复已停电的用户供电，优先恢复重要用户供电。

（4）及时调整并恢复电网运行方式。

5.2.2　故障处置基本流程

5.2.2.1　故障发生的初期阶段

值班调控员应在第一时间内收集故障信息，立即通知相关人员赶往现场，检查监控系统的各种遥测遥信信号，在 5min 内判断基本故障情况，15min 内判断详细故障情况并形成简要处置方案；结合现场人员汇报情况以及用户用电信息反馈进行分析处理，做到信息不漏判不误判；涉及上级调度机构分界点的设备，应立即汇报上级调度机构。县配调主要信息来源有：

（1）调度自动化、配电自动化、监控辅助决策系统等技术支持系统各种遥测、遥信信号。

（2）设备巡查人员现场情况汇报。

（3）配电网抢修指挥系统的信息反馈。

（4）用户用电信息反馈。

值班调控人员在本阶段的首要任务是限制事故的发展，综合分析故障信息，明确故障元件、停电范围、继电保护及安全自动装置动作情况、事件等级、人员和设备的损伤、频率和电压的变化、现场天气、故障范围内是否存在地方电源、是否存在孤岛情况、负荷自动转供情况、相关设备是否过载、电能质量是否满足规定等，及时将故障情况告知配电运检人员、配电网抢修指挥人员、用电检查人员，指挥协调各单位统一进行故障处理。

5.2.2.2 故障隔离阶段

值班调控员对已明确故障的设备（线路）进行故障隔离，现场危险区设好警戒线，并挂好标示牌。值班调控员在系统图形上设置好标志牌。为故障受累停电的用户和设备恢复送电做准备。

为防止故障范围扩大，凡符合下列情况的操作，可由现场运维人员先自行处置后，立即向值班调控员简要报告，事后再做详细汇报。

（1）将对人身和设备安全有威胁的设备停电。

（2）将已损坏且停运的设备隔离。

（3）厂（站）用电全部或部分停电时，恢复其电源。

（4）在电力调度规程或其他现场规程中规定的情况。

5.2.2.3 恢复供电阶段

值班调控员在本阶段的主要任务是隔离故障后，尽快恢复无故障设备（线路）供电，对于满足试送条件的进行试送（试送前了解地方电源已解列、存在孤岛运行的应立即将地方电源解列），试送不成或不具备试送条件的，可以通过方式调整恢复用户供电（一、二级用户优先）。配电网故障处理调电过程中应注意：

（1）对于线路合环调电，注意满足合环条件，必须保证合环点两侧相位相同，相角差、电压差在允许范围内，电压相角差一般不超过20°，电压差一般在20%以内。确保合环后潮流的变化不超过继电保护、设备容量等方面的限额，并考虑对侧带供线路保护的灵敏性。

（2）避免带供线路过长、负荷过重造成线路末端电压下降较大的情况。

（3）调电设备与故障区域隔离，防止调电造成故障范围扩大。

（4）避免形成电磁环网或多个变电站合环运行，合解环时应注意：

1）合解环操作需选择天气晴好条件下进行。

2）每次两条线路合环时间应尽量缩短，最长不得超过 15min。操作人员应安排两组进行，一组合环，一组解环，以缩短两条线路合环时间。

3）为防止因各种原因造成变压器近区短路，影响变电站主变压器的安全运行，合解环点应尽量远离变电站。

4）合解环点应使用断路器操作，断路器遮断容量应满足要求。

5.2.2.4　总结分析阶段

故障处理人员要将事故信息、现场情况及处理过程做好记录并分析事故原因，形成事故分析报告，及时总结运行和管理不足，认真分析并制定相应的反事故措施。

5.2.3　几类典型配电网故障处理原则

5.2.3.1　变电站母线故障及失电处置

当母线发生故障停电后，副职调控员应立即报告正职调控员，并提供动作关键信息：是否同时有线路保护动作、是否有间隔开关位置指示仍在合闸位置。同时联系变电运维站（班）对停电母线进行外部检查，变电运维人员及时汇报值班调控员检查结果。

1. 母线故障类型及危险性分析

（1）母线故障可分为单相接地和相间短路故障。

（2）母线故障由于高电压、大电流可能造成设备损坏及母线全停事故，也能造成变电站全停电事故，对外少送电。

2. 母线故障的可能原因

（1）母线绝缘子绝缘损坏或发生闪络故障。

（2）母线上所接电压互感器故障。

（3）各出线电流互感器之间的断路器绝缘子发生闪络故障。

（4）连接在母线上的隔离开关绝缘损坏或发生闪络故障。

（5）母线避雷器、绝缘子等设备故障。

（6）误操作隔离开关引起母线故障。

3. 母线故障处置原则

（1）值班调控员要根据保护动作和安全自动装置动作情况、开关信号及现场运维人员汇报的事故现象（如火光、爆炸声音等）判断事故情况（母线本身故障，母线引出设备故障），记录开关跳闸时间情况、保护动作信号。

（2）当母线故障停电后，现场运维人员应对停电母线进行外观检查，并把检查情况及时汇报调度，不允许对故障母线不经检查即送电，以防故障范围扩大。

（3）找出故障点并能迅速隔离，在隔离故障点后可对停电母线恢复送电。

（4）找到故障点不能隔离的，将该母线转为检修。

（5）若现场检查找不到明显的故障点，应根据母线保护回路有无异常情况、直流系统有无接地，判断是否保护误动引起，若系保护回路故障引起，应询问自动化班并向上级有关部门汇报。

（6）当GIS设备发生故障时，必须查明故障原因。在故障点进行隔离或修复后，才允许对GIS设备恢复送电。

（7）母线故障或失电后，应拉开连接在该母线上未跳闸的电容器、电抗器开关。

（8）若母线失电不是本站设备故障引起的，应检查一、二次设备情况是否正常。如无异常情况应报告值班调控员，等待来电。

4. 母线故障处置注意事项

（1）区别母线故障与母线失电。母线失电是指母线本身无故障而失去电源，一般是由于电网故障、继电保护误动或该母线上出线、变压器等运行设备故障，本身开关拒跳，而使连接在该母线上的所有电源越级跳闸所致。判别母线失电的依据是同时出现下列现象：

1）该母线的电压表指示消失；

2）该母线的各出线及变压器负荷消失（电流表等指示为零）；

3）该母线所供的所用（厂用）电失去。

（2）变电站高压侧母线失电时应注意：对单电源变电站，可不做任何操作，等待来电；对多电源变电站，为迅速恢复送电并防止非同期合闸，应拉开母联开关或母分开关并在每一组母线上保留一个电源开关，其他电源开关全部拉开（并列运行变压器中、低压侧应解列），等待来电。变电站中低压侧母线故障时，及时对停电线路负荷转供。

5.2.3.2　变电站主变压器故障处置

1. 变电站主变压器故障处置原则

（1）主变压器故障时值班监控员应记录信号、保护动作情况，进行确认光字牌和保护信号及视频监控观察；现场运维人员对保护动作情况及本体进行详细的检查并汇报调度，同时查看变压器有无喷油、着火、冒烟及漏油现象；值班调控员应首先根据保护动作情况和跳闸时现场运维人员汇报外部现象，判明故障原因后再进行处理。

（2）变压器的主保护（如重瓦斯、差动）动作跳闸或压力释放保护动作，未查明原因和消除故障之前，不得强送。

（3）变压器的后备保护（如过流）动作跳闸，运维人员应检查主变压器及母线所有一次设备有无明显故障，检查所带母线的出线开关保护有无动作，如有动作但未跳闸时，先拉此开关后再试送变压器；如检查设备均无异常，继电保护也未动作，可试送变压器，但应按照先主变压器、后母线、再出线逐级送电的顺序进行。

（4）差动保护动作时，现场运维人员应检查差动保护范围内出线套管、引线及接头等有无异常；检查直流系统有无接地现象并汇报调度；若检查为变压器或出线套管、引线上的故障，应停电检修；若检查为保护或二次回路误动，应对回路进行检查，处理完毕后，经测试合格再送电。重瓦斯动作时，要求现场运维人员进一步检查气体继电器的气体量和二次接线是否正确，查明气体继电器有无误动现象。取气测试，判明故障性质。变压器未

经全面测试合格前，不允许再投入运行。

（5）两台并列运行的变压器，其中一台变压器后备保护动作跳闸，全部负荷在另一台运行变压器限额内，先不试送，等查明原因再试送。变压器过负荷时，值班调控员应尽快调整运行方式降低该主变压器负荷，允许过负荷倍数和持续时间按有关规定执行。无法降低负荷且持续过负荷超过规定时间时，执行事故限电措施。

2. 变电站主变压器故障处理注意事项

（1）检查相关设备有无过负荷现象。一台主变压器跳闸后应严格监视其他运行中的主变压器负荷。

（2）当主变压器跳闸时，如发生内部故障，跳开主变压器三侧开关，中、低压侧备自投动作，保证中、低压侧母线正常运行。若主变压器中低压侧存在分段断路器，母线通过这些分段断路器相连的，根据其他运行变压器的负荷情况，通过合上中、低压侧分段断路器恢复中、低压侧母线及全部或部分线路运行。

（3）主变压器跳闸后应首先考虑确保站用电的供电。

3. 主变典型案例

如图 5-4 所示，A 站正常运行方式：1、2 号主变压器运行各带一段 10kV 母线，110kV 母分开关热备用，A101、A103、A105、A107、A109 开关运行于 10kV Ⅰ段母线，2、4 号电容器、2 号站用变，A102、A104、A106、A110 开关运行于 10kV Ⅱ段母线，A 站 A108 线与 B 站 B205 线实现手拉手，两侧开关互投备用电源自投装置，A108 开关热备用，B205 开关运行。4 月 12 日 8：00～4 月 14 日 21：00，2 号主变压器计划停电检修，1 号主变压器带全站负荷。4 月 14 日 14：32，1 号主变压器高压侧绝缘子击穿。

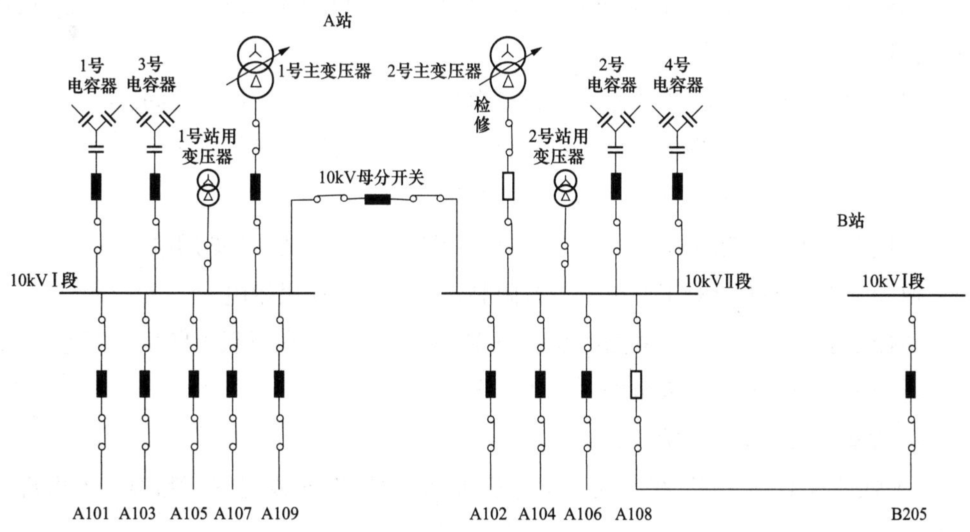

图 5-4　主变典型案例

（1）保护动作情况。

1）1号主变压器差动保护动作，跳开♯1主变压器两侧断路器，A站10kV Ⅰ、Ⅱ段母线及各出线失电。

2）A108线路备用电源自投装置动作，跳开10kV母分开关，随后跳开10kV Ⅱ段母线上所有出线开关，合上A108开关，10kV Ⅱ段母线复电。

♯1、♯2、♯3、♯4电容器失压保护动作跳闸。

（2）调度处理过程。根据A站各线路负荷情况分析结果见表5-1，可以看出B205线不能单独带A站全部出线负荷，需要对A站出线负荷进行限制，恢复保安电源和保障居民用电。

表5-1　　A站各线路负荷情况分析

变电站	线路名称	负荷电流（A）	限流值（A）	变电站	线路名称	负荷电流（A）	限流值（A）
A站	A101	108	400	A站	A102	147	400
A站	A103	149	400	A站	A104	107	400
A站	A105	75	380	A站	A106	132	350
A站	A107	115	380	A站（B站）	A108（B205）	0	600
A站	A109	92	400	A站	A110	63	400

A站恢复送电步骤如下：

1）调控人员不得在主变压器差动保护动作情况下对♯1主变压器强送；记录好开关动作情况和保护装置动作情况，对故障情况做初步分析并向上级调度汇报，迅速通知变电运维人员迅速到站检查设备情况，检修人员检查设备并做好抢修准备，配电运维人员做好操作准备。

2）通知配电网抢修指挥人员停电设备、影响停电范围、预计恢复时间。

3）听取变电运维人员现场汇报，明确故障点，并对故障点进行隔离。

4）监控遥控拉开A站10kV Ⅰ段母线上所有出线开关。

5）遥控合上10kV母分开关，恢复A站10kV Ⅰ段母线及♯1站用电。

6）通知配电运维人员对工业负荷进行限制，优先保证居民用电。

7）遥控合上已控制负荷的线路，恢复A站10kV Ⅰ、Ⅱ段母线上各出线用电。

8）通知配电网抢修指挥人员停电设备已送电。

9）A站调整保护及重合闸方式。

10）加强监视B站205L线负荷，配电运维加强对B205线巡视、测温，若出现过负荷，进行限电。

11）通知检修单位尽快完成♯1主变压器抢修工作，恢复送电。

12）汇报相关部室领导并在24h内写好事故报告。

5.2.3.3　配电网出线故障处置

1. 配电网线路故障的主要原因

（1）设备运行老化或本身质量、施工工艺不良。

（2）人为因素的外力破坏。

（3）雷雨、台风等恶劣天气。

（4）鸟类筑巢。

（5）高温高负荷。

（6）灰尘和雨雾引起的闪络。

2. 配电网线路故障处理

（1）单相接地故障。

1）单相接地故障处理原则：

①当中性点不接地系统发生单相接地时，值班调控员应根据接地情况（接地母线、接地相、接地信号、电压水平等异常情况）及时处理。

②应尽快找到故障点，并设法排除、隔离。

③永久性单相接地允许继续运行，但一般不超过 2h。

④开关因故障跳闸重合或试送后，随即出现单相接地故障时，应立即将其拉开。

2）单相接地故障选线方法。

①拉路法：逐一对线路进行短时停电操作，以判断接地线路。适用于单条线路接地。

②试送电法：当拉路法无效时，将所有出线全部断开，然后逐条试送，在发现某条线路接地时断开，以找出所有接地线路或判断为母线范围故障。适用于母线及线路多点同名相接地。（在母线并列运行时，先转为分列运行，这样能保证尽量减少停电范围，通过进行站用变切换试验检查站用电是否存在接地情况。）

3）单相接地故障选线步骤：配有完好接地选线装置的变电站，可根据其装置反映情况来确定接地点（线路）；安装配电自动化系统的，可以通过系统上传的综合研判与线路上智能开关与故障指示器相关信号进一步确证故障点（线路）。

配电网调度机构根据以下原则编制所辖变电站母线单相接地时的线路试拉序位表：

①可根据接地选线装置来确定接地线路。

②将电网分割为电气上互不相连的几部分。

③试拉空载线路和电容器。

④试拉线路长、分支多、负荷轻、历史故障多且不重要的线路。

⑤试拉分支少、负荷重的线路。

⑥试拉重要用户线路。在紧急情况下，重要用户来不及通知，可先试拉线路，事后通知相关单位。

⑦如试拉电源（厂）联络线时，电源（厂）侧开关应断开。

4）单相接地故障时注意事项：

①记录时间，结合母线电压及 $3U_0$ 确认接地，并判断接地相起始点数值与 TV 断线的区别。

②退出电容器运行，注意母线是否并列，站用电的自行倒换。

③停电过程接地信号消失，试送电（试送法时拉开线路时故障点没有消失，备自投的闭锁压板投入解除备自投；如果多点接地故障，则逐条试送，如发现故障线路先断开，然后继续试送下一条线路直至故障点消失；记录故障线路），母线失压时，接地信号必然消失。

④隔离故障点后（电容器组、站用变压器无故障）则要恢复电容器组及站用变压器。

5）单相接地典型案例。

35kVA 站接线图如图 5-5 所示，其运行方式为：10kV 两段母线并列运行，10kV Ⅰ段母线由 1 号主变压器供电，10kV Ⅱ段母线由 2 号主变压器供电，10kV 母分开关运行。1、3 号电容器及＃2 站用变压器，A101、A103、A105、A107、A109 开关运行于 10kV Ⅰ段母线，＃2、＃4 号电容器及＃2 站用变压器，A102、A104、A106、A108、A110 开关运行于 10kV Ⅱ段母线，其中 A107 为客户管理单位管辖的用户专线且为单电源，A101 为 A 站与 B 站两路互供电源线路（正常 A101 线带负荷，B 站 B102 线路热备用），且为重要用户。

事故现象：某日雷雨天气，A 站 10kV Ⅰ、Ⅱ段母线接，故障电压为 $U_a=0.57$kV，$U_b=10.19$kV，$U_c=10.19$kV，$3U_0=55.75$。故障点：A105、A107 线路＃35杆有异物（A105、A107 同杆架设）。

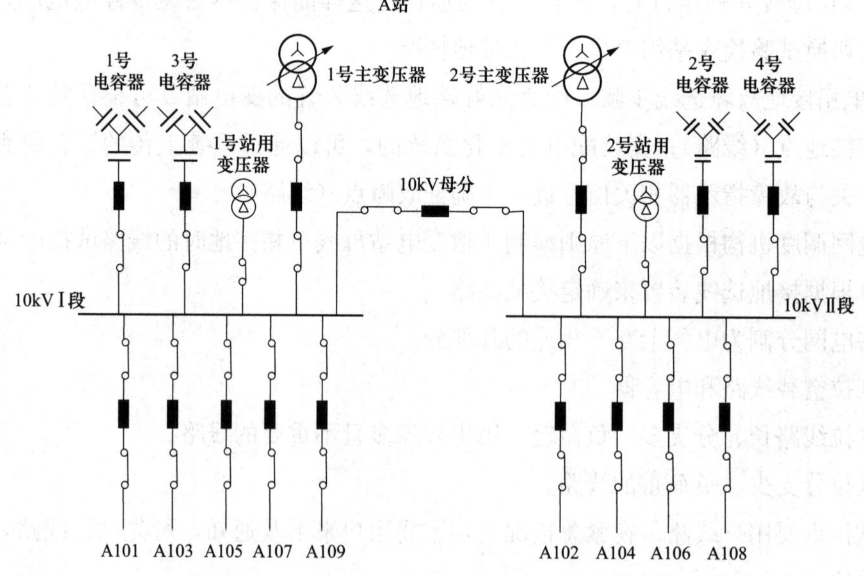

图 5-5　单相接地典型案例

查找接地过程和故障处理过程如下：

①调控员查看监控监控系统信息，变电站小电流接地系统有无选线，配电网自动化等辅助系统有无故障研判线路，询问 95598 系统、供电所有关人员有无用户反映，通知运维人员到站检查站内设备，通知客户管理单位 10kV A101、A107 线用户检查站内设备是否有异常情况，并做好试拉停电的准备。

②拉开 10kV 母分开关解列，10kV Ⅱ段母线电压正常，10kV Ⅰ段母线电压仍异常，判断为 10kV Ⅰ段母线接地。

③退出 10kV ＃1、＃3 电容器组，10kV Ⅰ段母线接地信号未消失。

④试拉 10kV A103 开关（充电备用），10kV Ⅰ段母线接地信号未消失（变电站小电流接地系统有选线的，配电网自动化等辅助系统有故障研判线路，先拉选出的故障线路）。

⑤按各单位拉闸序位表进行试拉，拉一条，合一条（拉 A101 线路时，将 A 站 A101 负荷环调到 B 站 102 线路带），10kV Ⅰ段母线接地信号未消失。

⑥考虑到两条线路同相接地的可能性，再次试拉 A101、A105、A107、A109 开关暂不送电，10kV Ⅰ段母线接地信号消失。

⑦在逐条试送 A101、A103、A105、107、A109 开关，当有接地信号，立即拉开故障线路，试送为 A105、A107 线路接地。

⑧通知供电所人员接地线路处热备用状态并进行巡线，发现故障点为 A105、A107 线路＃35 杆有异物（A105、A107 同杆架设）。

注意：拉开 A101、A103、A105、A107、A109 开关，拉开＃1 站用变压器开关若仍存在接地信号，则确定接地点在 10kV Ⅰ段母线及＃1 主变压器低压侧部分，应立即通知运维人员去现场检查，并及时安排 10kV Ⅰ段母线出线倒负荷。

（2）线路跳闸故障。

1）配电网出线跳闸故障处理原则：

①无论重合成功与否，均应告知故障带电巡线，重合成功但负荷电流明显减小的，需告知巡线人员该情况。

②装有重合闸并投入的终端线路，当开关跳闸重合失灵（拒动、未重合）时，可不经设备检查立即试送一次。

③装有重合闸的线路在重合不成功时，原则上可试送一次。但运检部门已明文规定不能试送的线路，不得试送。若线路有明显的故障现象，应查明原因后再考虑是否试送。

④重合闸停用的线路跳闸后，原则上不予试送，必要时请示单位分管领导。

⑤对于投入备自投装置的变电站，其中一条线路跳闸的情况，如备自投动作成功，另一条线路仍保持供电，则跳闸线路暂不送电。值班调控员应立即通知运维单位组织巡线，发现故障点后，调整到所需的方式。

⑥查到故障点，在消除故障或隔离故障点后，确认其余线路和变电设备无明显故障点

后，可进行试送。

⑦全线巡查找不到明显故障点时，可进行全线试送或逐段试送，逐段试送时应合理分段，减少可能需要的试送次数。试送的线路断路器应本身良好并可保证操作安全，必要时可全由总线断路器进行逐段试送。

⑧经逐段试送确定故障区段后加以隔离检查，对电缆可通过测试绝缘电阻来检查绝缘是否良好，故障区段外线路恢复送电。

⑨全电缆线路开关跳闸及电容器、电抗器、站用变压器开关跳闸，不得强送。

⑩对并有小电厂的线路，试送需确认电厂侧断路器断开；对并有小电厂或供电厂保安电的线路，线路改检修处理时电厂侧也应改线路检修，送电后及时告知电厂。

2）配电网出线跳闸故障注意事项。当遇到下列情况时，值班调控员不允许对线路进行试送：

①设备运维人员汇报站内设备不具备试送条件。

②运维人员已汇报线路受外力破坏或由于严重自然灾害、山火等导致线路不具备恢复送电条件的情况。

③线路带电作业有明确要求，故障后未经联系不得试送。

④线路作业完毕恢复送电时跳闸。

⑤备用线路恢复送电时跳闸。

⑥全电缆线路跳闸。

⑦恶劣天气下，线路发生频繁跳闸。

⑧相关规程明确要求不得试送的情况。

试送电的开关设备要完好，并尽可能具有全线快速动作的继电保护功能。

5.2.3.4 直流系统接地处理原则

1. 直流系统接地的影响

当变电站发生直流系统一点接地时，运维人员应尽快检查并设法排除接地点，防止出现两点接地。无人值班站则由变电运维站（班）迅速派人赴变电站查找，按现场运行规程及有关规定顺序进行查找。如需短时间切除直流电源时，应与相应调度机构的值班员联系，得到其许可后方能停用。

2. 直流两点接地的危害

（1）直流空气开关跳闸、直流熔丝熔断。

（2）保护拒动、误动（差动）。

（3）开关拒动、误动。

（4）误发信号等等。

3. 直流接地的处理步骤

（1）记录时间，确认接地信号并判断接地极。

（2）对次要馈线进行拉路操作。

（3）对重要馈线，经调度许可后进行。

4. 拉保护电源的注意事项

（1）解除相关保护的出口压板。

（2）断开电源，检查接地情况。

（3）送上电源，启动正常后，投入出口压板（软压板）。

5. 直流接地典型案例

35kV M 站正常方式为站内一次、二次及直流系统属标准运行方式，站内无工作，M104 开关与 D 站 D105 开关手拉手，M104 开关运行，对侧 D105 开关热备用。

（1）事故原因：10kV M104 开关测控装置直流绝缘异常。

（2）事故现象：某日大雨，13∶23 M 站直流系统异常、直流母线电压异常告警，直流系统电压 105.5V（正常为 120V）；14∶30 直流系统绝缘故障告警，直流系统电压 35.75V。可以初步研判为 13∶23 因为雨水飘入密封不好的户外二次接线盒或湿度过大，导致某处直流系统绝缘性能下降，14∶30 故障进一步发展造成绝缘损坏，导致直流接地。必须及时消除故障，否则如果直流系统中再有一点接地就可能造成对整个电力系统的严重危害。

（3）调度事故处理。

1）当值调控员查看监控系统信息，记录故障时间及现象，通知变电运维人员到现场查勘，对直流绝缘进行测试，根据运维人员汇报及监控信息窗口进一步确认故障原因。

2）运维人员采用瞬间拉合法，在直流屏上拉开直流断路器或熔丝并记录时间、现象。调度人员应及时掌握进度和相关情况。

3）根据直流查找结果（10kV M104 开关测控装置故障，现场要求将 M104 开关改检修），调度命令应尽快停用该保护装置，优先恢复直流系统母线电压正常。

4）合上 D 站 D105 开关，拉开 M 站 M104 开关，将 M104 线路负荷转出，将 M104 开关改检修，许可相关工作人员工作处理。

5）故障处理完毕后，恢复正常运行方式。

6）记录缺陷，并汇报相关领导上述情况。

（4）注意事项。

1）当绝缘性能降低信号发出，馈出线直流支路绝缘检查显示正常，直流接地可能出现在直流小母线、充电机、蓄电池组。

2）若现场汇报拉路查找不到故障点，则应作为重大缺陷及时汇报相关部门和领导，要求即时处理。

3）在处理直流接地时，不得造成直流短路和另一点接地。

5.2.3.5　电压互感器异常或故障处置

1. 电压互感器故障处置的原则

（1）不得近控操作异常运行的电压互感器的高压闸刀。

（2）异常运行的电压互感器高压闸刀可以远控操作时，应用高压闸刀进行隔离。

（3）不得将异常运行电压互感器的二次回路与正常运行电压互感器二次回路并列。

（4）母线电压互感器无法采用高压闸刀进行隔离时，可用开关切断该电压互感器所在母线的电源，然后隔离故障电压互感器。

（5）线路电压互感器无法采用高压闸刀进行隔离时，直接用停役线路的方法隔离故障电压互感器。此时的线路停役操作，应正确选择解环端。

2. 电压互感器故障处理的注意事项

（1）应注意区分系统单相接地（中性点不接地系统）与电压互感器高、低压熔丝熔断的区别。

1）单相接地时，接地光字牌亮，消弧线圈装置动作并报警"接地"，选线装置动作则发出选线信号，接地相电压降低，其余两相电压升高；金属性接地时，接地相电压为零，其余两相为则为线电压，线电压不变。

2）母线电压互感器高压熔丝熔断时，一相、二相或全部三相电压降低或接近零，其余相电压基本正常，线电压也可能降低。

3）单相接地或母线电压互感器高压熔丝熔断时，电压互感器二次开口绕组电压都增大，都可能发出接地信号，而电压互感器低压熔丝熔断则不会。

4）还可通过测量电压互感器二次侧桩头电压来判断高、低压熔丝熔断，电压正常则为低压熔丝熔断或二次回路故障。

（2）电压互感器内部发生故障，常会引起火灾或爆炸。若发现电压互感器高压侧绝缘有损坏时（如冒烟或内部有严重放电声），应使用电源断路器将故障电压互感器切断，此时严禁用隔离开关断开故障的电压互感器。电压互感器回路上都不装开关。如直接用电源断路器切除故障就会直接影响用户供电，所以要根据现场实际情况进行处理。若时间允许先进行必要的倒母线操作，使拉开故障电压互感器设备时不致影响对用户供电。若电压互感器冒烟、着火，来不及进行倒母线时，应立即拉开该母线电源断路器，然后拉开故障电压互感器隔离开关隔离故障，再恢复母线运行。

（3）应将电压取自该电压互感器并可能造成误动或拒动的继电保护及自动装置停用，如距离保护、备自投、电容器欠压保护等。

（4）若有多台母线电压互感器，则检查熔断器熔断电压互感器二次回路良好后，将其切换到正常电压互感器二次供电，电压互感器改检修调换高压熔断器。

（5）不停电切换二次回路，一次侧母线需先行并列，防止电压互感器反向充电。一次侧母分并列操作可能形成电磁环网的操作前需经上级调度同意。

3. 电压互感器典型案例

K 站（见图 5-6）正常方式为：35kV K311 线带全站负荷，1、2 号主变压器并列运行负荷均匀分配，负载率均为 0.6，35kV K312 线充电备用，本站未配置选线装置 10kV K101、K102、K103、K104、K106、K107、K108、K109 线路与他站 10kV 线路手拉手，10kV K105 线路与本站 K110 线路手拉手。线路全部满足转供能力，10kV 线路均实现智能化，为集中型设备。本站接地拉闸顺序为：K108，K105，K109，K101，K107，K102，K103，K107，K104，K106，K110。某日 10：30，调控员发现 K 站 10kV Ⅰ、Ⅱ段母线接地 1Ⅰ段母线三相电压 U_a=11.4kV，U_b=11.2kV，U_c=0.12kV；10：32，10kV Ⅰ段母线三相电压变为 U_a=0.04kV，U_b= 0.00V，U_c=0.12kV，通过视频监控，发现 35kV K 站 10kVⅠ段母线 TV 间隔有烟雾。

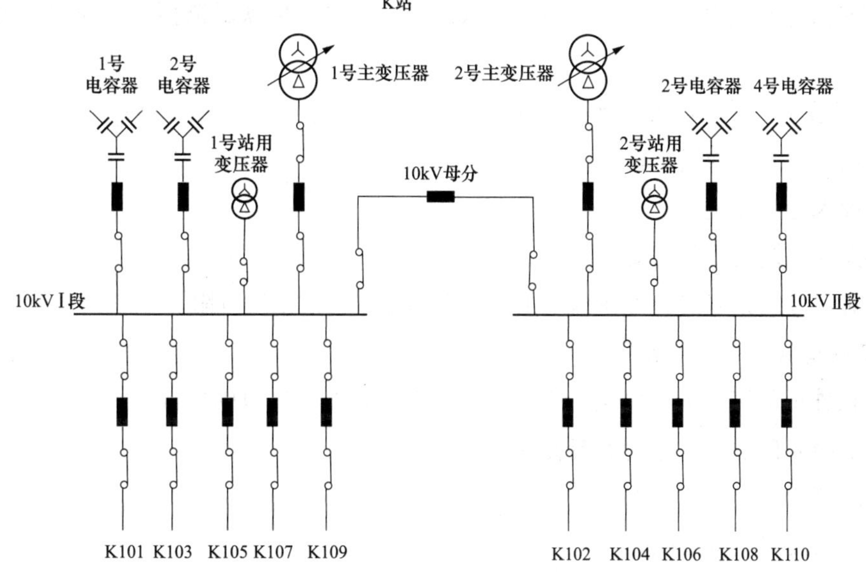

图 5-6　电压互感器典型案例

（1）故障现象。根据 10：30 35kV K 站故障象征，可以明确判断为该站 10kV 系统发生 C 相金属性接地。10：32，10kV Ⅰ段母线三相电压变为 U_a=0.04kV，U_b= 0.00V，U_c=0.12kV。通过视频监控，发现 35kV K 站 10kV Ⅰ段母线 TV 间隔发烟。可以研判出：因 C 相金属性接地，A、B 相电压升高为线电压，造成Ⅰ段母线 TV 绝缘损坏并冒烟。应立即隔离Ⅰ段 TV，避免Ⅰ段 TV 发生更严重故障（如绝缘击穿造成短路甚至爆炸，危及母线），扩大故障，损失更严重。

（2）调度处理过程。

1）立即拉开 K 站 10kV 母分开关和 1 号主变压器 10kV 开关，将 10kVⅠ段母线 TV

脱离电源，避免10kVⅠ段母线TV发生更严重故障。拉开10kV Ⅰ段母线各出线开关。

2）通知配抢人员故障情况、停电范围等。

3）指令变电运维人员拉开10kVⅠ段母线TV插头，隔离10kVⅠ段母TV，恢复10kVⅠ段母线供电，切换电压二次回路，监视10kVⅠ段母线电压情况。

4）按照接地拉闸逆顺序逐条送电，当送到某线路发生接地时，将其拉开，直到全部送电结束、确定接地故障线路。

5）通知接地线路运维单位（或客户管理单位）带电巡线，确定故障点并处理。

6）通知变电检修立即赶赴现场，进行故障抢修。

7）汇报相关领导。

5.2.3.6 谐振过电压的处置原则

1. 铁磁谐振过电压处置原则

当向接有电磁式电压互感器的空载母线或线路充电产生铁磁谐振过电压时，可按下述措施处置：

(1) 切断充电开关，改变操作方式。

(2) 投入母线上的线路。

(3) 投入母分开关。

(4) 投入母线上的备用变压器。

(5) 对空母线充电前，可在母线压变二次侧开口三角处接电阻。

2. 工频谐振过电压处置原则

由于操作或故障引起电网发生工频谐振过电压，按下述原则处置：

(1) 手动或自动投入专用消谐装置。

(2) 恢复原系统。

(3) 投入或切除空载线路。

(4) 改变运行方式。

(5) 必要时可拉停线路。

3. 谐振典型案例

110kV变电T站某日10：25发生10kV Ⅰ段母线谐振现象，$U_a=11.4$kV，$U_b=11.2$kV，$U_c=6.12$kV，$3U_0=120$V，变化幅度大，10：33在Ⅰ段母线上运行的1号电容器开关保护出口动作，电压恢复正常，查阅视频监控，发现电容器室有烟雾。谐振过电压产生的原因有参数谐振和铁磁谐振两种。从该变电站多次的谐振调查情况来看，应该还是铁磁谐振，并且发生分频和基频谐振的情况较多。

(1) 当值调控员查看监控系统信息，记录故障时间及现象，通知变电运维人员到现场检查。

(2) 现场运维人员汇报1号电容器保护动作，1号电容器组B相烧毁，有烧烤痕迹，

无法投入运行。

（3）调度下令将＃1 电容器开关改检修，＃1 电容器组改检修并退出 AVC 控制，通知相关检修人员到现场故障处理。

（4）记录故障，并汇报相关领导。

（5）在＃1 电容器检修期间，做好 10kV Ⅰ段母线电压控制。

（6）故障处理实验合格后恢复运行，投入 AVC 控制。

（7）做好方式调整，避免谐振发生。发生谐振时采取下列措施：

1）断开充电断路器，改变运行方式。

2）投入母线上的线路，改变运行方式。

3）投入母线，改变接线方式。

4）投入母线上的备用变压器或站用变压器。

5）将 TV 开口三角侧短接。

6）投、切电容器或电抗器。

5.2.3.7　调度自动化系统异常处置

（1）值班调控员立即停用 AVC 系统，通知运维单位对相关厂站进行人工调整。

（2）通知各厂站加强监视设备状态及线路潮流，发生异常情况及时汇报。

（3）向上级调度机构汇报自动化系统异常情况。

（4）值班调控员通知相关设备运维单位，并将监控职责移交至现场运维人员。

（5）调度自动化系统全停期间，除电网异常故障处置外，原则上不进行电网操作、设备试验。

（6）根据相关规定要求，必要时启用备调，根据应急预案采取相应的电网监视和控制措施。

5.2.3.8　调度通信中断处置

配电网调度机构、厂站运维单位的调度通信联系中断时，各相关单位应积极采取措施，尽快恢复通信联系。在未取得联系前，通信联系中断的各相关单位应暂停可能影响系统运行的调度运行操作。

凡涉及电网安全问题或时间性没有特殊要求的调度业务，失去通信联系后，在与值班调控员联系前不得自行处置；紧急情况下按厂站规程规定处置。

通信中断情况下出现电网故障，应按以下原则处置：

（1）电源（厂）运维人员应加强监视，控制线路输送功率不超稳定限额。如超过稳定极限，应自行调整出力。

（2）电网电压异常时，值班调控员、厂站运行值班人员应及时按规定调整电压，视电压情况投切无功补偿设备。

(3) 通信恢复后，运维人员应立即向值班调控员汇报通信中断期间的处置情况。

5.2.4 35kV变电站常见信息分类及释义

5.2.4.1 信息分类

电网运行数据以满足电网调度指挥与电网运行分析需求为主，在原调度远动数据基础上补充变电运行监视数据。采集数据上传信号应符合国家电网有限公司企业标准Q/GDW 11398—2015《变电站设备监控信息规范》模型，分为事故、异常、变位、越限、告知信息。

1. 事故信号

（1）全站事故总信号。具备中央信号回路的变电站，选择事故音响信号；不具备中央信号回路的变电站，可将各电气间隔事故信号进行组合，采用“触发加自动复归”方式形成全站事故总信号。

（2）间隔事故信号。优先选择操作箱断路器异常跳闸信号作为间隔事故信号。

（3）继电保护动作信号、多重保护配置的间隔按“重要单列、次要归并”的原则梳理保护信号。

（4）断路器机构三相不一致跳闸。断路器失灵保护动作信号。

（5）重合闸信号。

（6）稳控装置动作信号。

2. 变位信号

为值班调控员遥控、遥调操作信号。依据大运行方案的需求，调控中心调控员遥控操作的项目有拉合断路器的单一操作、调节变压器分接开关、远方投切电抗器及电容器、拉合变压器中性点接地开关和调度允许的其他遥控操作。

3. 异常信号

设备运行状态信号按间隔反映一、二次设备及回路异常告警，以及站内交、直流电源异常告警。该信号用于主站设备监控模块生成变电站设备运行状态图，以“正常”和“告警”指示设备工况，为调控员总体浏览与交接班检查提供辅助手段。

4. 越限信号

设备越限信号是根据所控站的各类设备最小载流元件、最大最小运行电压，对设备运行的电流、电压负荷进行监视，超出范围进行告警。

5. 告知信号

设备告知信号是根据站端信息除事故、异常、越限、变位的其他信息，告知调控员只负责对告知信息进行统计。

5.2.4.2 常见信息释义

以典型设计的35kV变电站为例，其常见的光字牌信号及其释义如表5-2所示。

表 5-2　　变电站常见信息释义

序号	遥信名	信息分类	释义	后果
1	全站事故总信号	事故	将各电气间隔事故总进线合并（逻辑或），并采用“触发加自动复归”方式	
2	间隔事故总信号	事故	断路器操作箱 KKJ 合后位置与 KCT 动合触点串联（逻辑与）构成的事故总信号	
3	消防火灾总告警	事故	火灾告警装置发出消防告警	变电站起火或有烟雾
4	××故障解列装置故障	异常	故障解列装置自检、巡检发生严重错误，装置闭锁所有保护功能	故障解列装置处于不可用状态
5	××故障解列装置出口	事故	动作跳开相应开关	跳开相应开关
6	××故障解列装置异常	异常	①TA 断线。②TV 断线。③CPU 检测到电流、电压采样异常。④内部通信出错。⑤装置长期启动。⑥保护装置插件或部分功能异常。⑦通信异常	故障解列装置处于不可用状态
7	直流系统交流输入故障	异常	直流系统交流输入模块存在异常	可能影响直流系统及相关设备正常工作，需要调整直流系统运行方式
8	直流系统绝缘故障	异常	直流系统发生接地或绝缘水平低于设定值，由直流绝缘监测装置发出该信号	若再有一点直流接地可能造成直流系统短路使熔丝熔断，造成直流失电；正极接地可能使保护误动、负极接地可能使保护据动
9	直流系统母线电压异常	异常	直流系统母线电压异常	影响直流系统及相关设备工作
10	直流系统蓄电池总熔丝熔断	事故	蓄电池组回路短路、电池故障等引起熔丝熔断	影响直流系统及相关设备工作
11	直流系统蓄电池异常	异常	蓄电池室温度过高、蓄电池电压异常	蓄电池电压过高将造成负荷侧装置元器件烧毁，影响装置的使用寿命；电压过低，直流电压低，一是影响正常操作，二是遇系统故障时可能造成保护装置拒动
12	××备自投动作	事故	根据不同投入方式跳开、合上相应开关	根据不同投入方式跳开、合上相应开关

续表

序号	遥信名	信息分类	释义	后果
13	××备自投故障	异常	备自投装置自检、巡检发生严重错误，装置闭锁所有保护功能	备自投装置处于不可用状态，如果被保护设备故障失电，则备自投拒动
14	××备自投装置异常	异常	自检、巡检发生严重错误，不闭锁保护，但部分保护功能可能会受到影响	备自投装置部分功能不可用，可能造成备自投装置误动或拒动
15	××开关控制回路断线	异常	控制电源消失或控制回路故障，造成断路器分合闸操作闭锁	若线路保护与控制回路断线为一一对应的，则断线回路对应的保护无法实现动作跳闸；若两组控制回路都断线则断路器无法进行分合闸；断路器无法实现分闸，保护动作后断路器拒动，造成越级跳闸，扩大事故范围；断路器无法实现合闸，但不影响分闸
16	××开关机构弹簧未储能	异常	断路器弹簧未储能，造成断路器不能合闸	断路器不能合闸
17	××开关保护TV断线	异常	开关保护装置检测到电压消失或三相不平衡	保护装置距离保护功能闭锁，同时存在误动可能；所带低周保护失去功能，存在误动可能；可能影响检同期重合闸正确动作
18	××开关测控装置故障	异常	装置自检、巡检发生错误，装置闭锁所有保护功能	保护处于不可用状态
19	××开关测控装置通信中断	异常	装置与监控后台（或远动）的通信中断	监控后台（调控端）无法监视保护状态、动作信息
20	××开关保护远方操作压板位置	变位	装置远方就地旋钮置于就地位置	装置只可就地操作，不可远方遥控
21	××母线接地	异常	母线及所带线路发生短路接地	母线三相电压不平衡，接地相电压降低或为零，其他两相电压升高
22	××电容器欠压保护动作	事故	欠压保护动作，跳开相应电容器组	相应电容器跳闸
23	××电容器保护闭锁	异常	因电容器保护动作，所属断路器不受调控端AVC系统控制	该无功补偿装置故障，无法参与电压调节
24	××电容器零序保护动作	事故	电容器零序保护动作，跳开相应电容器	相应电容器跳闸
25	××保护测控装置故障	异常	装置自检、巡检发生错误，装置闭锁所有保护功能	保护处于不可用状态

续表

序号	遥信名	信息分类	释义	后果
26	过流保护动作	事故	过电流保护动作，跳开相应电容器断路器	电容器断路器跳闸
27	过压保护动作	事故	过电压保护动作，跳开相应电容器组	电容器断路器跳闸
28	××开关 SF_6 气压低告警	异常	监视断路器本体 SF_6 压力数值。由于 SF_6 压力降低，压力继电器动作	如果 SF_6 压力继续降低，造成断路器分合闸闭锁
29	××变压器本体轻瓦斯告警	异常	反映主变压器本体内部异常	发轻瓦斯保护告警信号
30	××变压器本体压力释放出口	事故	主变压器本体压力释放阀门启动，当主变压器内部压力值超过设定值时，压力释放阀开始泄压；当压力恢复正常时，压力释放阀自动恢复原状态	本体压力释放阀喷油
31	××变压器本体油位异常	异常	主变压器本体油位偏高或偏低时告警	主变压器本体油位偏高可能造成油压过高，有导致主变压器本体压力释放阀动作的危险；主变压器本体油位偏低可能影响主变压器绝缘
32	××变压器本体重瓦斯动作	事故	反映主变压器本体内部故障	造成主变压器跳闸
33	××变压器测控装置通信中断	异常	装置与监控后台（或远动）的通信中断	监控后台（调控端）无法监视保护状态、动作信息
34	××变压器差动保护装置故障	异常	装置信息收集、处理、保护出口错误，装置闭锁所有保护功能	保护处于不可用状态
35	××变压器差动保护出口	事故	反映主变压器高压侧和中压侧接地短路故障，不反映主变压器相间故障和低压侧故障	主变压器三侧断路器跳闸，可能造成其他运行变压器过负荷；如果自投不成功，可能造成负荷损失
36	××变压器油温过高告警	告知	主变压器本体油温过高	可能加速主变压器绝缘老化，严重时造成绝缘损坏、主变压器跳闸
37	××变压器有载轻瓦斯告警	告知	反映主变压器有载油温、油位升高或降低，气体继电器内有气体等	发有载轻瓦斯告警信号（不上告警窗）

续表

序号	遥信名	信息分类	释义	后果
38	××变压器有载压力释放告警	异常	主变压器有载压力释放阀门启动，当主变压器内部压力值超过设定值时，压力释放阀开始泄压；当压力恢复正常时，压力释放阀自动恢复原状态	发主变压器有载压力释放告警信号，严重时可能引起压力释放阀喷油
39	××变压器有载油位异常	异常	主变压器有载调压储油柜油位异常	主变压器有载调压储油柜油位偏高可能造成油压过高，有导致主变压器有载压力释放阀动作的危险；油位偏低可能影响主变压器绝缘
40	××变压器有载油温高告警	异常	主变压器有载油温过高	可能加速主变压器绝缘老化，严重时造成绝缘损坏主变压器跳闸
41	××变压器有载重瓦斯出口	事故	反映主变压器有载调压装置内部故障	造成主变压器跳闸
42	××变压器保护TA断线	异常	主变压器保护装置检测到电流互感器二次回路开路或采样值异常等原因造成差动不平衡电流超过定值，延时发TA断线信号	可能保护装置需要电流量的保护功能不可用；可能造成保护装置异常运行状态或误动作；TA二次绕组开路产生高电压，导致二次设备或回路绝缘损坏
43	××变压器保护TV断线	异常	主变压器保护装置检测到电压消失或三相不平衡	保护装置需要电压量的保护功能不可用；保护装置方向元件不可用；过电压保护拒动
44	××变压器保护过负荷告警	异常	相应电压等级侧电流越告警值	主变压器发热甚至烧毁，加速绝缘老化，影响主变压器寿命
45	××变压器过载闭锁有载调压	异常	变压器过负荷运行，闭锁有载调压功能	有载调压处于不可用状态
46	××变压器后备保护装置故障	异常	装置信息收集、处理、保护出口错误，装置闭锁所有保护功能	保护处于不可用状态
47	保护重合闸动作	事故	带重合闸功能的线路发生故障跳闸后，断路器自动重合	线路断路器重合

第 6 章　配电网调控管理

本章介绍配电网调控管理相关内容，主要包括配电网调控运行管理、方式计划管理、继电保护管理、自动化管理、配电网抢修指挥管理、应急保障管理等。

6.1　配电网调控运行管理

6.1.1　调控运行管理

我国电力系统调度管理实行“统一调度、分级管理”的基本原则，电网调度机构分为五级调度，各级调度在电网调度业务中为上下级关系，包括国家调度（国调）、跨省（区）调度（网调分中心）、省（区）调度（省调）、省辖地市调度（地调）、县（区）级调度县（配）调，下级调度必须服从上级调度。

县（配）调调控机构是电网分级调度的最低层，主要担负 35kV 及以下配电网的调控运行管理，负责县（配）调管辖范围内电网调度与监控业务，同时接受上级电力管理部门、调度机构授权或委托的相关调控工作。

县（配）调调控机构依据《中华人民共和国电力法》《电网调度管理条例》《电力监管条例》《电网运行规则》《电网运行准则》等和国家、地方政府以及上级电力管理部门制定的相关电力行业法律、法规及标准制定适用的电力调控规程。如浙江省电力有限公司在 2017 年由省调牵头，统一修编《浙江省电力系统县（配）调度控制管理规程》，完成县（配）调度控制管理规程的一致性与通用性，调控专业管理更加规范化。

2018 年浙江省县级调控机构改革，将供电服务相关业务及职责纳入调控专业管理，各县（配）调调控机构成立“电力调度控制分中心（供电服务指挥分中心）”，强化运检、营销、调控等专业工作协同，提升客户服务能力。

6.1.1.1　配电网调度管辖设备

（1）调度管辖范围内的设备分为直接调度设备、授权调度设备、许可调度设备。

1）直接调度设备：由调度机构直接行使调度指挥权的发电、变电、配电、用电等一次设备及相关的继电保护、通信及自动化等二次设备，简称直调设备；同一设备原则上应仅由一个调度机构直接调度。

2）授权调度设备：由上级调度机构授权下级调度机构直接调度的发电、变电、配电和用电等设备。授权调度设备的调度安全责任主体为被授权的调度机构。

3）许可调度设备：运行状态变化对上级调度机构直调系统运行影响较大且应得到上级调度机构许可的下级调度机构直调设备，简称许可设备。许可设备范围的确定和调整由上级调度机构确定。许可设备状态变更前，应申请上级调度机构许可；许可设备状态发生改变，应及时汇报上级调度机构。

电网紧急情况下，上级调度机构可越过下级调度机构，直接对下级调度机构管辖范围内设备行使调度指挥权；如需改变设备状态，下级调度机构应得到上级调度机构的许可。

（2）调度管辖范围划分应遵循有利于电网安全、优化调度的原则，并根据电网发展情况适时调整；上级调度可以根据实际工作需要，将原调度管辖范围内的设备授权下级调度机构。

（3）监控范围仅限于符合监控信息接入调度集中运行监控系统的设备；下级调度机构监控范围调整应报上级调度机构审核批准。

6.1.1.2　配电网调度管辖范围

（1）县调调度管辖范围。

1）220kV 变电站 35、10(20)kV 出线间隔，110kV 变电站主变压器中低压侧母线及以下设备属县调直调设备。220kV 变电站 35、10(20)kV 出线母线隔离开关及 110kV 变电站主变压器中低压侧母线隔离开关为地、县调度分界点。

2）35、10(20)kV 电压等级变电站（公用配电站所）线路（包括分支线）属县调直调设备。10(20)kV 公用配电变压器高压侧开关设备属县调直调设备。

3）35kV 用户变电站调度管辖范围划分按并网调度协议执行。

4）高压侧不同电源间具备电气连接的 10(20)kV 双（多）电源用户变电站属县调管辖，调度管辖范围具体划分按并网调度协议执行。

5）公用变电站侧间隔引出的 35、10(20)kV 用户专线首个断开点（断路器、隔离开关）为县调、用户调度分界点，属县调许可设备。无断开点的专线用户侧进线断路器状态变更前须得到县调许可，状态变更后应及时汇报。

6）凡并（接）入 35、10(20)kV 配电网运行的电源（厂）属县调直调设备，调度管辖范围具体划分按并网调度协议执行。

7）自动电压控制（简称 AVC）系统，整个系统投退属地调许可。凡列入地调低频减载方案中的 220kV 变电站 35、10(20)kV 出线装设的分散式低频减载装置、110kV 变电站集中式与分散式低频减载装置属县调直调设备、地调许可设备。

（2）配调调度管辖范围。

1）220kV 变电站 10(20)kV 出线间隔，110kV 变电站主变压器中低压侧母线及以下

设备属配调直调设备。220kV 变电站 10(20)kV 出线母线隔离开关及 110kV 变电站主变压器中低压侧母线隔离开关为地、配调度分界点。

2）10(20)kV 电压等级公用配电站（所）、线路（包括分支线）属配调直调设备，10(20)kV 公用配电变压器高压侧开关设备属配调直调设备。

3）高压侧不同电源间具备电气连接的 10(20)kV 双（多）电源用户变电站属配调管辖，调度管辖范围具体划分按并网调度协议执行。

4）公用变电站侧间隔引出的 10(20)kV 用户专线首个断开点（断路器、隔离开关）为配调、用户调度分界点，属配调许可设备。无断开点的专线用户侧进线断路器状态变更前须得到配调许可，状态变更后应及时汇报。

5）凡并（接）入 10(20)kV 配电网运行的电源（厂）属配调直调设备，具体调度管辖范围划分按并网调度协议执行。

6）凡列入地调低频减载方案中的 220kV 变电站 10(20)kV 出线装设的分散式低频减载装置、110kV 变电站集中式与分散式低频减载装置属配调直调设备、地调许可设备。整个 AVC 系统投退属地调许可。

6.1.2 设备监控管理

监控工作内容主要包括监控范围内受控站设备监视、无功电压调整、规定范围内的开关（二次软压板）遥控操作、集中监控事故及异常处理、设备验收及启动等。

6.1.2.1 设备监视

值班监控员负责受控站设备的监视工作，主要包括事故、异常、越限、变位、告知等信息；全面掌握各受控站的运行方式、设备状态、异常信号、主设备的负载、电压水平、故障处理等情况；定期对受控站进行巡回检查，及时发现隐患、异常和缺陷。当监控系统发生异常造成受控站部分或全部设备无法监控时，应通知自动化人员处理，并将设备监控职责移交给相应现场运维人员。在此期间，现场运维人员应加强与值班监控员联系。

6.1.2.2 无功电压调整

无功电压调整的工作内容主要有：①执行并完成管辖范围内的电压合格率指标、系统功率因数指标；②按管辖范围负责 AVC 系统的运维；③按月统计并定期分析电压和功率因数合格率，发现电网无功电压方面存在的问题，并提出应对措施；④参与规划、设计、基建及技改等阶段中涉及电网无功平衡、补偿容量、设备和调压装置选型、参数、配置地点的审核工作；⑤监视无功功率、电压变化在合格范围内，按监控范围或上级调度机构授权范围进行无功补偿设备的投切操作，调整变压器分接头位置。

6.1.2.3 开关（二次软压板）遥控操作

遥控操作主要工作内容包括：①拉合开关的单一调度口令遥控操作；②有载调压变压器无功电压调整操作；③二次软压板远方投退操作。

浙江省公司县配调对监控工作要求是：①副值及以上值班监控员有权接受各级调度预

发的操作任务票（操作预令）核对无误后，转发至受控站，并与现场运维人员核对无误；②正值及以上值班监控员有权接受调度操作指令（操作正令）；③监控执行的单一操作任务可不填写操作票；④遥控操作时，应核对相关变电站一次系统图画面，优先在分画面上操作。

6.1.2.4　集中监控事故及异常处理

配电网受控站事故及异常发生后值班监控员应本着保人身、保电网、保设备的原则迅速、准确处理，以浙江省电力有限公司县配调为例，对值班监控员工作要求为：①异常发生时，应对异常信号、时间等重要相关信息做出初步分析，通知现场运维人员检查处理；②监控系统发生异常，造成受控站部分或全部设备无法监控时，值班监控员应通知自动化人员处理，并将设备监控职责移交给相应现场运维人员；③对于受控站设备缺陷，若为危急或严重缺陷，现场运维人员应立即告知值班监控员，并由其汇报相关调度，在此期间值班监控员应对相关设备加强监视，同时在OMS端发起集中监控缺陷流程，通知运检单位安排消缺，缺陷消除后，现场运维人员应及时告知值班监控员消缺情况；④受控站内电网设备发生故障跳闸时，值班监控员应迅速收集、整理相关故障信息，并根据故障信息进行初步分析判断，及时将有关信息向相关值班调度员汇报，同时通知运维人员进行现场检查、确认，并做好相关记录并完成缺陷流程闭环管理。

县配调设立集中监控信息分析师（监控专职）制度，按年、月、周开展集中监控信息综合分析及隐患排查，定期组织召开集中监控信息分析例会，通报集中监控信息分析研判与隐患排查结果，对隐患排查开展闭环管理，有效提升集中监控管理水平。

6.1.2.5　设备验收及启动

工程建设单位（指负责工程项目管理的基建单位或生产单位）应在新建工程启动前3个月向相关单位提供设计图纸及监控信息表，改、扩建工程应在启动前1个月提供相关资料。

监控人员对监控信息表进行审核，提交自动化人员进行数据库维护、画面制作、数据链接等生产准备工作。对于审核发现的问题，应通过工程建设单位与设计单位进行确认。

监控验收合格后，设备方可启动。设备检修、消缺、执行反措等工作后，若有二次线回路变更、点位变化等情况，应在现场验收通过后，由现场运维人员通知监控人员验收。监控验收合格后，工作方告终结。

6.2　方式计划管理

配电网方式计划是指根据配电网运行检修，新（改、扩）建工程或业扩工程需要，按照有关标准和规定，供电企业所属各级调控机构对于现在及未来一定时期内配电网运行方式及调度计划的安排。

6.2.1　配电网方式安排原则

6.2.1.1　配电网运行方式的主要内容

（1）配电网运行方式相关的统计数据，如电网规模、新设备投产情况等。

（2）负荷预测、电力电量平衡、配电设备投运、退役和检修计划安排。

（3）配电网运行方式计算分析数据管理，包括发电机组、变压器、配电线路、负荷、无功补偿等计算分析所需的模型及参数管理。

（4）配电网正常及检修方式下的潮流等计算分析，制定配电网的运行方式、稳定限额及相应的控制要求。

（5）配电网薄弱环节分析、对策及建议。

（6）配电网运行风险分析、风险评估表及风险预警单。

（7）配电网无功平衡和优化。

（8）协助制定安全稳定控制装置（系统）的策略和运行规定，配合编制低频、低压减负荷分配方案。

6.2.1.2　配电网年度运行方式编制原则

应以保障电网安全、优质、经济运行为前提，充分考虑电网、用户、电源等多方因素，以方式计算校核结果为数据基础，对配电网上一年度运行情况进行总结，对本年度配电网运行方式进行分析并提出措施和建议，从而保证配电网年度运行方式的科学性、合理性、前瞻性。

配电网调度机构应在每年年底前完成所辖配电网年度运行方式的编制工作，并在次年3月底前完成汇报工作和下达年度运行方式。在年度方式正式下发后，做好年度方式宣贯和执行跟踪工作，并加强对配电网运行方式的后评估，及时评估措施的实施效果，分析总结存在的问题，改进和完善配电网运行方式。

6.2.1.3　配电网年度运行方式编制要求

（1）应提前组织规划、建设、营销、运检等相关部门开展技术收资工作，保证年度方式分析结果准确。

（2）具备负荷转供能力的接线方式应充分考虑配电网发生 $N-1$ 故障时的设备承载能力，做好变电站半停、全停时配电网负荷转移分析和统计，并提出满足所属供电区域的供电安全水平和可靠性要求的相应措施。

（3）应核对配电网设备安全电流，确保设备负载不超过规定限额。对于负载率超过80%的应做好负荷跟踪监视和运行方式安排，并向公司其他相关部门反馈相关信息，提出相应的解决要求。

（4）短路容量不超过各运行设备规定的限额。

（5）配电网电能质量应符合国家标准的要求。

（6）配电网继电保护和安全自动装置应能按预定的配合要求正确、可靠动作。

（7）配电网接入分布式电源时，应做好适应性分析。

（8）配电网运行方式应与上一级电网运行方式协调配合，具备各层次电网间的负荷转移和相互支援能力，保障可靠供电，提高运行效率。

（9）各电压等级配电网无功电压运行应符合相关规定。

（10）配电网年度方式应与主网年度方式同时编制完成并印发，应对上一年配电网年度方式提出的问题、建议和措施进行回顾分析，完成后评估工作。

6.2.1.4　配电网正常运行方式安排要求

（1）配电网正常运行方式应与上级电网运行方式统筹安排，协同配合。

（2）配电网正常运行方式安排，应结合配电自动化系统控制方式，合理利用馈线自动化使电网具有一定的自愈能力。

（3）配电网正常运行方式的安排应满足不同重要等级客户的供电可靠性和电能质量要求，避免因方式调整造成双电源客户单电源供电，并具备上下级电网协调互济的能力。

（4）配电网的分区供电。配电网可根据上级变电站的布点、负荷密度和运行管理需要，划分成若干相对独立的分区配电网，同一分区配电网内的上级变电站原则上要求在同一220kV分区内，并要充分考虑因设备原因而产生的角度差因素。分区配电网供电范围应清晰，不宜交叉和重叠，相邻分区间应具备适当联络通道。分区的划分应随着电网结构、负荷的变化适时调整。

（5）线路负荷和供电节点均衡。应及时调整配电网运行方式，使各相关联络线路的负荷分配基本平衡，且满足线路安全载流量的要求，线路运行电流应充分考虑转移负荷裕度要求；单条线路所带的配电站或开关站数量应基本均衡，避免主干线路供电节点过多，保证线路供电半径最优。

（6）固定联络开关点的选择。原则上由运检部门和营销部门根据配电网一次结构共同确定主干线和固定联络开关点。优先选择交通便利，且属于供电企业资产的设备，无特殊原因不将联络点设置在用户设备，避免转供电操作耗费不必要的时间。对架空线路，应使用柱上开关，严禁使用单一刀闸作为线路联络点，规避操作风险。联络点优先选择具备遥控功能的开关，利于台端对设备的遥控操作。因特殊原因主干线和固定联络开关点发生变更，调度部门应及时与运检部门和营销部重新确定主干线和联络开关点。

（7）专用联络线正常运行方式。变电站间联络线正常方式时一侧运行，一侧热备用，以便于及时转供负荷、保证供电可靠性。

（8）转供线路的选择。配电网线路由其他线路转供，如存在多种转供路径，应优先采用转供线路线况好、合环潮流小、便于运行操作、供电可靠性高的方式，方式调整时应注意继电保护的适应性。

（9）合环相序相位要求。配电网线路由其他线路转供，凡涉及合环调电，应确保相序一致，压差、角差在规定范围内。

（10）转供方式的保护调整。手拉手线路通过线路联络开关转供负荷时，应考虑相关线路保护定值调整。外来电源通过变电站母线转供其他出线时，应考虑电源侧保护定值调整，被转供的线路重合停用、联络线开关进线保护及重合闸停用。

（11）备自投方式选择。

1）双母线接线、单母线分段接线方式，两回进线分供母线，母联/分段开关热备用，备自投可启用母联分段备自投方式。

2）单母线接线方式，一回进线供母线，其余进线开关热备用，备自投可启用线路备自投方式。

3）内（外）桥接线、扩大内桥接线方式，两回进线分供母线，内（外）桥开关热备用，备自投可启用桥备自投方式。

4）在一回进线存在危险点（源），可能影响供电可靠性的情况下，其变电站全部负荷可临时调至另一条进线供电，启用线路备自投方式。待危险点（源）消除后，变电站恢复桥（母联、分段）备自投方式。

5）具备条件的开关站、配电室、环网单元，宜设置备自投，提高供电可靠性。

（12）电压与无功平衡。

1）系统的运行电压应考虑电气设备安全运行和电网安全稳定运行的要求，应通过 AVC 等控制手段，确保电压和功率因数在允许范围内。

2）应尽量减少配电网不同电压等级间无功流动，尽量避免向主网倒送无功。

（13）配电网调度机构制定的稳定限额由公司分管领导批准签发，并下达到各单位。值班调控员应根据稳定限额监视设备输送潮流，严禁超限额运行。

（14）设备主管部门应定期核定设备过负荷能力，提供给配电网调度机构作为电网稳定控制限额编制的依据。当出现运行设备缺陷等情况导致过负荷能力变化时，设备主管部门应及时书面通知配电网调度机构。

（15）配电网调度机构应开展电网安全校核和风险分析工作。对可能构成七级及以上电网事件的，提出风险点和防范措施，编制本单位“风险预警通知单”和故障处置预案，并经调控、安监、运检、营销等部门负责人会签，本公司分管领导签批后执行。

（16）“风险预警通知单”原则上需在工作实施前 36h 发布，四级以上“风险预警通知单”需在工作实施 3 个工作日前发布；“风险预警通知单”涉及工作实施前 1 个工作日，各项预警管控措施均应落实到位。

（17）配电网调度机构按浙江电网运行方式管理标准，开展电网中期（2～3 年）滚动校核工作。相关部门、电源（厂）应严格按照《浙江电网运行方式管理规定（试行）》所要求的上报时间、上报格式完成配电网中期（2～3 年）滚动校核相关资料的报送工作。

（18）配电网中期（2～3 年）滚动校核工作主要内容包括：

1）配电网特性研究，短路电流控制方案。

2）配电网供电能力及容载比、无功补偿配置方案研究。

3）第二道、第三道防线控制策略。

4）对规划网架和配电网建设时序的优化及补强措施建议。

（19）配电网调度机构参与编制本地区低频减载实施方案。低频减载控制负荷数量不得低于上级调度机构下达的配置计划。根据上级调度机构下达的低频减载实施方案，编制整定单、落实校验计划于每年5月底前实施完毕。

（20）配电网调度机构应建立低频减载自动装置台账，并对低频减载实际投运情况进行在线监控。配电网调度机构应在每月15日规定时刻，统计各级低频减载装置所控制的实际负荷数值，并于每月20日前书面报上级调度机构。配电网调度机构应根据安排每年定期开展自动低频减载装置投用情况实测工作，并做好实测结果的分析和总结。

（21）低频减载装置所控制的负荷应能被有效切除，凡是列入低频减载装置控制的线路不能配置备自投装置。当低频减载装置所控制的线路检修或装置因故停运时，应报上级调度机构备案，并采取措施保持低频减载装置有效切除的负荷总量不减。

（22）配电网调度机构根据设备主管部门提供的设备允许运行限额，制定并发布调度管辖设备稳定限额，并对所发布的稳定限额正确性负责。

6.2.1.5　检修情况下运行方式安排要求

检修情况下的配电网运行方式安排应充分考虑安全、经济运行的原则，尽可能做到方式安排合理。

（1）线路检修。

1）为保证供电可靠性，线路检修工作优先考虑带电作业。需停电的工作应尽可能减少停电范围，对于无工作线路段可通过其他线路转供方式，并应在检修工作结束后及时恢复正常方式。

2）不停电线路段由对侧带供时，应考虑对侧线路保护的全线灵敏性，必要时调整保护定值。

3）上级电网中双线供电（或高压侧双母线）的变电站，当一条线路（或一段母线）停电检修时，在负荷允许的情况下，优先考虑负荷全部由另一回线路（或另一段母线）供电；遇有高危双电源客户供电情况，应尽量通过调整变电站低压侧供电方式，确保该类客户双电源供电。

（2）变电站主变压器检修。上级电网中两台及以上主变压器（或低压侧为双母线）的变电站，当一台主变压器检修（或一段母线停电检修），在负荷允许的情况下，优先考虑负荷全部由另一台主变压器供电。遇有高危双电源客户供电情况，应尽量通过调整变电站低压侧供电方式，确保该类客户双电源供电。

（3）变电站全停检修。

1）上级电网中变电站全停时，需将该站负荷尽可能通过低压侧移出；如遇负荷转移

困难的，可考虑临时供电方案；确无办法需停电的，应在月度调度计划上明确停电线路名称及范围。

2）变电站全停检修时，应合理安排方式，保证站用电的可靠供电。

（4）检修调电操作要求。进行调电操作应先了解上级电网运行方式后进行，必须确保合环后潮流的变化不超过继电保护、设备容量等方面的限额，同时应避免带供线路过长、负荷过重造成线路末端电压下降较大的情况。

6.2.1.6　事故情况下运行方式安排要求

（1）上级电网中双线供电（或高压侧双母线）的变电站，当一条线路（或一段母线）故障时，在负荷允许的情况下，优先考虑负荷全部由另一回线路（或另一段母线）供电，并尽可能兼顾双电源客户的供电可靠性。

（2）上级电网中有两台及以上变压器（或低压侧为双母线）的变电站，当一台变压器故障时，在负荷允许的情况下，优先考虑负荷在站内转移，并尽可能兼顾双电源客户的供电可靠性。

（3）故障处理应充分利用配电自动化系统，对于故障点已明确的，可立即通过遥控操作隔离故障点，并恢复非故障段供电。恢复非故障段供电时，应优先考虑可以遥控调电的电源。

（4）因事故造成变电站全停时，优先恢复站用电。

（5）线路故障在故障点已隔离的情况下，应尽快恢复非故障段供电。转供时应避免带供线路及上级变压器过负荷的情况。

6.2.1.7　春节运行方式安排要求

（1）春节期间原则上不安排基建、技改和计划检修，保持全接线、全保护运行，确保本电网的低频减载装置全部完好，并按要求全部投入运行。

（2）做好保供电方案，修订、落实各项预案和措施，加强对输变电设备的巡查，消除事故隐患，确保春节期间的可靠供电。运检部门应加强对主变压器及各侧设备运行工况的监视，避免设备的强迫停运，尽早安排对各变电站的主、备用站用变压器之间的切换和检查。

（3）对于长期未投运的并联电抗器，在正式投运前安排试投运至少 24h，同时在试投运期间进行不少于 2 次的红外线测温。春节期间运行的电抗器也需至少安排 1～2 次红外线测温。

（4）10、35kV 变电站并联电容器原则上全部退出运行，AVC 系统调节方式改为只调节主变压器分接头，停用投切电容器功能。当母线电压低于下限并且电压分接头无法调节时，才考虑投入电容器。不允许无功向主网倒送；控制网供功率因数在 0.95 以下。

（5）各直调电站应坚守岗位，加强值班纪律，并服从系统需要，具备进相能力的电站在电网有需求时进相运行，增强系统无功调控能力和手段。为确保节日期间系统稳定运行，电网有需求时安排有调节能力的水电站机组调停，保障无调节能力的可再生能源正常发电。

（6）严格控制管辖范围内的专线用户、专变用户电容器的过补运行，即不允许无功倒送；用户停产时并联电容器必须同时退出；每天向调控中心运方专职上报退出电容器容量，控制并网电厂保持高功率因数运行。

6.2.1.8　新设备启动安排要求

（1）配电网设备新（改、扩）建工程投产前，应由运检部门提前向调控机构报送投产资料，资料应包括设备的相关参数、设备异动的电气连接关系等内容。

（2）业扩报装工程投产前，应由营销部门提前向调控机构报送投产资料，资料应包括设备的相关参数、设备异动的电气连接关系等内容。

（3）为处置配电网设备危急缺陷而更换相关设备的工作，运检部门应在设备投产后2日内向调控机构补报投产资料，完善相关流程。

（4）调控机构应综合考虑系统运行可靠性、故障影响范围、继电保护配合等因素，开展启动方案编制工作。

（5）调控机构依据投产资料编写启动方案，启动方案应包括启动范围、定（核）相、启动条件、预定启动时间、启动步骤、继电保护要求等内容。

（6）运检部门和营销部门应分别负责组织供电企业所属设备和客户资产设备验收调试和启动方案的准备工作，确保启动方案顺利执行。

（7）新设备启动过程中，如需对启动方案进行变更，必须经调控机构同意，现场和其他部门不得擅自变更。

6.2.2　配电网计划编制原则

6.2.2.1　配电网调度计划编制原则

（1）配电网停电计划管理应实现从中压配电网（10～35kV电网）到低压配电网（0.4kV电网，含配电变压器）停电计划的全覆盖。

（2）月度计划以年度计划为依据，周计划、日前计划以月度计划为依据，周计划实施双周滚动调整。

（3）配电网建设改造、检修消缺、业扩工程等涉及地域范围内配电网停电或启动送电的工作，均需列入配电网调度计划。

（4）配电网设备调度计划应按照“下级服从上级、局部服从整体”的原则，综合考虑设备运行工况、重要客户用电需求和业扩报装等因素，坚持一停多用，合理编制调度计划，主配电网停电计划协同，减少重复停电。

（5）在夏（冬）季用电高峰期及重要保电期，原则上不安排配电网设备计划停电。

（6）配电网计划停电应最大限度减少对客户供电影响，尽量避免安排在生活用电高峰时段停电。

6.2.2.2　配电网调度计划编制要求

（1）配电网调度机构综合平衡年度检修计划后，制订配电网年度计划，并于年底前以公文形式发布。

（2）配电网调控机构应每月组织召开调度计划平衡会。相关部门（单位）应按要求提前向调控机构报送配电网设备停电检修、启动送电计划。月度计划确定后以公文形式印发，并在 OMS 系统中流转。

（3）配电网调控机构应依据月度停电计划及周计划开展日前停电计划管理工作，批复相关单位检修申请，并进行日前方式安排。

（4）配电网调度计划应明确计划停送电时间、计划工作时间、停电范围、工作内容和检修方式安排等内容，并按照工作量严格核定工作时间。

（5）应综合考虑客户用电需求和调度停电计划，做到客户检修计划与本单位调度计划同步，减少重复停电。

（6）配电网新（改、扩）建工程和业扩报装停送电方案必须经调控机构审查后，相关设备停电工作方可列入年、月度及周停电计划。

（7）上级输变电设备停电需配电网设备配合停电的，即使配电网设备确无相关工作，也应列入配电网调度计划。

（8）配电网调度机构根据月度、周调度计划负责做好电网月度、周运行方式分析及电网风险预警工作。

6.2.2.3　调度计划的执行与变更

（1）配电网月度计划应刚性执行，原则上不得随意变更。如确需变更的，应提前完成变更手续，并经公司分管领导批准。

（2）项目主管部门应跟踪、督促物资及施工准备情况，在停电计划执行之前完成相关准备工作。

（3）一般设备的计划检修，检修单位应至少提前 7 个工作日向配电网调度机构上报停役申请单；影响用户供电的工作应至少提前 10 天提出申请。相关部门（单位）应至少在节前 10 个工作日上报节日检修的停役申请单。配电网调度机构于工作开始前 7 天批复涉及用户或电源（厂）的停电申请；其他停役申请原则上于工作开始前一周星期五 15:00 前批复。

（4）设备运检部门应严格按照调度计划批准的停电范围、工作内容、停电工期严格执行，不得擅自更改。

（5）未纳入月度停电计划的设备有临时停电需求和已纳入月度计划的工作需取消时，相关部门（单位）应提前完成临时停电审批手续，并经分管领导批准。

（6）因客户、天气等因素未按计划实施的项目，原则上需取消该停电计划，另行履行调度计划签批手续。

（7）已批准的停电检修工作因故不能按计划执行时，应在原批准停电时间前 3h 通知值班调控员，由值班调控员终止停役申请单。已开工的设备停电工作因故不能按期竣工的，原则上应终止工作，恢复送电。如确实无法恢复，应在工期未过半前向配电网调度机构申请办理延期手续，不得擅自延期。

6.3 继电保护管理

6.3.1 继电保护的作用

继电保护装置就是能反映电力系统中电气元件发生故障或不正常运行状态，并动作于断路器跳闸或发出信号的一种自动装置。它的基本任务是：

（1）自动、迅速、有选择地将故障元件从电力系统中切除，使故障元件免于继续遭到破坏，保证其他无故障部分迅速恢复正常运行。

（2）反映电气元件的不正常运行状态，并根据运行维护的条件，而动作于发出信号、减负荷或跳闸。此时一般不要求保护迅速动作，而是根据对电力系统及其元件的危害程度规定一定的延时，以免不必要的动作和由于干扰而引起的误动作。

（3）依据实际情况，尽快自动恢复对停电部分的供电。

6.3.2 继电保护的基本要求

动作于跳闸的继电保护，在技术上应满足四个基本要求，即选择性、速动性、灵敏性和可靠性。

（1）选择性。要求继电保护装置动作时，仅将故障元件从电力系统中切除，使停电范围尽量缩小，以保证系统中的无故障部分能继续安全运行。同时，必须考虑继电保护或断路器拒绝动作的可能性，因此需要考虑后备保护的问题。后备保护分远后备和近后备：远后备实现简单、经济，性能完善，应优先采用；只有当远后备不能满足要求时，才考虑采用近后备的方式。35kV 及以下电网一般采用远后备方式。在保护整定计算时，需考虑选择性。

（2）速动性。要求继电保护装置在发生故障时能迅速动作切除故障，以提高系统运行稳定性，减少用户在电压降低情况下的工作时间，降低故障元件的损坏程度。在保护选型和参数设定时，需考虑速动性。

（3）灵敏性。要求继电保护装置对其保护范围内发生的故障或不正常运行状态都能正确反应，通常用灵敏系统来衡量。在保护整定计算时，需考虑灵敏性，在某些时候选择性和灵敏性不可兼得，需根据实际情况有所取舍。

（4）可靠性。要求继电保护装置在规定的范围内发生了它应该动作的故障时能可靠动作，而在任何其他该保护不应该动作的情况下应该不误动作。可靠性主要指保护装置本身的质量和运维水平而言，其又分为可靠不误动（安全性）和可靠不拒动（可信赖性），提升两者的措施常常是相互矛盾的，在保护选型时，需要根据实际运行情况有所取舍。

6.3.3　配电网继电保护分类

（1）按保护功能分，可分为主保护、后备保护、辅助保护、异常运行保护等。

1）主保护：是为了满足系统稳定和设备安全要求，能以最快速度有选择地切除被保护设备和线路故障的保护。

2）后备保护：是主保护或断路器拒动时，用以切除故障的保护。后备保护一般分为远后备和近后备两种方式。

远后备是当主保护或断路器拒动时，由相邻电力设备或线路的保护动作来切除故障的方式，优点是简单、经济，动作可靠性高，缺点是动作时限较长。

近后备是当主保护或断路器拒动时，由该设备的另一套保护实现后备的保护，当断路器拒动时，由断路器失灵保护动作来实现故障隔离的后备方式，优点是动作迅速，缺点是投资大，原理复杂。

3）辅助保护：为补充主保护和后备保护的性能或当主保护和后备保护退出运行而增设的简单保护。

4）异常运行保护：反映被保护设备或线路异常运行状态的保护。

（2）按动作原理分，配电网继电保护可分为差动保护、距离保护、电流保护、电压保护、频率保护、非电量保护等。

1）差动保护：以被保护元件两侧差流为动作判据的保护，一般应用于重要线路、有速动性要求的超短线路、变电站主变压器保护。

2）距离保护：以阻抗作为判据的保护，因阻抗正比于线路长度，其反映的是故障点至保护安装处的距离，所以称为距离保护。其最大的优点是速动段受运行方式变化的影响小，主要应用于输电线路的保护。

3）电流保护：以电流作为判据的保护，优点是简单、经济、可靠，缺点是受运行方式影响大，主要应用于配电网线路保护。通常可根据运行方式需要加电压闭锁或方向闭锁。

4）电压保护：以电压作为判据的保护，包括低电压保护、过电压保护、负序电压保护等。目前在配电网中主要作为低压解列或电容器低压和过压保护的动作判据，或作为过流、低频保护的闭锁条件，增加主变压器带负荷能力和降低过流、低频保护的误动可能性。

5）频率保护：以频率作为判据的保护，分为低频保护和高频保护，一般作用于低频切负荷和高频切机，保障电网频率安全。一般经电压和滑差闭锁。

6）非电量保护：以非电气量作为判据的保护，如瓦斯保护、超温保护等，在配电网中一般应用于变压器和电抗器保护。

（3）按配电网被保护的设备分，配电网继电保护可分为主变压器保护、母线保护、线路保护、故障解列、备自投、柱上开关保护、配电变压器保护等。

6.3.4 配电网继电保护管理要求

1. 基本要求

(1) 配电网调度机构按照调度管辖范围开展继电保护及安全自动装置的定值、运行和专业技术管理工作。

(2) 配电网调度机构负责新建工程、技改工程以及系统规划的继电保护专业的审查工作（含可研、初设、继电保护及安全自动装置配置原则等）。

(3) 配电网调度机构组织或参加本单位的继电保护专业事故调查与分析工作，并负责监督反事故措施的执行。

2. 变电站保护运行管理要求

(1) 新、改、扩建工程设备投入运行前，设备运维单位应及时编制、修订现场运行规程，并核对全部继电保护及安全自动装置按整定单要求投入。

(2) 设备运维单位应按照 DL/T 995《继电保护和电网安全自动装置检验规程》的要求，编制检修计划，开展继电保护及安全自动装置检查、定期校验及更改定值等工作。

(3) 继电保护及安全自动装置的动作分析和运行评价按照分级管理的原则，依据 DL/T 623《电力系统继电保护及安全自动装置运行评价规程》开展。

(4) 继电保护及安全自动装置的反事故措施及软件版本升级工作应统一管理，分级实施。设备运维单位负责反事故措施及软件版本升级的具体实施。运维人员应按继电保护及安全自动装置运行规程对设备及二次回路进行定期巡视，对相关设备做在线测试和记录，并对控制回路信号、继电保护及安全自动装置信号、交流电压回路、直流电源等进行检查。

(5) 运维单位应储备必要的继电保护及安全自动装置备品备件并建立台账，定期进行测试，保证其可用性。

(6) 配电网设备的继电保护及安全自动装置的状态信息、告警信息、动作信息等数据应上送配电网调度机构。

(7) 对于满足“双确认”条件的，可在配电网调度机构主站进行远方投退继电保护及安全自动装置的功能软压板和切换定值区的操作。

(8) 设备运维单位应保证主保护的投入率、运行率及正确动作率，对存在的各种缺陷应采取措施及时消除。

(9) 现场进行继电保护及安全自动装置工作，必须按规定办理检修申请。所有继电保护及安全自动装置的投、停操作顺序按现场运行规程执行。

(10) 设备运维单位应按照配电网调度机构继电保护专业要求及时填报保护装置动作、缺陷等信息。

(11) 继电保护及安全自动装置应按规定正常投运。一次设备不允许无主保护运行。紧急情况下的电网特殊运行方式须征求保护专业意见，采取措施后方可调整，但任何一次

设备不允许无保护运行。

（12）当继电保护及安全自动装置异常或二次回路故障时，运维人员应按现场运行规程进行处理并报告值班调控员。若造成一次设备无保护时，值班调控员应指令停用该一次设备。

（13）配电网继电保护及安全自动装置动作时，值班调控员应记录装置动作情况，并立即通知设备运维人员现场检查。运维人员应将现场保护动作信号详细准确记录，及时将动作跳闸的装置名称、故障相别、重合闸装置动作情况、故障录波器动作情况及故障测距等信息汇报值班调控员。

（14）配电网调度机构应做好继电保护及安全自动装置缺陷管理。运维单位应建立管辖范围内继电保护及安全自动装置的消缺工作档案，做好消缺工作记录，定期上报给配电网调度机构。

3. 变电站保护整定管理要求

（1）继电保护及安全自动装置的整定计算按“地县一体化”原则开展，整定计算范围原则上与调度管辖范围一致。

（2）并网电源（厂）及大用户的继电保护及安全自动装置定值除调度管辖设备以外，均由设备运维单位自行整定，并报配电网调度机构备案。

（3）应按下一级电网服从上一级电网、下级调度服从上级调度、尽量考虑下级电网需要的原则开展定值整定。分界面的保护定值应按照上级调度机构下达的限值执行。

（4）新、改、扩建的配电网设备工程主管部门应提供电网继电保护及安全自动装置整定计算所需的设备参数和图纸资料，包括相应的线路设计参数、发电机和变压器出厂试验报告、完整的一次主接线图与继电保护及安全自动装置图纸资料、现场继电保护及安全自动装置版本清单与互感器变比清单。

（5）新、扩建的用户变电站、电源（厂）工程，均由营销部（客户服务中心）提供主接线图、运行方式、投产设备名称及相关参数、图纸、说明书等资料。35kV 用户变电站工程应提前 1 个月、10(20)kV 用户变电站工程应提前 15 天提供。

（6）配电网调度机构每年夏季高峰前应进行一次全面的继电保护及安全自动装置定值“三核对”工作。每年修编年度继电保护及安全自动装置整定方案和运行说明，经公司分管领导批准后实施。年度继电保护及安全自动装置整定方案和运行说明应包含：

1）各种继电保护及安全自动装置具体整定原则。

2）整定计算所考虑的最大、最小运行方式，整定允许的最大负荷电流，方案适应的运行方式及要求。

3）变压器中性点接地方式的安排。

4）正常和特殊方式下调控运行的注意事项或操作规定。

5）系统主接线图、继电保护配置及定值图。

6）继电保护及安全自动装置整定配合中存在的问题及其处理对策。

（7）配电网调度机构应执行整定单闭环管理，并实现电子化流转。继电保护及安全自动装置更改定值或改造更新投入运行前，现场运维人员必须核查设备符合运行规程要求并与整定单要求一致，应与值班调控员核对整定单编号一致后投入。

（8）继电保护及安全自动装置的定值更改应尽量结合一次设备的停役进行，同时必须停用相应保护。无特殊要求，更改微机保护装置定值可不做交流通流试验校核定值，但必须核对定值清单。

4. 10kV配电网保护运行管理要求

10kV配电网保护设备主要有智能开关保护和配电室、环网站保护。配电网调控机构负责制定配电网保护整定配置原则，运检部门负责配电网保护整定及设备的安装、调试和检修。

（1）智能开关保护。

1）联络开关以及含联络关系的分支开关，其主要作用为隔离，一般为合环倒负荷方便，原则上要求取消保护。

2）主线上的分段开关、有联络关系的支线上的分段开关，原则上要求取消保护，当变电站保护灵敏度达不到要求时，需由继电保护专职出具联系单给运行管理人员，运行人员方可按联系单设置整定值。对长支线，若运行维护上有要求，可由运行管理人员提出，特别对待。特别对待的柱上开关整定情况应书面通报调度继保专职同意后方可执行。

3）支线开关，原则上要求设保护。保护要求设Ⅱ段过流保护。速断考虑躲最大容量配电变压器低压侧故障，原则上速断保护应按躲支线上最大容量配电变压器的最大励磁涌流整定，一般取3～6倍过流定值，时间0s。单台配电变压器最大励磁涌流按6倍额定电流考虑（按经验值最大变压器容量630kVA取800A，800kVA及1000kVA取1200A，1250kVA及以上取1600A），时间取0s。过流保护按躲最大负荷电流整定，要求带一短延时，一般取0.3s。对支线末端距变电站5km内的支线路，为避免负荷变化频繁调整，可根据变电站保护限额往大调整。（注：过流保护原则上一级分支设置为400A（不宜超过变电站出线过流保护定值），建议一级分支取0.8倍变电站出线过流Ⅲ段保护定值），时间0.3s；二级分支设置为200A（建议二级分支取0.64倍变电站出线过流Ⅲ段保护定值），时间0.3s。对T接在主线10km以外的一级支线参照二级支线整定，对重载二级分支参照一级分支整定（可按照1.5倍最大负荷电流考虑）。涌流时间取300ms。

4）对智能开关，因其含有重合闸及接地告警功能，另补充两条规定：

A. 设置保护的开关，若其不送电站（光伏不在其中），其重合闸可投入。对于变电站过流Ⅰ段投入且动作时限为0s的线路，一级分支重合闸时间建议取20s，二级分支线重合闸时限取25s（保障变电站重合闸有15s充电时间，在Ⅰ段范围内的永久性故障导致变电站保护和智能开关保护同时动作跳闸时，变电站重合闸能在智能开关重合失败隔离故障后

再次动作，提升主线重合闸成功率)。对于变电站过流Ⅰ段未投或动作时限大于 0s 的线路，一级分支重合闸时间 5s，二级分支重合闸时间取 10s。

B. 设置保护的开关，零序保护可投信号。零序定值取三挡：第一挡支线负荷 150A 左右，取 6A；第二挡支线负荷 80A 左右，取 4A；第三挡支线负荷 40A 左右，取 3A。

5）柱上开关整定单应留档保存，并有执行人签名及执行日期。

（2）配电室、环网站配置综保装置保护。

1）环网站、配电室必须在环境符合综保设备的运行要求时，方可投入保护，防止因运行环境原因造成保护误动。

2）各运检部门需制定相关的运维制度，定期对保护设备进行巡查及检修，确保保护可靠投运。

3）配电室、环网站配置综保装置，因其相对复杂，因此由各供电服务指挥中心调度保护专职向运检部提供整定单模板（当有新的保护型号投运时由运检部提前 5 个工作日向调度保护专职提出申请并提供相关资料）。

4）运检部门根据原则进行整定，并按模板出具整定单，要求设置两段式过流保护。

A. 过流Ⅰ段：要求躲配电变压器励磁涌流，按 8 倍的最大容量配电变压器额定电流整定（二次值应除以 TA 变比）。例：800kVA 配电变压器，动作电流 8×800/1.732/10.5＝352A；二次值 TA 变比为 200/5，则 352/40＝8.8A；时间取 0s。

B. 过流Ⅱ段：取躲过负荷电流，可按约 2 倍最大负荷电流整定（二次值应除以 TA 变比）。例 1：一台 800kVA 配电变压器，动作电流取 80A；二次值 TA 变比为 200/5，则 80/40＝2A。例 2：负荷电流约 100A 时，动作电流取 200A；二次值 TA 变比为 200/5，则 200/40＝5A，时间取 0.3s。

5）保护整定单应留档保存，并有执行人签名及执行日期。

6.4　自动化管理

6.4.1　基本原则

调度自动化管理包含主网调度自动化及配电网调度自动化主站系统的管理。

主站运检部门（单位）应做好自动化主站系统的运行管理、技术管理、系统建设、技术改造和运维工作，应做好系统安全运行工作。

厂站运检部门（单位）负责自动化子站系统（终端）的安全运行，负责自动化子站（终端）设备的运维和检验，参加新建和改（扩）建自动化子站（终端）设备的设计审查以及投运前的调试和验收。

配电网调度机构应严格遵守上级颁发的调度自动化系统运行管理规程，严格遵守上级颁发的基建、技改、科研等有关的规范和规定，结合实际制定和完善自动化系统运行管理实施细则。

配电网调度机构自动化主管部门、厂站自动化运维单位应按照国家有关部门颁发的规定做好电力监控系统安全防护工作。

6.4.2 信息管理

自动化系统的信息应满足必要的冗余度和电网调度运行监视、控制、分析的相关要求。直接采集的实时数据的范围应覆盖其调度管辖范围及与其调度管辖范围紧密相关设备的实时数据。

电源（厂）和变电站向调度传输的遥测、遥信、遥控、遥调等自动化实时信息内容符合 DL 5003《电力系统调度自动化设计技术规程》规定，满足配电网调度运行监视、控制和分析的要求。

配电网调度自动化系统采集的遥测、遥信、遥控数据，包括电网设备状态信息、保护信息、配电网调度自动化子站（终端）数据等，应满足调控业务实时性要求。

新、改、扩建工程，调度自动化信息应满足配电网调度机构调度自动化系统的要求。新设备投运或停役 3 个月以上设备复役前，必须完成该设备及对侧厂站设备相关信息与各级自动化系统的联调核对工作。

新安装的自动化系统和设备应提供完整的工程资料、技术资料和上线前安全测评资料。安全认证测评内容应满足电力监控系统安全防护相关规定。

调度自动化系统和设备试运行 3 个月后，经验收合格，履行相关手续后，方可转为正式运行。配电网自动化主站系统在交付配电网调度机构使用前，应向省调提交交接验收申请，经验收合格后，方可正式使用。

6.4.3 运行管理

建立自动化主站设备巡视制度。系统运维人员每天定时检查系统运行情况，确保主站功能应用及数据交互正常，记录巡视记录单，发现异常通知相关人员及时处理。

自动化运行值班人员以及运维人员开始在自动化系统上工作或发现自动化系统功能和信息异常时，应立即通知值班调控员采取相应措施，防止错误信息导致配电网调度和监控出现差错。

在一、二次系统发生与自动化系统有关的变更时，应将变更内容以书面形式及时通知自动化主站运维人员。自动化主站运维人员应根据变更内容及时修改数据库、画面、报表、模拟屏接线等。变更完成后通知值班调控员进行确认，确保自动化系统反映的电网情况与配电网实际状态相符。

配电网调度机构和厂站运维单位应保证其所运维设备的图纸、资料齐全，做到图实相符。

运行中的自动化设备应做好软件和数据备份，并定期进行检查性恢复试验。自动化设备首次投入运行前或每次变更后应及时进行数据备份。

凡参与电网 AVC 调整的主变压器和无功补偿设备，在新设备投产前和设备大修后，

应经过配电网调度机构组织的 AVC 系统联合测试。系统联合测试合格后方可投入 AVC 功能。

运维单位应保证参与电网 AVC 调整的设备的正常投入。除紧急情况外，未经调度许可不得将投入 AVC 运行的设备擅自退出运行或修改参数。

在自动化系统发生变更，如系统改造、新设备接入和参数变更时，配电网调度机构应在实施前把方案报上级自动化管理部门审查，经批准后方可实施。

配电网调度机构应针对自动化系统和设备可能出现的故障，制定相应的应急处置预案和处置流程。

分布式电源项目的调度自动化、通信和并网运行信息采集及传输，应满足调度自动化、电力通信和电力监控系统安全防护等制度、标准的要求。

35kV 接入的分布式电源远动信息上传优先采用电力调度数据网，也可采用专线传输方式，远动通道应冗余配置。10(20)kV 接入用户侧的分布式电源项目可采用无线通信方式，但应经安全接入区接入并满足安全防护要求。

6.4.4　检修管理

自动化系统或设备的检修工作应执行自动化设备检修申请管理流程。

调度自动化系统和设备的检修分为计划检修、临时检修和故障抢修。

年度检修计划应注明项目名称、主要工作内容、计划实施时间、项目所涉及的主要设备、主要应用功能、影响范围等内容。年度检修计划需与一次设备基建、改造计划平衡。

月度检修计划应包括检修设备、是否停电检修、检修工作主要内容、起止时间以及对上送信息、遥控、遥调功能的影响情况等内容。

系统内所有上级调度机构管辖的、与上级调度机构有信息传输关系的或属本级调度重大技改、大修项目的自动化系统主站设备检修均应纳入上级调度机构月度检修计划。

自动化设备检修工作应纳入生产计划管理流程，并按照电网自动化设备检修管理规定执行申请、批复和许可流程。

自动化系统和设备的计划检修和临时检修由配电网调度机构自动化部门按流程提出申请，经本单位其他部门会签并办理有关手续后方可进行。如可能影响到向上级调度机构传送的自动化信息时，应向上级调度机构提出申请并获得准许后方可进行。

自动化设备检修工作开始前，应与对其有调度管辖权的调度机构自动化运维人员联系，得到确认并通知受影响的调度机构自动化运维人员后方可工作。设备恢复运行后，应及时通知以上调度机构的自动化运维人员，并记录和报告设备处理情况，取得认可后方可离开现场。

自动化系统的故障抢修由自动化值班人员及时通知本单位相关部门并按现场规定处置，必要时报告主管领导；如影响到向相关调度机构传送的自动化信息时，应及时通知相关调度机构自动化值班人员。故障抢修结束后，应及时提供故障分析报告。

上级调度机构管辖或许可的厂站自动化相关设备的检修、停运申请应报上级调度机构批准。

检修申请单应严格按照要求填写，检修申请设备名称、工作内容、影响的业务和数据及安全措施等内容完整、准确；对于影响范围较大的系统检修，应附技术方案。

6.4.5 缺陷管理

运行中的自动化系统和设备出现异常情况均列为缺陷。根据威胁程度，分为危急缺陷、严重缺陷和一般缺陷。

缺陷处理时间要求是：危急缺陷 4h 内处理，24h 内处理完毕；严重缺陷 24h 内处理，1 周内处理完毕；一般缺陷的处理按照计划检修或临时检修流程开展。

缺陷未消除前，设备运维单位应加强巡查，监视设备缺陷的发展趋势。危急缺陷、严重缺陷因故不能按规定期限消缺时，应及时向配电网调度机构汇报。

6.4.6 电力监控系统安全防护管理

电力监控系统安全防护工作应当按照国家信息安全等级保护的有关要求，坚持“安全分区、网络专用、横向隔离、纵向认证”的原则，保障电力监控系统的安全。

电力监控系统原则上划分为生产控制大区和管理信息大区。生产控制大区可以分为控制区（安全区Ⅰ）和非控制区（安全区Ⅱ）。

配电网调度机构负责调度管辖范围内的变电站、电源（厂）涉网部分的电力监控系统安全防护的技术监督。

配电网调度机构建立电力监控系统安全防护评估制度，采取以自评估为主、检查评估为辅的方式，将电力监控系统安全防护评估纳入电力系统安全评价体系。

配电网调度机构建立电力监控系统安全的联合防护和应急机制，制定应急预案，统一指挥调度范围内的电力监控系统安全应急处理。

加强厂家现场服务人员的管理，实施电力监控系统网络安全监护，严格控制其工作范围和操作权限。

6.4.7 调度自动化管理

调度自动化主站运检部门每两年开展一次配电网调度自动化系统信息评估工作，确保配电网调度自动化主站、配电网相关系统（生产管理系统等）与现场设备的网络拓扑关系（一次主接线图）、调度命名的一致性和遥测、遥信、遥控等配置信息的准确性。

配电网调度自动化子站（终端）投入运行前，应经运检部门验收，技术指标及功能通过测试，符合电力监控系统安全防护要求且完成和自动化主站的信息联调，方可接入主站系统上线运行。

配电网调度自动化子站（终端）接入主站系统，运检部门应提前 3 个工作日提供调试信息表、设备模型，经相关配电网调度机构审批后，方可进行调试。

配电网调度自动化子站（终端）退役，运检部门应向相关配电网调度机构提出申请，

经配电网调度机构批准后方可退役。

因配电网调度自动化设备检修或异常影响调控业务应用（特别是馈线自动化功能应用），运维人员应立即通知值班调控员，并做好相关预控措施，确保配电网调度和监控业务正常开展。

6.4.8 调度自动化业务通信通道运行要求

通信运维单位负责调控运行通信业务的组织、保障和完善工作，配电网调度机构对通信保障和服务的效果进行评价。

通信运维单位应保证自动化通道（包括电力调度数据网络、专线通道等）的传输质量和可靠运行。

通信检修维护工作若影响调度业务，通信运维单位应将检修票提交相关配电网调度机构会签。通信检修维护工作开始前，应与受影响的配电网调度机构自动化值班人员联系，得到确认后方可工作。当因通信通道故障导致调控业务应用异常时，通信运维单位应及时进行处理并报相关调度机构。

6.5 配电网抢修指挥管理

配电网抢修指挥业务在地市级层面业务归属供电服务指挥分中心（配电网抢修指挥分中心），县级配电网抢修业务归属电力调度控制分中心（供电服务指挥分中心），本书中将该业务统一归为供服中心。

6.5.1 抢修工单管理

6.5.1.1 95598抢修工单

（1）工单派发原则。

1）抢修工单由配电网抢修指挥人员通过配电网抢修指挥平台派发至运维单位处理。

2）经配电网抢修指挥人员判定属重复报修工单的，应及时做好工单关联，并将工单信息及时传递到运维单位，抢修人员做好用户的沟通、解释工作。

（2）工单接单及回退原则。

1）运维单位抢修人员在接到配电网抢修指挥班派发抢修工单后，在规定时限内完成接单工作。

2）运维单位对下派工单的退单原则是：配电网抢修指挥人员下派抢修工单存在区域错误、地址判别失误或运维单位选择错误的，各运维单位不得随意退单。

3）运维单位在了解正确地址并确定责任归属单位后，及时向配电网抢修指挥人员汇报，得到配电网抢修指挥人员可以回退指令后，规范填写回退原因（回退原因填写：工单归属责任单位）后进行回退。严禁因核实不准确，出现频繁回退派工的情况。

（3）工单现场处理。

1）运维单位抢修人员到达现场后，及时反馈到达现场信息。

2）运维单位抢修人员完成故障勘察后，及时反馈勘察信息。

3）运维单位抢修人员完成故障抢修工作后，及时反馈抢修处理情况信息。

4）配电网抢修指挥人员在收到运维单位抢修人员填写的抢修现场记录后，及时确认抢修结果，符合规范要求的提交95598系统，完成工单闭环；不符合要求的则回退至运维单位重新规范填写。

5）工单处理情况填写要求。抢修工单处理情况填写务必真实、准确、完整，严格按照工单回复模板填写，不能简单填写“已处理”“已沟通”“已联系”“已答复”“已复电”等。对于无法满足客户需求或存在处置困难的工单，应详细写明原因、相关依据和与客户沟通情况等。抢修现场记录填写的内容务必包含“六要素”，即处理时间、处理经过、处理依据、处理方案、客户意见和处理人。

对现场无法立即处理的抢修工单，如路灯问题、电压长期不稳、电力设施被盗（无电无危险）、施工现场遗留问题、缺陷等，在工单中选择正确的类别并要求回复时详细注明无法立即处理的原因、处理情况及预计处理时间。

6）最终答复工单。其使用范围是：①因触电、电力施工、电力设施安全隐患等引发的伤残或死亡事件，供电企业确已按相关规定答复处理，但客户诉求仍超出国家有关规定的；②因醉酒、精神异常、限制民事行为能力的人提出无理要求，供电企业确已按相关规定答复处理，但客户诉求仍超出国家有关规定的；③因青苗赔偿（含占地赔偿、线下树苗砍伐）、停电损失、家电赔偿、建筑物（构筑物）损坏引发经济纠纷，供电企业确已按相关规定处理，但客户诉求仍超出国家有关规定的；④因供电企业电力设施（如杆塔、线路、变压器、计量装置、分接箱等）的安装位置、安全距离、噪声和电磁辐射引发纠纷，供电企业确已按相关规定答复处理，但客户诉求仍超出国家或行业有关规定的。

使用“最终答复”时，必须同时满足以下条件：①符合正常工单填写规范和回复要求；②客户诉求超出政策法规和优质服务的范畴；③已向客户耐心解释，但客户仍不满意、不接受或坚持提出不合理诉求；④经省公司责任部门分管副主任或以上领导签字确认、加盖部门（单位）公章；⑤提供处理录音（录像）、相关文件和产权分界证明材料等必要的证据。

（4）工单处理时限。

1）接单派工时限：从配电网接收时间开始到配电网抢修指挥人员“抢修派工”步骤，必须在规定时间内完成。

2）到达现场时限：从客户挂机时间开始，到抢修人员抵达现场为止，城市要求45min以内，农村要求90min以内，特殊边远地区要求120min以内。

3）到达现场后抢修人员应在5min内将到达时间录入系统，抢修完毕后5min内完成工单回复，配电网抢修指挥人员接到运维单位反馈故障处理结果后，30min内完成审核并提交95598系统。

4）抢修工单的修复时间：低压 4h，10kV 架空线路 8h，重大故障和电缆故障抢修不间断。

5）配电网抢修指挥人员接到 95598 催办工单后，立即通知责任单位，并在 20min 内将被催办工单的处理情况反馈 95598。催办工单信息反馈要求：××月××日，催办工单编号××，对应主工单编号××，该催办信息已告知××供电公司××供电所××班××（人员姓名），要求工作人员与客户取得联系并尽快处理客户诉求。

（5）工单督办要求。对即将到达现场超时及修复超时的工单，应加强督办。

（6）工单考核内容。

1）接派单超时、到达现场超时、修复时长超时限。

2）因处理不完善造成用户重复报修、回访不满意甚至投诉。

3）处理不及时造成催办。

4）回单不规范被国网客服中心退单。

（7）95598 故障工单处理流程。95598 故障工单处理流程如图 6-1 所示。

6.5.1.2　主动抢修工单

（1）工单派发原则。配电网抢修指挥人员对配电网抢修指挥平台推送的停电告警信号进行初步判断：若是单台公用变压器故障，应对该台区进行研判，并下发主动抢修工单；若同一区域内多台配电变压器同时故障，应对该区域开展停电研判，并下派主动抢修工单。期间出现 95598 故障工单时优先派发 95598 故障工单。

（2）工单接单及回退原则。

1）运维单位抢修人员接到主动抢修工单后在规定时限内发布故障停电信息推送至 95598。

2）运维单位对下派的主动抢修工单不得进行无故回退，确因责任区域错误的，由配电网抢修指挥人员协助处理。

3）运维单位抢修人员一旦发现移动作业终端故障或无信号而影响接单时，应采用应急措施确保工单正常流转；同时应将书面材料报运维检修部，经运维检修部审核确为故障或无信号后报县调备案，运维检修部应及时协调、组织移动作业终端的修复工作事宜。

（3）工单现场处理和审核。

1）运维单位抢修人员到达现场后，及时反馈到达现场信息。

2）运维单位抢修人员完成故障勘察后，及时反馈勘察信息。

3）运维单位抢修人员在完成故障抢修工作后，及时反馈抢修处理情况信息。

4）配电网抢修指挥人员收到运维单位抢修人员填写的现场抢修情况后，及时确认抢修结果，当出现工单填写不规范时回退处理，审核通过后及时归档。

（4）工单处理原则。

1）运维单位抢修人员若发现确为停电的，应第一时间填报故障停电信息推送至

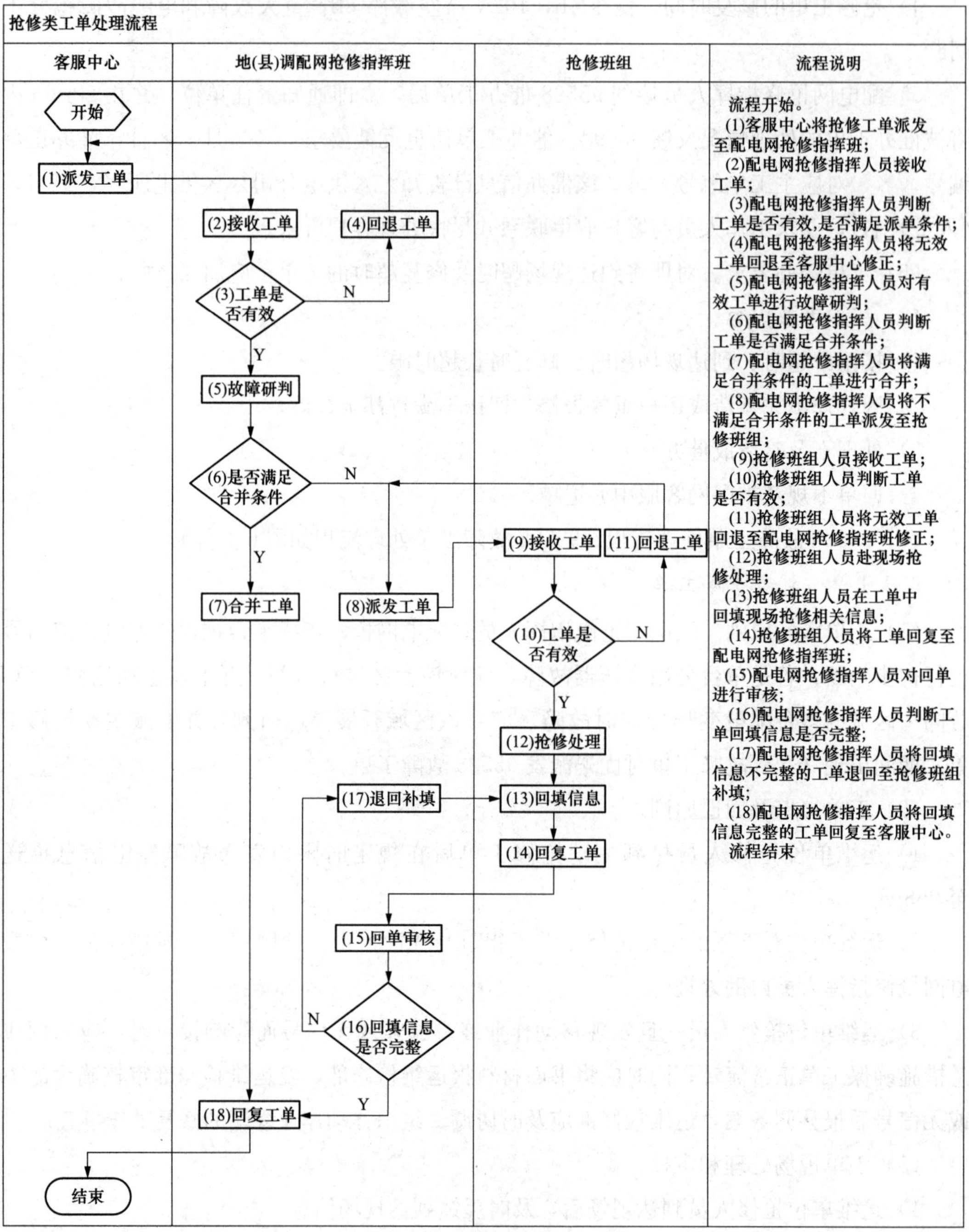

抢修类工单处理流程			
客服中心	地(县)调配网抢修指挥班	抢修班组	流程说明
开始 (1)派发工单 结束	(2)接收工单 (4)回退工单 (3)工单是否有效（N；Y） (5)故障研判 (6)是否满足合并条件（N；Y） (7)合并工单 (8)派发工单 (17)退回补填 (15)回单审核 (16)回填信息是否完整（N；Y） (18)回复工单	(9)接收工单 (11)回退工单 (10)工单是否有效（N；Y） (12)抢修处理 (13)回填信息 (14)回复工单	流程开始。 (1)客服中心将抢修工单派发至配电网抢修指挥班； (2)配电网抢修指挥人员接收工单； (3)配电网抢修指挥人员判断工单是否有效,是否满足派单条件； (4)配电网抢修指挥人员将无效工单回退至客服中心修正； (5)配电网抢修指挥人员对有效工单进行故障研判； (6)配电网抢修指挥人员判断工单是否满足合并条件； (7)配电网抢修指挥人员将满足合并条件的工单进行合并； (8)配电网抢修指挥人员将不满足合并条件的工单派发至抢修班组； (9)抢修班组人员接收工单； (10)抢修班组人员判断工单是否有效； (11)抢修班组人员将无效工单回退至配电网抢修指挥班修正； (12)抢修班组人员赴现场抢修处理； (13)抢修班组人员在工单中回填现场抢修相关信息； (14)抢修班组人员将工单回复至配电网抢修指挥班； (15)配电网抢修指挥人员对回单进行审核； (16)配电网抢修指挥人员判断工单回填信息是否完整； (17)配电网抢修指挥人员将回填信息不完整的工单退回至抢修班组补填； (18)配电网抢修指挥人员将回填信息完整的工单回复至客服中心。 流程结束

图 6-1　95598 故障工单处理流程

95598，有效答复用户报修诉求。

2）若经现场勘察，主动抢修工单需其他单位配合的，抢修人员汇报配电网抢修指挥人员，由其通知相关单位配合。

（5）工单处理时限。

1）接单时限：主动抢修工单接单时限原则上为 2min。

2）到达现场时限：主动抢修工单从下派开始，到抢修人员到达现场时间为止，原则上城市要求 45min，农村要求 90min，特殊边远地区要求 2h 以内。

3）主动抢修工单在抢修人员到达现场后，原则上 5min 内完成到达时间录入，抢修完毕后原则上 5min 内完成工单回复。

4）处理时限：主动抢修工单处理时限原则上参照 95598 故障工单“低压 4h、10kV 架空线路 8h、重大故障和电缆故障抢修不间断”的要求执行。

（6）工单考核内容。

1）因处理不到位造成同一设备故障一周内 3 次及以上重复派发工单的。

2）接到主动抢修工单未及时发布故障停电信息的。

3）主动抢修类抢修工单超时限的。

4）故障研判率低于 95％指标。

5）停电信息录入不规范。

（7）主动故障工单处理流程。如图 6-2 所示。

6.5.1.3　主动异常工单

（1）工单派发原则。主动异常工单由配电网抢修指挥人员对各类公用变压器异常、电能质量异常和采集信号异常等预警信息确认后，下发至运维单位。

主动异常工单派发：配电网抢修指挥人员发现设备异常信号后，每天 8：00～16：00 适时下派主动异常工单。

（2）工单接单及回退原则。

1）运维单位在接到主动异常工单后，在不影响 95598 故障工单和主动抢修工单的前提下，及时完成接单工作。

2）运维单位对下派的主动异常工单不得进行无故回退，确因责任区域错误的，由配电网抢修指挥人员协助处理。

运维单位抢修人员一旦发现移动作业终端故障或无信号而影响接单时，应立即电话汇报配电网抢修指挥人员，由其协助工单流程闭环；同时应将书面材料报运维检修部，经运维检修部审核确为故障或无信号后报县调备案，运维检修部应及时协调、组织移动作业终端的修复工作事宜。

（3）工单处理和审核。

1）运维单位抢修人员到达现场后，及时反馈到达现场信息。

2）运维单位抢修人员完成设备勘察后，及时反馈现场勘察信息。

3）运维单位抢修人员在完成故障抢修工作后，及时反馈抢修处理情况信息。

4）配电网抢修指挥人员在收到运维单位抢修人员填写的现场抢修情况后及时确认抢修结果，当出现工单填写不规范时回退处理，审核通过后及时归档。

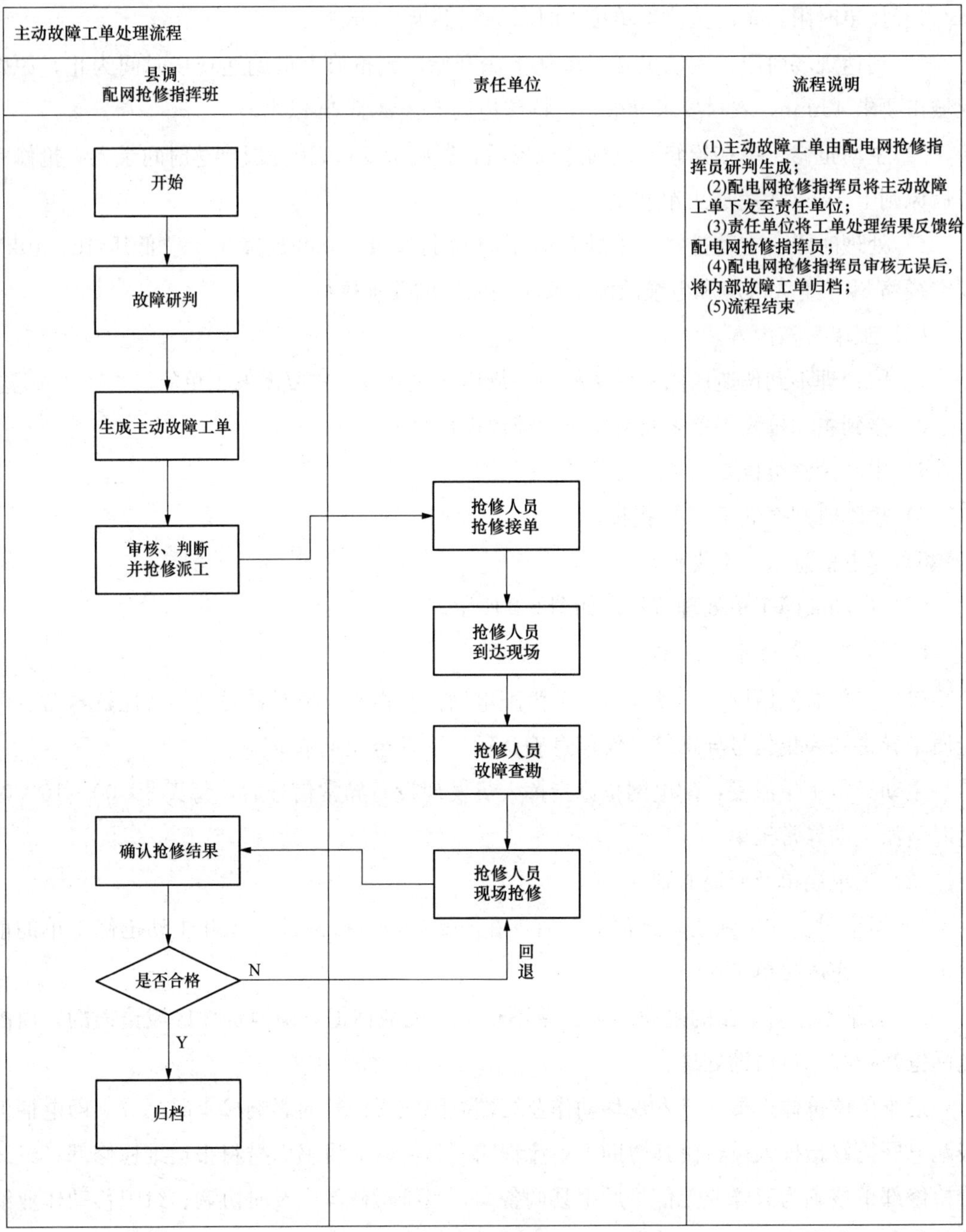

主动故障工单处理流程		
县调 配网抢修指挥班	责任单位	流程说明
开始 故障研判 生成主动故障工单 审核、判断并抢修派工 确认抢修结果 是否合格 N Y 归档	抢修人员抢修接单 抢修人员到达现场 抢修人员故障查勘 抢修人员现场抢修 回退	(1)主动故障工单由配电网抢修指挥员研判生成； (2)配电网抢修指挥员将主动故障工单下发至责任单位； (3)责任单位将工单处理结果反馈给配电网抢修指挥员； (4)配电网抢修指挥员审核无误后，将内部故障工单归档； (5)流程结束

图 6-2　主动故障工单处理流程

（4）工单处理原则。主动异常工单派发后，若运维单位无法短期内完成处理，须填写异常工单处理意见单，经专业管理部门审核同意，提交县调备案后，该设备异常在批准的处理期限内将不再下发工单。

若经现场勘察，主动异常工单需其他单位配合的，抢修人员汇报配电网抢修指挥人员，由其通知相关单位配合。

（5）工单处理时限。

1）主动异常工单原则上当天 8：00～16：00 全部派完。

2）接单时限：在不影响 95598 故障工单和主动抢修工单的前提下，及时完成接单工作。

3）处理时限：主动异常工单处理时限要求在 3 个工作日内完成处理工作并回复抢修处理情况。

（6）工单考核内容。

1）因处理不到位造成同一设备异常一周内三次及以上重复派发工单的。

2）运行单位异常工单居高不下的，当月异常工单率排名前三的单位。

3）对设备异常工单 3 个工作日内未完成处理的。

4）设备异常工单派发率未达到 95%（除重大自然灾害或大面积停电）。

（7）主动异常工单处理流程。如图 6-3 所示。

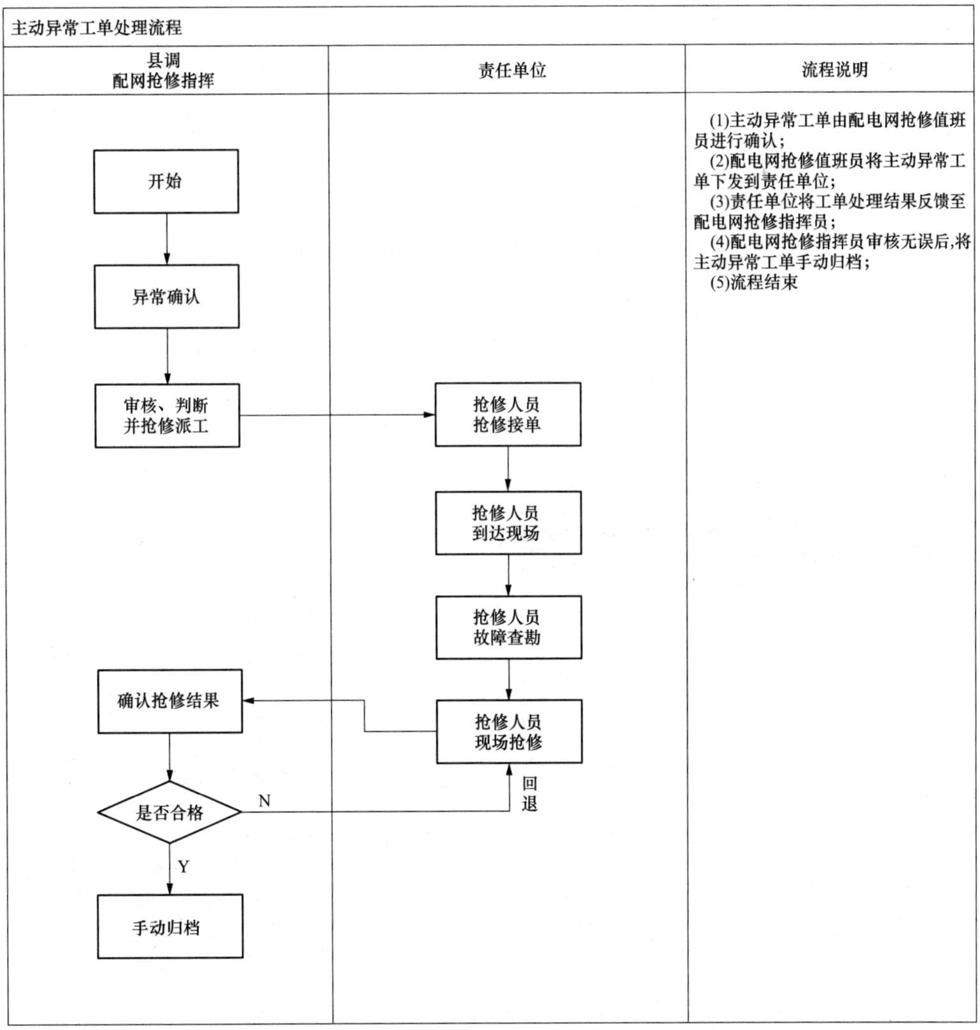

图 6-3 主动异常工单处理流程

6.5.2 停电信息管理

规范管理停电信息将有效避免因停电信息报送遗漏或填写不准确造成的抢修工单重复下发，大大减轻县级供电企业配电网抢修指挥人员和基层运维单位的工作压力，提高配电网故障抢修效率。

6.5.2.1 一般管理要求

（1）格式要求。停电区域是指行政地址，规范格式为：农村地区按照××省××市××县××乡镇××行政村××自然村进行填报；城镇地区小区按照××省××市××县××镇××街道××小区××幢（未涉及整个小区停电时必须精确到幢）进行填报；城镇地区道路按照××省××市××县××镇××街道××路名××门牌（非整条道路停电时必须精确到门牌）进行填报。

（2）停电范围。准确填写停电电气设备的范围，应包含变电站名称、线路名称、线路编号、公用变压器编号、公用变压器名称、专用变压器编号、专用变压器名称等信息。应填写标准术语：停××变电站××线路××号杆××号开关或停××变电站××线路××公用变压器台区低压开关。

（3）停电区域。准确填写停电地理位置、涉及重要客户、大型企事业单位、医院、学校、乡镇（街道、社区）、行政村（自然村）、住宅小区等信息。

（4）线路名称。准确填写电压等级、线路编号及线路名称。

（5）变电站名称。准确填写停电线路电源侧的变电站和电压等级。

6.5.2.2 计划停电信息管理

（1）计划停电信息发布。计划停电信息由运维单位工作人员按周计划至少提前8天录入PMS2.0系统，专业归口管理部门通过流程进行审核管控，发布到95598系统。

（2）计划停电信息审核。

1）进入配电网抢修管理模块，点击“计划停电发布”，出现如图6-4所示界面。

图6-4 计划停电信息审核

2）勾选待审核计划停电记录，点击“编辑”进入审核，如图 6-5 所示。由专业归口管理部门审核停电地理区域和停电设备范围是否符合规定；停电开始时间和停电结束时间是否正确；电压等级是否选择正确；线路名称是否按照设备双重命名填写等。

停电信息

单位：国网＊＊＊＊县供电有限责任公司　　停电开始时间：2018-11-05 07:00:00

工作班组：运维检修部（检修（建设）工区）　　停电结束时间：2018-11-05 12:30:00

*停电设备范围：110kV八岱变神山D470线145#分段D5536开关

*停电地理区域：** 省 ** 市 ** 县 ** 镇＊＊＊行政村　　校验

*停电原因：10KV神山D470线148#杆-148-1支线8#杆更换导线及电杆

登记说明：

*发布渠道：95598

关联工单号：

*停电用户（公变专变名称）：＊＊＊＊＊洁用品有限公司(专用1840203870)，＊＊县恒业棉纱制品厂(专用1840248340)，＊＊县开爽纺织有限公司(专用1840254501)，＊＊县望里鸿兴再生棉纺厂(专用1840252848)，＊＊＊(专用1826035087)，＊＊＊(专用1826035086)，＊＊＊(专用1826035050)，＊＊＊专变(专用

*电压等级：10kV　　*线路名称：10kV神山D470线

*变电站：110kV八岱变　　*停电影响专变数：36

*停电影响公变数：16　　*停电影响低压用户数：1001

*停电影响时户数：286.00　　计算

送电状态：未送电　　现场送电时间：

送电说明：

图 6-5　核对计划停电信息

（3）计划送电信息反馈。进入配电网抢修管理模块，点击“计划停电发布”，勾选编辑本单位当日停电计划，填写现场送电时间以及送电状态，如图 6-6 所示，点击“保存”后，再点击“送电信息反馈”，如图 6-7 所示。

*停电用户（公变专变名称）：用18376048073), ** 三变(公用1833001586), ** 四变(公用1833000305), ** 五变(公用17620882723), ** 一变1(公用1833001584), *** (专用1826035128), *** 专变(专用1826035160), *** 专变(专用1826035150), *** (专用1826182642), *** (专用1826035084)

*电压等级：10kV　　*线路名称：10kV神山D470线

*变电站：110kV八岱变　　*停电影响专变数：36

*停电影响公变数：16　　*停电影响低压用户数：1001

*停电影响时户数：286.00　　计算

送电状态：全部　　现场送电时间：2018-11-05 11:00:00

送电说明：现场工作已完成，安全措施已拆除

变更原因：

停电影响设备列表　停电影响用户列表

	停电地理区域	变压器名称	使用性质	容量（kVA）	台区号	营销户号	用户名称
1	神山D470线	***	专用	80	732291	1826035187	***
2	神山D470线	****** ...	专用	125	8893049	1840203870	******
3	神山D470线	***	专用	50	734691	1826035030	******
4	神山D470线	***	专用	50	728108	1826035050	***
5	神山D470线	***	专用	80	731421	1826035107	***
6	神山D470线	***	专用	80	730098	1826035086	***
7	神山D470线	***	专用	80	731419	1826035084	***

刷新　停电分析　保存　取消

图 6-6　计划送电信息反馈（一）

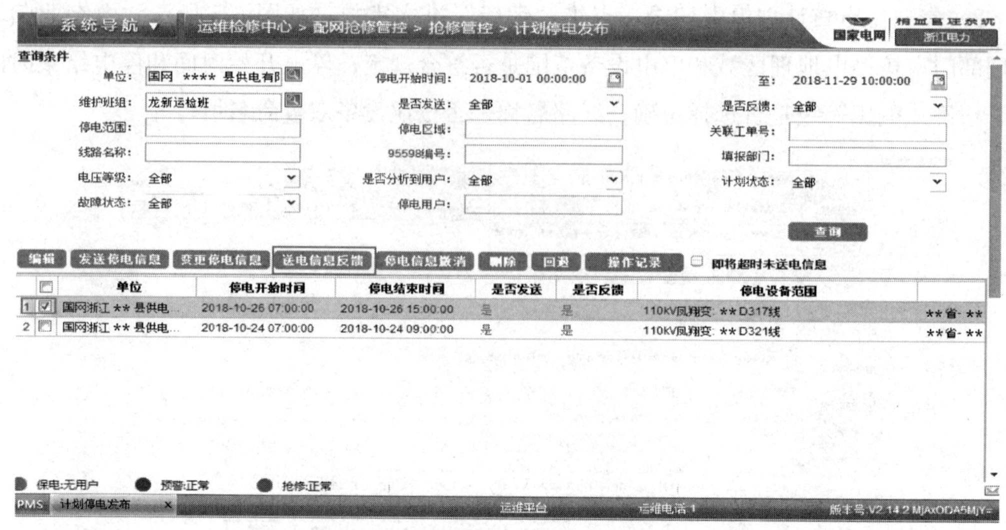

图 6-7　计划送电信息反馈（二）

6.5.2.3　故障停电信息管理

（1）故障停电信息发布。故障停电信息由运维单位工作人员核实停电范围、停电区域、故障原因和预计修复时间后发布到 95598 系统，配电网抢修指挥人员负责动态核查，并督促及时整改。

1）工单受理：配电网抢修指挥人员接收到 95598 故障工单后派发到运维单位，或将主动抢修内部发起的抢修工单派发到运维单位。

2）故障停电信息发布要求：运维单位工作人员在接到 95598 故障工单后，核实现场停电情况后在规定时限内发布故障停电信息；接到内部故障工单后在规定时限发布故障停电信息。

3）故障停电信息发布流程（运维单位工作人员的具体操作步骤）：

①由“系统导航”进入“配电网抢修管理”下的“抢修管控”，点击“故障停电信息”，如图 6-8 所示。

②点击新增，点击“停电分析”，在弹出界面左侧找到相应的变电站名称、10kV 线路名称、柱上断路器（或支线名称、配电变压器）等信息，如图 6-9 所示，选择后添加到停电设备列表中，再添加到停电区域列表，点击“确认”完成停电分析。

③根据抢修实际情况修改预计结束时间、停电区域、停电原因、登记说明、发布渠道、电压等级等，如图 6-10 所示，点击“保存”按钮，完成停电信息编辑。

④勾选编辑完成的故障停电信息，如图 6-11 所示，点击“发送停电信息”，完成停电信息发布。

（2）故障停电信息审核。配电网抢修指挥人员审核故障停电信息是否满足时限要求，发布的故障停电地理区域和故障停电设备是否符合规定，电压等级是否选择正确，线路名

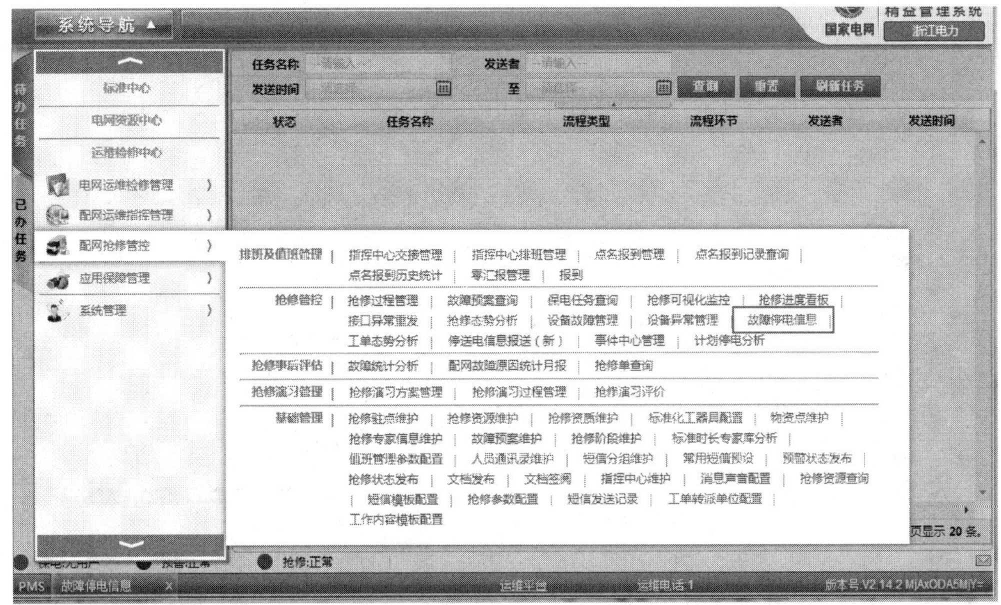

图 6-8　进入故障停电信息模块

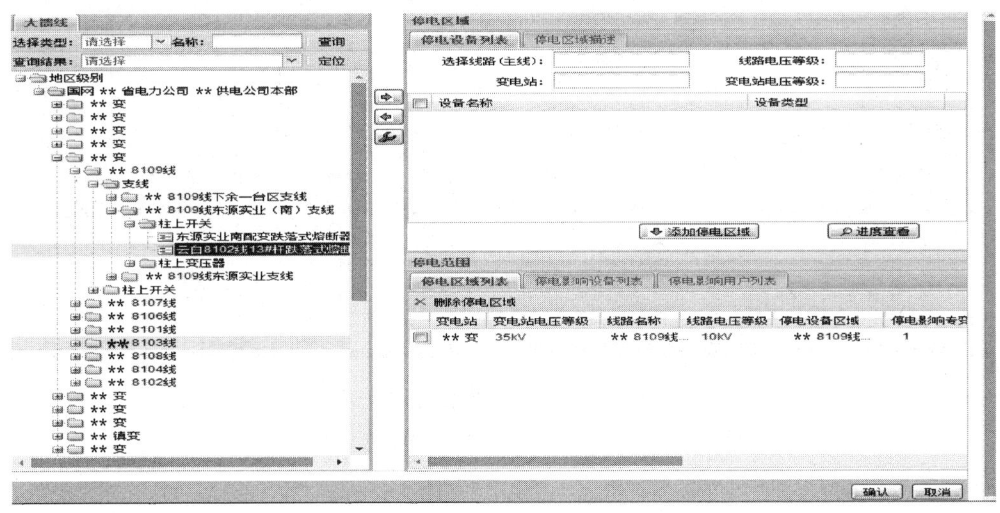

图 6-9　完成停电分析

称是否按照设备双重命名填写等。

（3）故障送电信息反馈。进入 PMS2.0 系统“系统导航”下的配电网抢修管控，点击抢修管控下的“故障停电信息”，进入“故障停电信息”界面，如图 6-12 所示。规范填写“现场送电时间”“停电结束时间”“送电说明”，修改停电原因，修改送电状态。

核对无误后，点击右下方“保存”按钮，如图 6-13 所示。

勾选该条故障停电信息，如图 6-14 所示，点击“送电信息反馈”。

确认“是否发送”和“是否反馈”均为“是”状态，如图 6-15 所示，送电信息反馈成功。

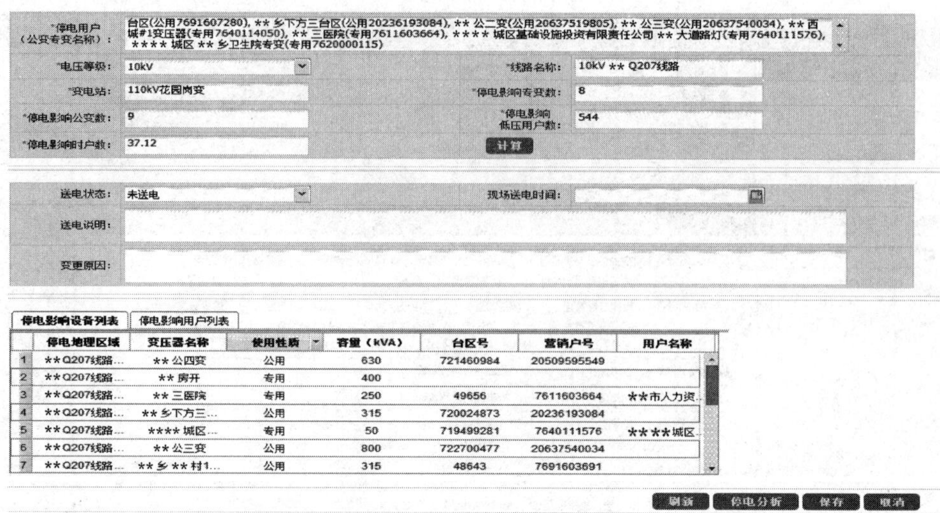

图 6-10　完成停电信息编辑

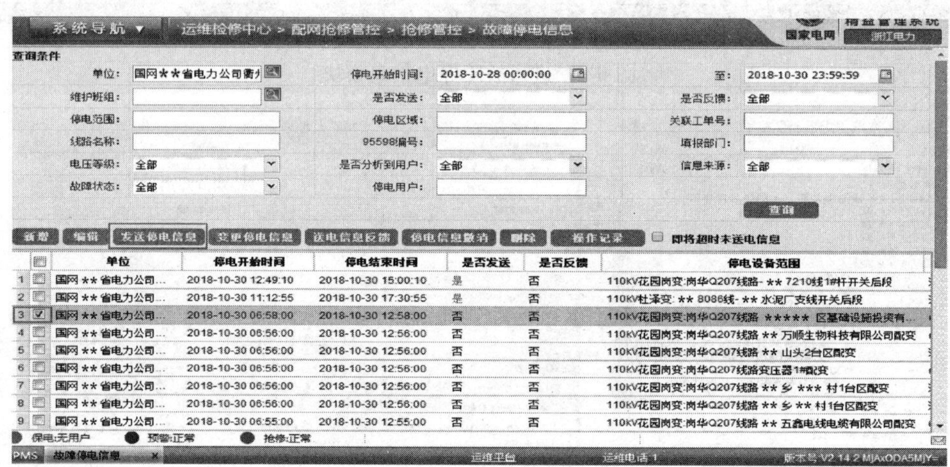

图 6-11　完成停电信息发布

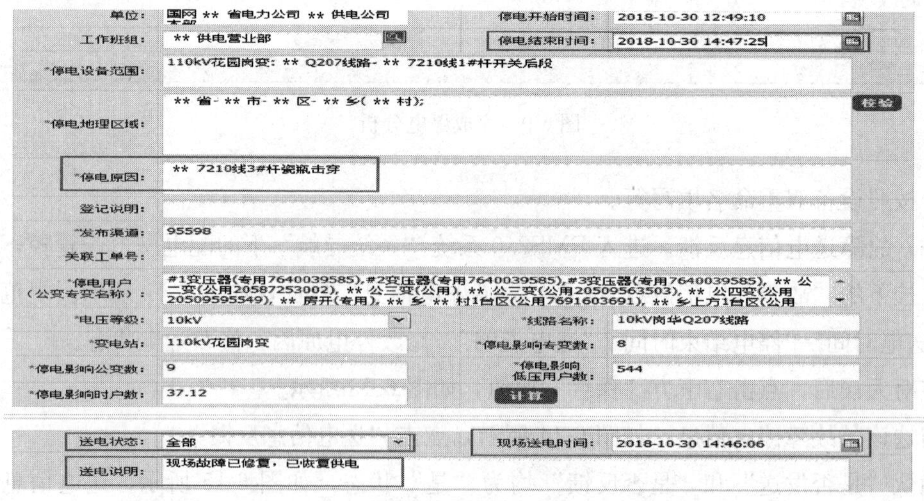

图 6-12　故障送电信息编辑

图 6-13　故障送电信息保存

图 6-14　故障送电信息反馈

图 6-15　故障送电信息核查

6.5.3 突发事件处置原则

6.5.3.1 台风、雷雨等恶劣天气处置原则

(1) 配电网抢修处置原则。当通过气象预报、电视台和新闻等媒体确认有台风、洪水、冰灾等恶劣天气影响时，配电网抢修具体处置如下：

1) 为确保抢修工单剧增情况下工单的正常流转，各单位应加强值班力量，提高抢修工单处理能力。

2) 各单位负责人应及时做好抢修人员力量安排、抢修物资储备等工作，保障配电网抢修工作的有序开展。

3) 其他参照《台风灾害处置应急预案》《防汛应急预案》和《雨雪冰冻灾害处置应急预案》执行。

(2) 抢修指挥业务处置原则。当通过气象预报、电视台和新闻等媒体确认有台风、洪水、冰灾等恶劣天气影响时，抢修指挥业务由班长统一指挥。具体处置如下：

1) 安排多人进行抢修工单的处理。其中抢修指挥值班员负责接单派工、催办回复、审核抢修记录，确保抢修工单正常流转。备班抢修指挥员负责核对停电信息发布的规范性；同时负责在95598系统查询停电信息编号和停电区域，并报备市供电服务中心，由市供电服务中心告知国网客服中心，由国网客服中心及时发布IVR语音信息，有效答复用户报修诉求。

2) 备班抢修指挥员待其业务完成后，若抢修工单较多，则应协助参与工单接派和处理工作。

3) 台风、雷雨等恶劣天气时备班人员手机必须保持畅通，一旦接到应急需求电话，应及时到岗到位。

4) 故障修复完毕后，抢修指挥值班员应及时将该期间的抢修工单情况、特殊事宜、送电信息情况等在运行日志上做好记录。

6.5.3.2 突发多条10kV线路停电

(1) 配电网抢修处置原则。当同时（或短时内）发生多条10kV线路故障造成多个小区停电或紧急拉闸限电时，具体应按以下原则处置：

1) 调控值班员按调规等相关规程规定进行处理，并根据工作职责通知故障抢修责任单位负责人和配电网抢修指挥人员，然后通知运维检修部相关专职，重大故障由运维检修部汇报分管领导或其他领导。

2) 故障抢修责任单位负责人根据故障情况合理安排人员赶赴现场检查、巡视，提出处理意见，并汇报运维检修部相关专职，重大故障由运维检修部请示分管领导或其他领导，答复责任单位提出的处理意见并告知调控值班员。

3) 调控值班员根据答复的故障处理方案，安排电网运行方式，与故障抢修责任单位当班抢修负责人办理工作许可等手续。

4）故障消除恢复供电后，调控值班员告知运维检修部相关专职，如是上级值班单位下派的工单则还需汇报上级值班单位值班人员。

5）紧急拉闸限电时，相关单位应联合政府部门做好停电通知工作，并及时发布停电信息，有效答复客户报修诉求。

（2）配电网抢修指挥业务处置原则。当同时（或短时内）发生多条 10kV 线路故障造成多个小区停电或紧急拉闸限电时，抢修指挥业务由班长统一指挥。具体应按如下原则处置：

1）安排多人进行抢修工单的处理。其中抢修指挥值班员负责接单派工、催办回复、审核抢修记录，确保抢修工单正常流转。备班抢修指挥员负责核对停电信息发布的规范性；同时负责在 95598 系统查询停电信息编号和停电区域，并报备市供电服务中心，由市供电服务中心告知国网客服中心，由国网客服中心及时发布 IVR 语音信息，有效答复客户报修诉求。

2）备班抢修指挥值班员待其业务完成后，若抢修工单较多，则应协助参与工单接派和处理工作。

3）在确保工单能及时派发的前提下，抢修指挥员及时向部门负责人汇报。

4）备班人员手机必须保持畅通，一旦接到应急需求电话，应及时到岗到位。

5）故障修复完毕后，抢修指挥值班员应及时将该期间的抢修工单情况、特殊事宜、送电信息情况等在运行日志上做好记录。

6.5.3.3 系统故障

（1）95598 系统故障。当 95598 系统故障时，由于 PMS 系统信息不能同步到 95598 系统，PMS 系统应停止操作。具体按以下处置：

1）电话咨询市供服中心或咨询其他公司是否存在此情况，归属局部性系统故障还是全省系统故障。

2）抢修指挥值班员立即通知备班抢修指挥员进入协助，并及时接听值班电话，确保能及时接收市供电服务中心的电话派单，并对所有机外流转抢修工单的实际处理流程、派工时间、到达现场时间、修复时间、派发单位等信息准确记录在“系统故障登记表”内，便于事后补入工单流程。

3）备班抢修指挥员协助接听值班电话，若有催办工单，应及时通知责任单位，并做好记录。如有大面积停电情况，需及时按规定格式编制文本形式的故障停电信息并直接向上级业务主管部门报备。

4）业务处理情况较稳定后，抢修指挥员应及时向班长和部门负责人汇报系统故障情况。

5）系统恢复正常后，及时补入流程。对期间产生的接单派工和到达现场超时工单进行统计，及时在两套系统中提交“问题登记”处理，并填写“数据修改单”报班长。

（2）PMS 系统故障。遇 PMS 系统故障时，95598 系统中的抢修工单无法正常流转到 PMS 系统，抢修工单的接单派工和到达现场超时会增多。具体应按以下原则处置如下：

1）电话咨询市供电服务中心或咨询其他公司是否存在此情况，了解属局部性系统故障还是全省系统故障。

2）抢修指挥值班员应立即通知备班抢修指挥员进入协助，并及时接听值班电话，确保能及时接收市供服中心的电话派单，并对所有机外流转抢修工单的实际处理流程、派工时间、到达现场时间、修复时间、派发单位等信息准确记录在“系统故障登记表”内，便于事后补入工单流程。

3）备班抢修指挥员协助接听值班电话，若有催办工单，及时通知责任单位，并做好记录。如有大面积停电情况，需及时按规定格式编制文本形式的故障停电信息并直接向上级业务主管部门报备。

4）业务处理情况较稳定后，值班人员及时向班长和部门负责人汇报系统故障情况。

5）系统恢复正常后，及时完成工单闭环。对期间产生的接单派工和到达现场超时工单进行统计，及时在两套系统中提交“问题登记”处理，并填写“数据修改单”报班长。

（3）95598 系统和 PMS 系统同时故障。95598 系统和 PMS 系统同时发生故障时，所有工单将无法正常流转，此时抢修指挥值班员可参考“95598 系统故障”时的处理流程，对所有机外流转抢修工单的实际处理流程、派工时间、到达现场时间、修复时间、派发单位等信息应准确记录在“系统故障登记表”内，便于事后补入工单流程。

6.5.3.4　网络、电源异常

（1）电源异常处置原则。当值班工作电脑出现电源中断等异常情况时，具体应按以下原则处置：

1）正常情况下，配电网抢修指挥班的工作电脑有两路电源供电，遇电源中断时，值班电脑可通过 UPS 电源正常运行。正常情况下，值班备席所有计算机必须保持待机状态。当值班工作电脑电源突然中断，应立即启用值班备席进行工单业务处理。

2）当设备电源故障引起支撑系统无法正常处理时，抢修指挥值班员应立即联系兄弟公司值班人员。由兄弟公司值班人员登录相应人员账号，并进行接单派发处理。及时向班长汇报电源故障情况。在确保工单能及时派发的前提下，向部门负责人汇报。

（2）网络异常处置原则。当值班工作电脑出现网络中断等异常情况时，具体应按如下原则处置：

1）抢修指挥值班员发现 95598 系统、PMS 系统、OA、RTX 等办公系统均无法登录，立即登录本地网站和各省电力公司相应网站进行核实。

2）确定网络问题后，抢修指挥值班员立即与互备单位值班人员联系，确认互备单位网络运行是否正常。互备单位网络运行正常，立即由互备单位值班人员登录相应人员账号，并进行接单派发处理。如互备单位网络运行均异常，且全省均有此情况，此时上级客

服中心一般会采用其他方式进行派单，抢修指挥值班员可参照“95598 系统故障”时的处理流程。

3）抢修指挥值班员联系县公司信通公司，告知异常情况。

4）抢修指挥值班员联系市供电服务中心进行报备。

5）及时向班长汇报网络异常情况。

6）在确保工单能及时派发的前提下，向部门负责人汇报。

6.6　应急保障管理

配电网调控与配电网抢修应急保障管理体系的建立是为提高应急管理水平和应急处置能力，预防和减少突发事件的发生，控制、减轻和消除突发事件引起的严重社会危害，保障公司正常生产经营秩序，维护公司品牌和社会形象。工作的原则是“以人为本，减少危害；居安思危，预防为主；统一领导，分级负责；把握全局，突出重点；快速反应，协同应对；依靠科技，提高能力。”

配电网调控与配电网抢修的应急组织体系应是包含自上而下的应急领导体系、应急工作监督体系、应急工作保证体系。组织体系按照“谁主管、谁负责”原则设立相关应急工作组，组长由公司总经理担任，副组长由公司副总经理、纪检组长、总工程师、工会主席担任，成员由各部门（中心）主要负责人担任。电网调度应急体系应是由调度与控制中心的中心领导为调度应急领导小组组长，调控运行、继保、运方、自动化、配抢、综合室为小组成员，运检部及安监部提供技术支持及后勤保障，信通班组负责保障调度通信通畅。在公司应急领导小组领导下负责管理范围内的应急工作。应急工作监督体系由安监部门负责安全、稳定应急管理和预案编制工作的监督检查，协调制定、修订编订应急预案及相关规章制定，督促各部门开展应急培训和应急演练工作。应急工作保证体系由调度、运检、信访、安保部门多部门协同，实施监控电网运行状态、信访稳定和治安保卫工作，负责相关突发事件应急处置。生产、基建、农电、营销、物资等部门和设计、施工等单位组织落实应急队伍和物资储备，实施应急抢险救灾、供电抢修恢复等应急处置工作。

配电网调控与配电网抢修应急预案体系由总体预案、专项预案、现场处置方案构成，按照“横向到边、纵向到底”原则，针对电网安全、人身安全、设备设施安全、网络与信息安全、社会安全等各类突发事件，编制相应的应急预案，明确事前、事发、事后各个阶段相关部门和有关人员的职责。应急预案包含现场处置预案和应急操作手册等。

配电网调控与配电网抢修的应急制度体系是公司应急工作规章制度的重要组成部分，包括应急技术标准，以及其他应急方面规章制度性文件。遵循国家电网有限公司、省公司、地市公司相关规章制度标准，编制县级供电单位配电网调控及抢修的应急制度，完善应急制度体系。

配电网调控与配电网抢修的应急保障体系应包含指挥领导保障，抢修人员队伍保障，资金保障，装备、交通、物资储备保障，制度保障等。

配电网调控与配电网抢修应急培训与管理应包括专业应急培训基地及设施、应急培训师资队伍、应急培训大纲及教材、应急演练方式方法，以及应急培训演练机制。应急培训与管理是为了加强应急预案的宣传和教育，提高各级人员尤其是领导干部对应急管理工作重要性的认识。应急预案的培训和演练，是为了使各级人员尤其是岗位运行人员熟悉和掌握应急处置方案、应急启动条件、应急执行程序，提高应急处置能力。

配电网调控与配电网抢修应急实施与评估应包含责任追究与奖惩，对突发事件过程中遇到的迟报、漏报、瞒报、谎报或不报情况进行通报，追究相关单位及责任人责任。对有重要贡献的人员进行奖励。

6.6.1 配电网调控的应急管理

6.6.1.1 配电网调控事故应急处置原则

配电网调控应急处置时，应尽速限制事故的发展，消除事故的根源，解除对人身和设备安全的威胁。尽可能保持正常设备的运行和重要用户及站（厂）用电的正常供电。尽速恢复已停电的用户供电，优先恢复重要用户供电。及时调整并恢复电网运行方式。

6.6.1.2 配电网调控预案

配电网调控的应急预案主要包括变电站停电反事故演习，迎峰度夏（冬）运行方式和临时检修工作现场处置方案、重大活动（节日）保供电方案、大面积停电应急预案、有序用电方案、备调系统应急保障等。

6.6.1.3 配电网调控应急预案编制

建立自上而下、分级负责的预防和处置体系。配电网调控应急预案的编制，应满足《中华人民共和国电力法》《电网调度管理条例》《电力生产事故调查规程》《电网调度安全分析制度（试行）》《安全生产事故隐患排查治理管理办法》《国家电网公司电力安全工作规程（变电部分）》《电力安全工作规程（线路部分）》等有关文件和规范的要求。各级电力调度控制中心应建立与所在公司应急预案体系相对应的调度应急预案体系，针对管辖范围内可能发生的突发事故和危险源制定总体应急预案、专项应急预案和现场处置方案。总体应急预案从总体上阐述调度处置事故和突发事件的应急原则，应急组织机构及相关应急职责，应急行动、措施和保障等基本要求和程序，是预防和处置电网大面积停电等应急事件的总体预案。专项应急预案、现场处置方案是针对具体的、特定类型的电网紧急情况而制定的应急预案，说明单一应急行动的目的和范围，通过危险源辨识，制定处置措施，程序内容具体详细，是总体应急预案的组成部分。专项应急预案主要分为事故灾难类、社会安全事件类、自然灾害类预案。其中，事故灾难类预案包括电网突发事件调度应急预案；社会安全事件类预案包括电网特殊时期调度应急预案、重要场所（用户）保电应急预案；自然灾害类预案包括自然灾害调度应急预案。现场处置方案主要分为电力网络与信息系统安全类、火灾与外来冲击类、电网事故类预案。其中，电力网络与信息系统安全类预案包

括调度自动化系统应急预案，电源、空调等辅助系统应急预案，二次安全防护及调度数据网设备应急预案，重要通信通道故障应急处置预案，电力通信系统应急预案，会议电视系统应急保障预案；火灾与外来冲击类预案包括调度场所突发事件应急预案；电网事故类预案包括重要变电站全停事故处置预案、重要电力用户停电事件处置预案。调度应急预案应定期审视，根据变化情况及时修订和发布。配电网调控及抢修的应急预案编制完成后，应进行预案评审和签发。评审后重大预案应由运检部、安全监察部、营销部等相关部门会签后，报公司分管领导签发后发布，同时报上级备案。应急预案发布后，3 个月内编制相应操作手册，进一步对应急预案的内容进行细化、具体化和规范化，提高应急预案的适用性和可操作型。手册编制之后，也应进行评审。应急预案一般 2～3 年修订一次，操作手册每年修订一次。

电力调度控制中心还应建立上下级配电网调控应急预案协调机制，负责所辖区域内配电网调控的预案协调。配电网调控应急预案涉及下级调控的，由本配电网调控组织共同研究和统一协调应急过程中的处置方案，明确上下级调控机构协调配合要求。需要上一级配电网调控支持和配合的配电网调控应急预案，由本级配电网调控与上一级配电网调控联系协调。配电网调控应将需要上一级配电网调控支持和配合的配电网调控应急预案及时报送上一级配电网调控，由上一级配电网调控组织共同研究和协调。地区配电网调控管辖区域内有可能出现孤立小电网的，应根据地区电网特点与关联程度组织与管辖范围内发电企业进行预案协调。

6.6.1.4　配电网调控的应急保障体系

要利用现有调控运行值班、继保、运方、自动化、配电网抢修平台等多班组联动，明确信息报送渠道和程序，加快突发事件信息和应急指挥命令的上传下达，建立统一高效的应急指挥系统。制定应急通信信息保障措施，明确相关单位或人员的通信方式，确保应急期间信息畅通。制定应急装备、物资、设施和器材及其存放位置清单，以及保证其有效性的措施。制定各类应急资源清单，包括专（兼）职应急队伍的组织机构以及联系方式。建立相应的管理制度，明确人员配备，落实人员责任，改善技术装备，强化实战演练，提高抢险救援能力，形成各专业应急救援队伍各负其责、互为补充的应急救援体系。

6.6.1.5　配电网调控应急培训与管理

配电网调控应急培训与管理应从以下几方面开展：

（1）配电网调控应急培训应纳入调度机构年度培训计划和职工年度培训计划。开展相关应急知识的培训，制定培训大纲和具体内容，运用各种方法和手段，开展对各级人员的培训。培训工作应与实际工作相结合，新上岗人员应进行相关应急知识培训。

（2）配电网调控应加强与政府部门联系，做好信息公开，科普宣传活动。积极配合当地政府部门及新闻媒体，开展电力生产、电网运行和电力安全知识的科普宣传和教育，提高公众应对停电的能力。加强与当地政府部门联系，开展社会停电应急联合演练，建立应急联动机制，提高社会应对电力突发事件的能力。结合实际，有计划、有重点、分层次、定期组织相关部门进行应急预案演练，做好演练评估工作。每年至少组织一次大面积停电应急联合演习，邀请重要用户参加，以加强电网、电厂和用户之间的协调和配合，完善大面积停电应急预案。

（3）配电网调控应组织各种应急预案的演练，开展联合反事故演习。综合考虑电网薄弱环节，所辖电网安全运行中发生重大事件的诱发因素及季节性事故特点，有针对性地演练配电网调控人员、配电网抢修指挥人员、配电网抢修人员、发电厂和变电站之间协同处置重大突发事件的事故判断和应急处置能力，做到信息互通，故障研判准确，故障隔离迅速，故障尽快修复。定期组织开展生产安全事故应急救援和抢险救灾演习，针对重大人员伤亡、电力设施毁坏、重要变电站（发电厂）全停、重要用户停电、台风洪涝灾害等各类突发事件，组织开展应急处置演练。通过演练检验预案、锻炼队伍、提高能力。各级配电网调控每年至少组织一次联合反事故演习、迎峰度夏、迎峰度冬的应急演练。

（4）配电网调控应进行技术交底和培训。配电网调控的调度规程、调度操作标准、年度运行方式、年度保护整定方案、重要安全控制系统运行规程等规定及预案应在正式下发后 1 周内对本级配电网调控人员进行培训交底。调度规程、年度运行方式应在规定期限内组织下级调度机构及相关调度对象进行培训、技术交底。结合夏（冬）季运行方式和临时检修工作安排，组织制定修订相关现场处置方案并向调控运行人员及相关人员进行培训、技术交底。应急处置预案应作为配电网调控人员上岗培训的重要内容之一。

6.6.1.6 配电网调控应急实施与评估

发生电网突发事件以后，配电网调控应及时对事件处理情况进行分析评估，在事件处置完成后两周内，将分析总结报上级配电网调控，并适时向相关调控对象通报对事件的技术分析及处置情况。事件调查和处理的具体办法按照国家和公司系统的有关规定执行。发生重特大生产安全事故及对公司和社会有严重影响的稳定突发事件，公司系统各单位应迅速启动相应应急预案，组织实施应急处置；按预案规定将有关情况报告上级应急领导小组和当地政府应急指挥机构，接受应急领导，请求应急援助；积极配合有关部门组织对事件处置过程的调查与评估。做好信息对外发布工作，减小事件影响，维护社会稳定。发生对公司和社会有严重影响的自然灾害突发事件，公司系统各单位应迅速启动相应应急预案，组织实施应急处置，及时组织灾后恢复与重建工作，尽快恢复灾区电力供应。灾后恢复重建要与防灾减灾相结合，确保配电网抢修人员安全和社会稳定。安全事故应急处置结束后，按照国家和公司有关规定及时开展事故调查处理工作，查明事故原因，提出事故责任人员处理意见，制定整改措施并督促落实。对突发事件的应急处置及相关防范措施进行评估，应急预案体系实用性进行评估，对年度应急管理工作情况进行全面评估。电网重大事件发生后规定时间内，相关配电网调控组织研究事件发生机理，分析故障发展过程，总结应急处置过程中的经验和教训，进一步补充、完善和修订相关应急处置预案，并组织本单

位各专业进行技术交流和研讨。配电网调控应自行组织重大事件所涉及的电厂、变电站及直调用户总结应急处置工作经验和教训，进一步完善和改进突发事件应急处置、应急救援、事故抢修等保障体系，并将改进方案备案。将电网故障情况、对故障所做的技术分析以及各单位采取的应急措施向各相关单位发布，以提高电力系统的整体应急处置能力。相关配电网调控机构应开展专项检查，深入排查电网及次生隐患，制定整改措施，细化有序用电方案，保证重要用户供电。

6.6.1.7 配电网调控应急工作启动流程

电网重大事件应急体系分为Ⅰ级、Ⅱ级、Ⅲ级、Ⅳ级四个响应等级；对应灾害天气预警级别，灾害天气应急体系分为Ⅳ级、Ⅲ级、Ⅱ级、Ⅰ级四个响应等级。当电网发生重大故障、电力设施遭受重大破坏，备调系统、调度台电源、自动化系统、通信系统或二次辅助系统出现严重故障或受到攻击、遭遇严重自然灾害、电力供应持续危机时，配电网调控值班人员在按照应急预案原则指挥电网故障处理的同时，应立即向应急小组相关成员和上级配电网调度机构报告。电力通信系统的故障影响电网安全运行，发生下列情况之一，电力通信系统进入预警状态：

1）当公司电网进入预警及以上状态；

2）本级骨干通信网络中断，影响电力调度生产业务和正常指挥；

3）配电网调控的通信电源或调度交换系统全停，影响电力调度生产业务和正常指挥；

4）因严重自然灾害（地震、雷击、火灾、水灾等）、外力破坏等原因有可能引发或造成电力通信设施遭到破坏或不能正常运行，影响配电网调控正常指挥。

配电网调控应急小组接报后，根据事件性质、影响范围、停电区域、严重程度、可能后果和应急处理的需要等，向公司应急指挥中心报告。应急小组确定事件性质后，由应急小组组长决定是否启动配电网调控内部相应等级应急工作预案。让分级响应应急体系运转起来，根据公司应急指挥中心研究决定宣布解除应急状态，并向上级配电网调控报告结束配电网调控应急体系，具体流程如图 6-16 所示。

6.6.1.8 配电网调控典型预案

（1）反事故演习方案。为提高电网突发故障时各单位应急响应能力，面对电网突发事故能够及时、准确、快速找出问题、隔离故障点、尽快恢复供电，针对电网运行存在的薄弱环节，编制反事故演习方案，并组织各单位开展实战演习；通过演习检查各单位事故处置能力，同时针对电网薄弱环节发布电网风险预警，指导各单位做好风险防范，防止电网大面积停电事故的发生。

（2）重大活动（节日）保供电方案。建立保电工作管理机制，明确保电工作责任，确定保电工作任务分级原则（根据活动性质确定保电工作任务级别特级、一级、二级），落实保电工作要求，编制保电工作方案并进行演练。

（3）大面积停电应急预案。建立综合性的停电应急预案，首先对电网的规划设计进行

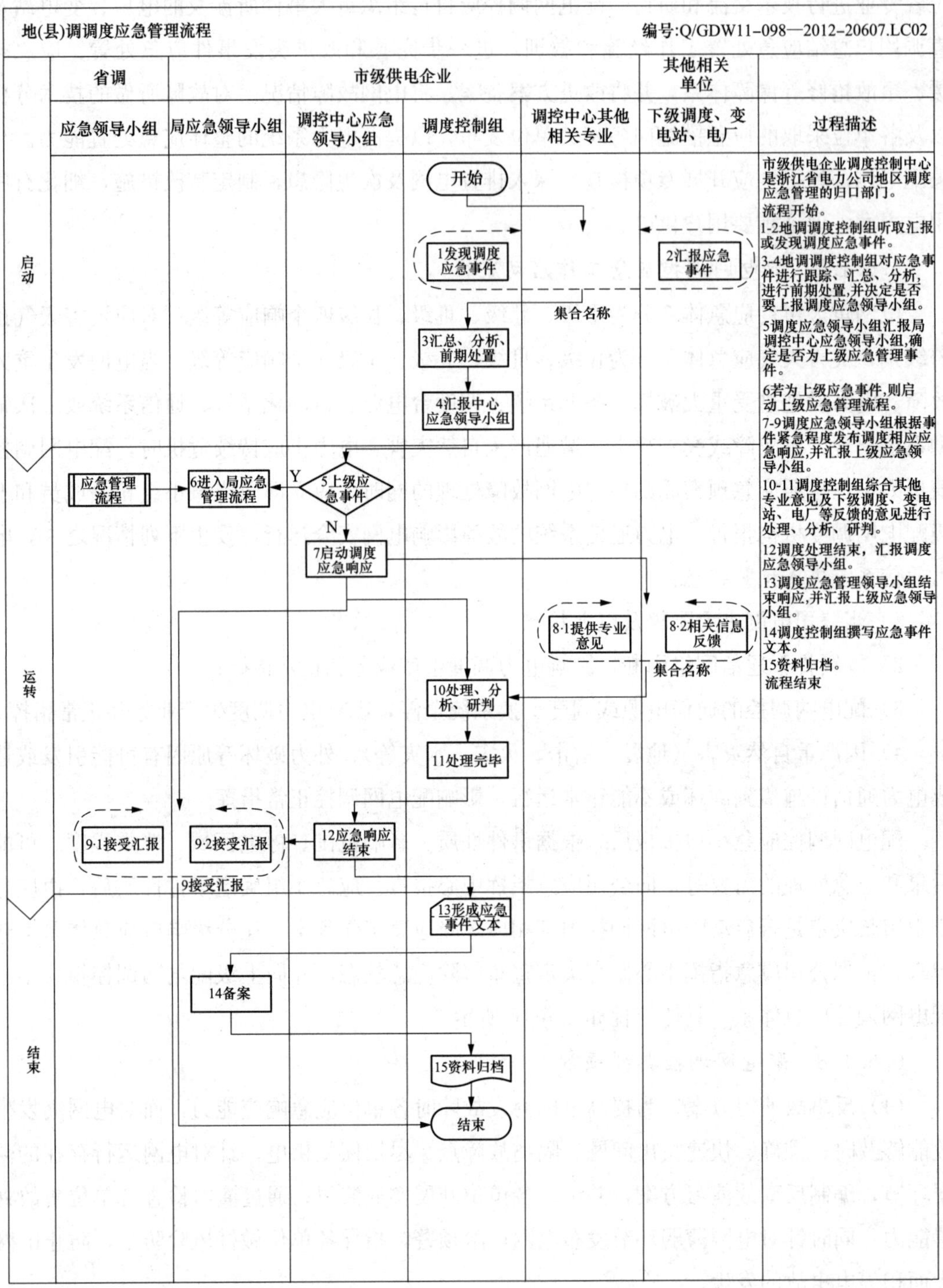

地(县)调调度应急管理流程　　　　编号:Q/GDW11-098—2012-20607.LC02

	省调	市级供电企业				其他相关单位	
	应急领导小组	局应急领导小组	调控中心应急领导小组	调度控制组	调控中心其他相关专业	下级调度、变电站、电厂	过程描述
启动				开始 1发现调度应急事件 3汇总、分析、前期处置 4汇报中心应急领导小组	集合名称	2汇报应急事件	市级供电企业调度控制中心是浙江省电力公司地区调度应急管理的归口部门。 流程开始。 1-2地调调度控制组听取汇报或发现调度应急事件。 3-4地调调度控制组对应急事件进行跟踪、汇总、分析，进行前期处置,并决定是否要上报调度应急领导小组。 5调度应急领导小组汇报局调控中心应急领导小组，确定是否为上级应急管理事件。 6若为上级应急事件,则启动上级应急管理流程。 7-9调度应急领导小组根据事件紧急程度发布调度相应应急响应,并汇报上级应急领导小组。 10-11调度控制组综合其他专业意见及下级调度、变电站、电厂等反馈的意见进行处理、分析、研判。 12调度处理结束，汇报调度应急领导小组。 13调度应急管理领导小组结束响应,并汇报上级应急领导小组。 14调度控制组撰写应急事件文本。 15资料归档。 流程结束
运转	应急管理流程 9·1接受汇报	6进入局应急管理流程 9·2接受汇报 9接受汇报	5上级应急事件（Y/N） 7启动调度应急响应 12应急响应结束	10处理、分析、研判 11处理完毕	8·1提供专业意见	8·2相关信息反馈 集合名称	
结束		14备案		13形成应急事件文本 15资料归档 结束			

图 6-16　地（县）调调度应急管理流程

完善，同时避开自然灾害频繁与高发的区域；其次根据自然灾害的实际情况，对相关的维护部门做预警工作，做好相应的处理方案，减少自然灾害的影响；最后对自然灾害的危害

性进行评估，根据自然灾害预警等级建立应急响应机制，定期开展不同等级的应急预案演练，同时对大面积停电应急预案进行修编完善，确保应急预案可操作性并有益于相关部门组织开展抢修工作。

(4) 有序用电方案。首先确保城乡居民生活、重点单位及重要用户的电力供应；同时兼顾地方重点服务企业的用电需求，最大限度地满足社会用电需求，确保不因电力供应紧张引发其他的公共安全问题。

(5) 备调系统应急保障。当主调系统发生故障时，核心业务自动切换至备调系统，自动备份，防止核心数据丢失，使调控人员能够实时监控电网运行情况，有效提高电网运行的安全性和稳定性。

小水电、风电、分布式光伏电站调度应急预案主要是针对小水电站机组、风电机组，在紧急状态或故障情况下退出运行或通过安全自动装置切出，以及因频率、电压等系统原因导致机组解列时，不得自行并网等特殊情况下的调度处置方案；光伏发电站因故退出运行时的调度处置方案。

6.6.2　配电网抢修指挥的应急管理

6.6.2.1　配电网抢修指挥预案

配电网抢修指挥专业的预案主要包括应对自然灾害天气的应急预案、大面积停电的应急预案、发生系统故障的应急预案、网络及电源系统异常的应急预案。

6.6.2.2　配电网抢修指挥应急处置原则

配电网抢修指挥应急处置时，应确保各类工单正常流转，网络通信正常，电话通信正常，用户诉求能得到妥善处理，抢修流程顺畅，能做到上传下达，记录及时准确。

6.6.2.3　配电网抢修指挥应急预案编制

配电网抢修指挥应急预案的编制应满足文件和规范的要求。针对电网特殊时期应事先编好配电网抢修指挥应急预案，包括重要场所（用户）保电应急预案、自然灾害类配电网抢修应急预案、配电网抢修指挥系统故障、网络及电源异常应急保障预案等。应急预案应定期审视，根据变化情况及时修订和发布。配电网抢修的应急预案编制完成后，应进行预案评审和签发。

6.6.2.4　配电网抢修的应急保障体系

现有配电网抢修指挥值班人员合理排班，建立健全备班机制，储备全面复合型人才，建立相应的管理制度，明确人员配备，落实人员责任，改善技术装备，强化实战演练，提高抢险救援能力，有序开展应急抢修管理，保证配电网抢修指挥工作的正常开展。明确信息报送渠道和程序，加快突发事件信息和应急指挥命令的上传下达，建立统一高效的应急指挥系统。

6.6.2.5　配电网抢修指挥应急培训与管理

配电网抢修指挥应急培训与管理应从以下几方面开展：

（1）配电网抢修指挥应急培训应纳入年度培训计划和职工年度培训计划。开展相关应急知识的培训，制定培训大纲和具体内容，运用各种方法和手段，开展对各级人员的培训。

（2）配电网抢修指挥班应定期组织配合配电网调控专业开展电网调度联合反事故演习。通过演练检验预案、锻炼队伍、提高能力。

（3）配电网抢修指挥班应及时进行新规范、新要求的宣贯工作。对配电网抢修指挥管理规定、停电信息规范、投诉判定规则、非故障工单回复规范、故障工单回复规范等进行宣贯培训，并对各级工单处理人员进行培训，确保各级处理部门掌握最新要求内容。

6.6.2.6　配电网抢修应急工作启动流程

按照电网重大事件应急体系的四个响应等级及灾害天气预警四个响应等级，启动相应的应急预案。根据异常事件的影响范围及影响程度，各级供电所协调配合配电网调控班组开展配电网抢修工作。

6.6.2.7　配电网抢修指挥典型预案

（1）应对自然灾害天气的应急预案。当收到台风、雷暴天气、冰冻天气等气象预警信息达到重要服务事项报备级别的自然灾害预警，应第一时间填报重要服务事项报备材料，上报地市公司、省公司批复，报送给国家电网有限公司南方客服中心，并在 RTX 及微信群中报备自然灾害天气情况。协调各抢修班组加强值班力量，抢修物资储备，提高抢修工单处理能力。

（2）多条线路故障停电应急预案。应急预案内容应包含工单处理人员安排，备班安排，应急人员安排；明确人员分工，责任划分，接单派工、催办回复、审核抢修记录，确保抢修工单正常流转，停电信息发布规范；停电信息编号和停电区域上报地市公司、省公司批复，报送给国家电网有限公司南方客服中心，由国网客服中心及时发布 IVR 语音信息，有效答复客户报修诉求。在确保工单能及时派发的前提下，应急抢修指挥员及时向部门负责人汇报。故障修复完毕后，抢修指挥值班员应及时记录该期间的抢修工单情况、特殊事宜、送电信息情况。

（3）业务系统故障应急预案。应急预案内容应包含相应处理措施，上下级配电网抢修指挥的联络方式，相关运维班组的联络方式，确保能及时接收上级机构的电话派单，准确记录机外流转抢修工单处理，便于事后补录工单流程。业务系统恢复正常后，及时补入流程，及时在系统中提交“问题登记”处理，并填写“数据修改单”报班长。

（4）电源、网络异常应急预案。应急预案内容应包含相应处理措施，上下级配电网抢修指挥的联络方式，相关运维班组的联络方式；明确电源、网络异常的相关处理流程，如抢修指挥值的 95598 系统、PMS 系统、OA、RTX 等办公系统登录异常，应立即登录本地网站和各省电力公司相应网站进行核实，确定网络问题。与互备单位值班人员联系，确认互备单位网络运行是否正常；若互备单位网络运行正常，应由互备单位值班人员登录相应

人员账号，并进行接单派发处理。若全省均有此情况，此时上级客服中心一般会采用其他方式进行派单，抢修指挥值班员可参照“95598系统故障”时的处理流程，联系信通部门，告知异常情况。抢修指挥值班员联系市供电服务中心进行报备，及时汇报。

6.6.3 自动化的应急管理

6.6.3.1 自动化应急处置原则

自动化应急处置时，应遵循电网调度SCADA系统优先、服务器优先的原则，确保不影响电网一、二次系统，不影响变电站无人值班工作，逐步恢复自动化业务正常开展。

6.6.3.2 自动化应急预案

自动化应急预案一般包括调度自动化主站系统故障应急预案、调度自动化厂站监控系统故障应急预案及配电网自动化系统的应急预案、电力监控系统网络安全事件应急预案、调度电源系统故障应急预案等。

6.6.3.3 自动化应急保障

自动化人员要随时关注气象部门灾情预报和电力系统相关灾情预报及网络病毒预警，及时掌握情况，做好准备进入紧急状态。自动化人员保持手机24h开机状态，接到系统故障通知立即到岗到位。备好、备足备品备件。工器具经常保持完好状态。发生突发性事件，引起SCADA服务器停机时，马上通知调度，派人到变电站当地监控，再检查停机原因和造成的故障情况，检查数据库是否损坏，尽快恢复系统正常运行。变电站的RTU和总控单元及后台监控机出现故障停止向调度发送信号后，要尽快联系操作班派人当地监控，自动化人员应联系车辆尽快赶到现场解决故障。如遇相关技术问题，及时联系。

6.6.3.4 自动化应急培训与管理

自动化应急培训与管理应从以下几方面开展：

(1) 自动化班的应急培训应纳入年度培训计划和职工年度培训计划。开展相关应急知识的培训，制定培训大纲和具体内容，运用各种方法和手段，开展对各级自动化人员的培训。培训工作应与实际工作相结合，新上岗人员应进行相关应急知识培训。

(2) 自动化班应定期组织配合配电网调控专业开展电网调度联合反事故演习，通过演习检验预案、锻炼队伍、提高能力。综合考虑引起自动化系统（包括D5000、open3000、D5200、OMS系统，调控云）故障瘫痪、控制功能紊乱等各种诱发因素，制定演练方案，提高自动化工作人员的应急处置能力。综合考虑引起调度通信系统全停的各种因素，制定演练方案，提高通信值班人员的应急处置能力。

(3) 自动化班应培养复合型自动化人才，跨专业交流。通过与其他公司交流及公司内部其他专业的交流，提升自动化人员的专业技能。

6.6.3.5 自动化应急工作启动流程

按照调度电网重大事件应急体系的四个响应等级及灾害天气预警四个响应等级及异常情况的影响范围及影响程度启动相应的应急预案，协调配合调控班组、各级供电所及变电运维检修班开展配电网自动化设备及系统的抢修工作。

6.6.3.6　自动化典型预案

（1）调度自动化系统故障应急预案。调度自动化系统应急预案是自动化系统严重故障处置的准备、组织、应对的方案，规定了电力自动化系统故障或停运，严重威胁电网运行的重大事件处置工作要求。一般包含主站自动化系统、厂站自动化系统及配电网自动化系统。内容应包含预案适用范围，涉及相应部门、人员相应责任及联系方式，预案事件、启动条件、处置原则与细则，处置流程与方法，结束流程的条件等。

（2）电源系统异常、故障应急预案。主要包括主站UPS电源系统及厂站端UPS系统。UPS故障应急预案内容应包含故障现象、查勘步骤、操作方法、处理措施，联络人员等内容。

（3）电力监控系统网络安全事件应急预案。应规定使用范围，描述系统现状、网络拓扑情况、设备情况等，设置典型事故问题，涉及相应部门、人员相应责任及联系方式，应急处置流程及方法、措施，结束流程的条件等。

（4）电力调度数据网突发事件应急预案。调度数据网突发事件一般有五种情况：①主调SCADA系统所有的通道全部中断；②某一平面的通道全部中断；③县调SCADA系统地调接入网的通道全部中断；④某区域多个厂站的通道全部中断；⑤电力调度数据网遭受黑客或病毒攻击。预案内容应针对不同情况的事件处置原则与细则，对处置流程与方法进行详细描述，细化预案内容。

第7章　配电网发展趋势与展望

新能源、分布式电源、电动汽车、储能装置快速发展，终端用电负荷呈现增长快、变化大、多样化。大规模间歇性电源的接入，也在很大程度上增加了电网结构的复杂性。本章从智能配电网的发展及其关键技术、微电网供电模式与问题分析、储能技术的发展及在电力系统的应用和智能调度系统等方面介绍了目前的发展情况和发展趋势，使读者对配电网最新技术的发展方向有基本的认知。

7.1　智能配电网的发展趋势

7.1.1　智能配电网发展概述

随着现代电子计算机的发展及对智能电网的深入研究，加之电气化进程加快、新能源高比例接入、储能规模化应用、数字技术与电网技术深度融合，电网的物理特性、运行模式、功能形态正在发生深刻变化。电力改革及新型城镇化、农业现代化步伐加快，新能源、分布式电源、电动汽车、储能装置快速发展，终端用电负荷呈现增长快、变化大、多样化的新趋势，未来电网的投资重点将逐步转向电网智能化及配电网建设，更加偏向于配、用电侧，为智能配电网的蓬勃发展奠定了坚实的基础。

近年来，我国正在加强配电网智能化数据收集以及处理方面的科研与建设，在江苏常州投运了新一代配电自动化主站系统。该主站系统实现了实时数据处理由百万量级提升为千万量级，由单一的Ⅰ区采集转变为多区、多源数据采集，由集中式应用服务转变为海量数据平台服务架构等技术突破，满足了配电网的运行监控与状态管控双重业务需求。

新一代配电自动化主站系统就像是给配电网调度安装了“千里眼”和“神经中枢”。通过实时的大数据采集分析，它可以让配电网像主网一样被实时监控，无论是日常的运行监控、调度操作还是故障处置，都能做到快速、准确地切换电网运行方式，隔离故障停电区域，全方位地显著提高供电可靠性。

未来先进信息通信技术实用化水平将不断提升，配电网将变成一个动态高效、便捷交互、可用于实时信息和功率交换的超级架构网络。信息通信技术将电源和客户的需求有效衔接，综合利用多种通信方式，实现有效可靠的信息传输，建立配电网全景实时、无缝交换的数据模型，实现高可靠、实时性通信，保障配电网与客户各层级之间的关联、配合和交互。因此，融合传感测量、运行控制、信息通信等技术，支持分布式电源、微网、储能、电动汽车的友好接入和需求互动的智能配电网，其最基础的工作是数据的获取和管理，高质量的数据可以获得准确的配电网系统、设备状态的感知和管控。只有对配电网供电可靠状况的实时监控，实现故障预警、分析和决策，才能达到电网自我预防和自我恢复的目的，实现电网运行状态最优。

7.1.2 智能配电网关键技术

安全可靠、经济高效、灵活互动、绿色环保是智能配电网的发展目标，而智能配电网关键技术是实现智能配电网发展目标的支撑。美国电科院建“INTELLI GRID 联盟”研究智能电网相关技术；欧盟随后成立“智能电网技术坛”，推动智能电网技术的研究与发展；我国虽然起步较晚，但国家电网有限公司将加快建设智能电网作为未来的发展方向。近些年，我国智能电网发展现状良好，我国地区级以上电网已实现调度自动化，200 多个地级市实现配电自动化，智能电网相关技术的水平基本与世界先进水平持平。

1. 智能配电网大数据应用技术

智能配电网互动化、自动化和信息化水平不断提升，在电力企业量测体系中形成了调度运行数据、设备监测、检测数据、GIS 等诸多数据。这些数据的应用，对于电力企业的发展起到十分重要的作用。采取集中方式对大量数据进行管控，无法确保数据的可扩展性、可靠性及可行性。在智能配电网系统中，加入云计算，包括数据分布式处理系统、文件分布式系统等，能够提供技术支持和基础平台，从而充分发挥大数据的作用。

2. 配电网的自愈控制

自愈作为智能配电网的重要特征之一，是智能电网未来发展的必然趋势。智能配电网自愈控制技术实施方案目前主要包括集中控制方式、分散控制方式、集中-分散协调控制方式三种方式。我国现阶段城市电网配电自动化水平较高，具备自愈控制的实施条件。由于集中-分散协调控制方式在保证解决故障的快速性同时具有全局性的整体协调能力，因此现阶段集中-分散协调控制方式成为最可行的自愈控制技术方案。

3. 配电网智能调度技术

传统的配电网技术受限于各种因素，在实际的调度过程中经常出现一些问题，例如由于传统的配电网技术自动化与信息化程度不够，经常会出现人为故障，而且不能够及时发现相关故障问题，影响了供电系统的稳定性。智能配电网相关的技术可有效解决这些问题：

1）对配电网进行全面、系统、有效的控制和监视。

2）有效处理配网故障。

3）减少人为因素出现故障。

4. 配电网自动化技术

配电网自动化对智能电网的建设具有重要的意义，它可实现配电网运行状况与运行安全性的实时监控。当配电网出现故障时，可及时找到故障点并采取有效的处理措施。

5. 分布式电源并网与微电网技术

未来的配电网将接纳大量的分布式能源，需要分布式电源并网与微电网技术。分布式电源具有间歇性，它们的大规模接入会给配电网带来一系列问题，如电能质量问题、孤岛效应问题、可靠性与稳定性问题以及配电网适应性问题，这也促使配电网的现有技术发生了深刻变化。同时，客户终端用能结构与服务需求也发生了深刻变化，智能配电网消纳间隙能源由被动变为主动，做到配电网自我组织参与消纳，达到全网最优协调。

6. 电动汽车充放电技术

电动汽车充放电设施接入对配电网的影响有三点：①电动汽车充电将导致负荷增长，大量无序充电会加剧电网负荷峰谷差，加重电力系统负担；②客户用电行为和充电时间与空间分布的不确定性、随机性等特征将加大电网控制难度；③电动汽车充电负荷属于非线性负荷，大量的电力电子设备并网将产生一定的谐波，引起电能质量问题。因此，需要加强研究电动汽车充放电技术。

7.2　微电网与储能技术

7.2.1　微电网技术

微电网作为一种集合了电源、负荷、储能系统和控制装置的新型发配电模式，是基于对可再生能源的有效利用而发展起来的。相比传统的电网模式，微电网是可以自主完成发电、配电、控制、管理等模式的系统。同时微电网既可以非并网独立运行，也可以并网实现与外部电网的交流。由于微电网与大电网分开，使得微电网可以更有效地针对可再生能源的特性进行发电，以达到对可再生能源的最大化利用。

7.2.1.1　面临的问题

微电网发展很快，但同时微电网发展中的许多问题也越来越明确。例如，微电网使用复杂的可再生能源发电，为确保微电网能够有效提供电力和高质量的供电服务，必须建立适当的监测系统和完整的通信系统，以便于采集大量的信息和进行有效的通信，这增加了调度员做出正确决策的难度。对于如何快速的采集信息，控制信息，使信息有效地上传和下达，需要做更多的研究。

另一个难题是微电网的接入控制。微点网的控制通常分为微电网与主网的并网控制和微电网的内部电源控制两类。因为主网对于稳定性的需求高，当微电网并入主网时很容易造成主网的波动。对于利用传统的火电建立的微电网，因为其能量的供给稳定，对于波动很容易控制。而作为利用风能、光能等新能源的微电网系统，其并网控制难度会增大很多，需要更好的接口可控技术来解决分布式电源并入电网造成的波动。

7.2.1.2　供电模式

发电模式一般分为两种：一是较为稳定的发电模式，这种模式较多依赖稳定的能源供给，像传统的小火电等；二是间歇式能源的发电模式，主要是对风、光等清洁能源的利用。由于分布式电源的能源产生与环境有很大关系，所以其发电量往往只能满足一定区域的需求。当负荷有着较大需求时，通常需要大电网和微电网配合供电。另外，用户还可以依据用户对电力质量要求进行分配。现有的研究中将用户分为关键负荷、可中断负荷和可调负荷。然后根据负荷的不同需求进行配置，使分布式电源的特性发挥得更加有效。在分布式电源中，风能和光能都是可再生的清洁能源，其发电技术相对成熟。

7.2.2　储能技术

电力生产过程是连续进行的，发电、输电、变电、配电、用电必须时刻保持平衡；而电力系统的负荷存在峰谷差，必须留有很大的备用容量，造成系统设备运行效率低。应用储能技术可以对负荷削峰填谷，使得电能稳定性、电能质量、供电可靠性大大提升，减少系统备用需求及停电损失。另外，随着新能源发电规模的日益扩大和分布式发电技术的不断发展，电力储能系统的重要性也日益凸显。

储能技术在电力系统中应用涵盖发、输、配、用各个环节。适用领域共分为六大类，即电力供应、可再生能源并网、辅助服务、输配电基础设施服务、分布式及微网、终端用户。六大应用领域的功能定位及需求方情况见表 7-1，不同适用领域对储能规模和放电时间的需求情况见表 7-2。

表 7-1　不同适用领域的功能定位和需求方

适用领域		功能定位	需求方
电力供应	电网调峰	调整供用电平衡	电网公司
	电能供应	供应电能	
集中式可再生能源并网	可再生能源削峰填谷	存储剩余电力、稳定电能输出、改善电能质量、可再生能源实时并网	电网公司、能源公司
	可再生能源发电电能存储		
	可再生能源即时并网（短时）		
	可再生能源即时并网（长时）		
辅助服务	调频辅助	稳定输电频率	电网公司
	电压支撑	保证电压合格	
	电力储备	电能备用	
	加载跟踪	电网瞬时频率和电压跟踪	
输配电基础设施服务	输电支持	扩充输配电设备容量，缓解输配电设备改造压力	电网公司
	缓解输电阻塞		
	延缓输电升级		
	变电站现场电源		

续表

适用领域		功能定位	需求方
分布式及微网	分布式及微网	离网孤岛配合光伏、 工商业储能降低用电支出	电网公司、工商业
终端用户	能源成本管理	终端用户用电管理	终端用户
	电力服务可靠性		
	需求管理		
	电能质量		

表 7-2　　不同适用领域对储能规模和放电时间的需求

适用领域		储能规模		放电时间	
		低值	高值	低值	高值
电力供应	电网调峰	1MW	500MW	2h	8h
	电能供应	1MW	500MW	4h	6h
集中式可再生能源并网	可再生能源削峰填谷	1kW	500MW	3h	5h
	可再生能源发电电能存储	1kW	500MW	2h	4h
	可再生能源即时并网（短时）	0.2kW	500MW	10s	15min
	可再生能源即时并网（长时）	0.2kW	500MW	1h	6h
辅助服务	调频辅助	1MW	40MW	ms 级	30min
	电压支撑	1MW	10MW	15min	1h
	电力储备	1MW	500MW	1h	2h
	加载跟踪	1MW	500MW	2h	4h
输配电基础设施服务	输电支持	10MW	100MW	2s	5s
	缓解输电阻塞	1MW	100MW	3h	6h
	延缓输电升级	250kW	5MW	3h	6h
	变电站现场电源	1.5kW	5kW	8h	16h
分布式及微网	分布式及微网	1kW	50MW	1h	6h
终端用户	能源成本管理	1kW	1MW	4h	6h
	电力服务可靠性	0.2kW	10MW	5min	1h
	需求管理	50kW	10MW	5h	11h
	电能质量	0.2kW	10MW	10s	1min

目前储能技术主要分为物理储能（如抽水储能、压缩空气储能、飞轮储能等）、电化学储能（如铅酸电池、锂离子电池、氧化还原液流电池、钒电池、钠硫电池等）和电磁储能（如超导电磁储能、超级电容器储能等）三大类。截至 2018 年底我国储能市场累计装机规模 31.2GW，主要以抽水蓄能为主（29.99GW，占比 96.0%）。电化学储能由于具有建设周期短、运营成本低、对环境无影响等特点，已经成为目前电网应用储能技术解决新能源接入的首选方案，得到了快速发展。2018 年我国电化学储能市场累计装机功率规模

达到 1033.7MW，首次突破 GW 水平。我国电化学储能技术功率和容量装机主要以磷酸铁锂、铅蓄电池为主。

7.3 智能调度系统

随着我国经济的不断发展，在特高压电网建设及大区域联网网络持续发展的背景作用之下，整个电力系统势必会逐渐发展并演变成为一个呈现出辽阔且大范围分布的超大规模的系统。同时分布式电源的快速发展，导致大规模间歇性电源的接入，这也在很大程度上增加了电网结构的复杂性。随着信息汇集的不断增加，电网调度的有效开展成为当前最关键的工作，这就催生了智能电网调度控制系统。该系统的体系结构、基础平台和应用功能按照横向集成、纵向贯通的一体化思路设计，充分考虑各级调度的业务特点和相互之间的内在联系，实现一体化运行、一体化维护和一体化使用，能够满足各级调度机构及调度各专业的需要，满足一体化智能电网调度体系和备用调度体系的要求。

智能调度系统指的是电力调度系统在工作时能够像人类的电力系统调度员一样，对电力系统进行智能的感知、分析，并能够针对电力系统中所出现的故障及时的做出反应。电力系统调度在发展的过程中，先后经历了传统型调度、分析型调度、决策支持型调度、智能型调度四个阶段。现在的电力系统正处于由决策支持型调度转变为智能型调度的重要时期。

传统型调度在工作时相当于人类的眼睛与手，主要是对系统进行监视与控制。在这种调度模式下，调度人员要通过数据进行自我分析与判断，而且在接受信息或者发布命令时主要依靠的还是电话等设备，自动化水平非常低，这样就导致劳动强度非常大，但效率却不高。

分析型调度在改进的过程中取得了一定的进步，不但加强了通信功能，而且还能够拥有更加丰富的系统信息，还能通过相应的算法来对系统中的各项指标如安全指标等进行计算，有些分析型调度还能够将电力市场环境之下所产生的经济指标准确计算出来。不过，分析型调度虽然在传统型调度的基础上有了一些改进，但劳动强度依然很大，分析所得的数据还是需要调度人员进行自我分析与判断，自动化效果不高。

决策支持型调度则在分析型调度的基础上进一步得以改进，能够自动对所得数据进行分析，从而能够向调度人员提供一些决策支持指标，如所得结果的可信度或者风险度等指标。这样就能有效地节约调度人员的决策时间，还能保证系统信息的直观性与明了度，能够更好地提高工作效率。

智能型调度作为目前最高级的调度，能够不断深化人工智能技术、信息技术以及通信技术等技术在电力系统中的广泛应用；还能对所得数据进行精确分析并快速做出正确的处理决策。相对于调控人员，计算机操作具有更快、更准确的特点，这样就极大地提高了调度自动化水平，节约了大量人力，整体上提高了工作效率和电网安全性。

智能电网调度系统发展，离不开人工智能、专家系统、人工神经网络、遗传算法及 AGENT 技术的应用。

(1) 人工智能在电力系统中的运用。人工智能是数理逻辑、计算机科学、信息论、神经生物学等学科相互渗透发展起来的综合性学科，其建立在智能信息处理理论之上，类似于人类的智能行为。人工智能在电力系统中的运用开启了崭新的研究领域，使得具有超大规模的动态电力系统问题能够在人工智能的帮助下，运用计算机系统建立精确的数学模型，用数学形式解决问题的实质。而且很多人类无法解决的问题，通过人工智能能够用精确的数学形式加以描述。人工智能带来的是对传统数学方法的弥补，是对传统计算方法的革新。

(2) 专家系统在电力系统中的运用。专家系统是建立在专门领域上，专门用于解决特定问题的计算机程序系统，类似人类专家的思维，能够进行专业的推理和判断。这是基于经验的判断和数值分析方法进行问题解决的技术，是电力系统中应用十分广泛而且相对成熟的技术。专家系统主要应用在电网调度操作指导、电网监测和故障诊断、故障恢复等上。

(3) 人工神经网络在电力系统中的运用。人工神经网络是一种进行信息处理的分布式数学模型算法，通过对生物神经网络进行模拟，依靠系统的复杂程序对大量节点进行联结，达到对信息进行处理的目的。其具有自适应和自学习的能力，通过相互对应的数据输入和输出，推算二者的潜在规律等，然后得到精确的结论。这是一种训练的过程，能够让系统具有良好的问题处理能力，广泛应用在电力系统的监测、控制和故障诊断等领域中。目前电力系统运用最为成功的就是神经网络的负荷预测技术。

(4) 遗传算法电力系统中的运用。遗传算法指的是模拟生物进化中适者生存的进化过程，然后利用遗传算法求解问题。初始的系统计算的时候，将编码解释为染色体，根据预定的目标函数评估个体，然后选择出拥有适度值的个体将下一代进行赋值。适者生存理念在其中是指导思想，个体被选择出来进行交叉和变异，形成新的下一代，个体继承了上一代的优良特性，向着更优的方向进化。其具有自适应搜索能力，具有较强的并行计算特性，应用在系统规划、无功优化等领域。

(5) AGENT 技术在电力系统中的运用。AGENT 技术也被称为智能代理，是一个运行在动态环境的具有自制能力的实体。这是一个计算机软件，通过预先的协议与外部进行通信，形成分布式的智能求解，具有自主工作和具有语义互操作和交互能力，是能够开放性对自动化系统进行调度的软件。

智能电网调度控制系统技术的发展趋势有以下几方面：

(1) 系统安全免疫技术。要保证智能电网调度控制系统的有效运转，除了技术要点的研发创新和应用外，系统的管理也是一个重要的内容，而依赖于现代信息技术的调度控制系统管理的核心要求就是安全。因此，伴随着我国应用技术的不断进步，系统安全免疫技术将会成为未来发展的趋势，即利用技术的借鉴和革新推动系统安全免疫性能的不断提高。

（2）短期电力多级和多时段优化技术。目前，我国的智能电网调度控制系统技术总体上能够支撑基本的社会和市场化的需要，但是省级以上的调度控制系统市场化技术模块并没有真正投入使用。因此，市场化模块应用中的短期电力多级多时段优化技术核心将会成为技术研发的一个重点内容，对于我国电网系统的调度控制工作实践具有至关重要的作用。

（3）自动描述运行方式技术和动态解析技术。智能电网的自动调度配置及其运行方式是其控制技术的关键内容。现阶段我国国家智能电网是根据特定的年度、月度章程规则而进行调度和控制管理，所以需要技术人员进行动态解析分析，整体运作的效率不高。而我国相关性技术正在向着深度化拓展发展，在技术改进的过程中研发系统自动描述运行和动态解析的技术是可能的，也是必要的。

随着研究的深入，人工智能技术在电力系统中被各个领域加以运用，与传统的分析方法进行结合之后，应用效果十分好。电力调度本身是一项系统的工程，环境十分复杂，依靠人工智能，决策才能更加精确。例如，电力系统的操作指导一直是专家经验求解的，在人工智能的帮助下，动态分析和控制更加实时和快捷，对于电力系统的控制，与传统的分析计算技术相结合之后，可谓如虎添翼。近年来，通过知识推力来对求解系统进行操控，取得了前所未有的结构和推理机制，在计算速度方面有了明显的提高，群体智能研究领域更是为智能调度系统的发展奠定了坚实的基础。特大电网可控性、可观测性、电网抗灾性、成本降低等为代表的技术创新突破使得我国智能电网调度控制系统实现了自动化、安全化的高质量运行。在未来，随着技术的不断进步，在现有核心技术创新成就的基础上，智能电网调度控制系统技术发展的重点是系统安全免疫、多级多时段优化和自动动态解析这几个方向。2018 年 12 月 20 日，全国首个人工智能虚拟电力调度员“帕奇”在浙江杭州供电公司上岗，这是我国首次应用人工智能调度系统正式给配网运行人员发令、许可工作，这标志着人工智能技术已经真正应用到了我国配网调度领域。

参 考 文 献

[1] 国家电力调度控制中心．配电网调控人员培训手册［M］．北京：中国电力出版社，2016.

[2] 国家电力调度控制中心．配电网典型故障案例分析与处理［M］．北京：中国电力出版社，2018.

[3] 李国征．电力电缆线路设计施工手册［M］．北京：中国电力出版社，2007.

[4] 乔新国．架空配电线路施工手册［M］．北京：中国电力出版社，2017.

[5] 龚静．配电网综合自动化技术［M］．北京：机械工业出版社，2019.